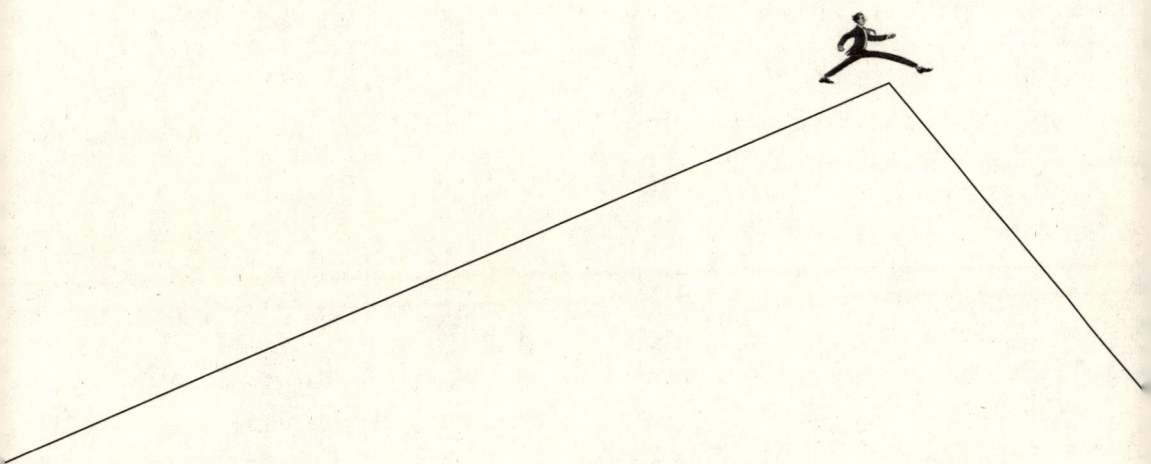

挫折和困境是
每个人在生命中必会
遇到的课题，是磨炼意志、
增加能力的好机会。遇到令人
失望的事情，叹气不如争气，抱怨不如改变。

超越挫折心理学

王志敏　编著

北京联合出版公司
Beijing United Publishing Co.,Ltd.

图书在版编目（CIP）数据

超越挫折心理学 / 王志敏编著 .—北京：北京联合出版公司，2013.1（2019.5 重印）
ISBN 978-7-5502-1227-5

I.①超… Ⅱ.①王… Ⅲ.①挫折（心理学）—通俗读物 Ⅳ.① B848.4-49

中国版本图书馆 CIP 数据核字（2012）第 287383 号

超越挫折心理学

编　　著：王志敏

责任编辑：崔保华

封面设计：李艾红

版式设计：李艾红

责任校对：于海娣

图文制作：盛小云

北京联合出版公司出版

（北京市西城区德外大街83号楼9层　100088）

北京市鑫海达印刷有限公司印刷　新华书店经销

字数320千字　700毫米×1000毫米　1/16　25印张

2019年5月第4版　2019年5月第4次印刷

ISBN 978-7-5502-1227-5

定价：48.00元

前言

任何人的成功都需要付出代价，没有人能给生活贴上永久顺利的标签，但是不同的人面对挫折的态度却各不相同。有的人一遇到挫折就容易产生"天塌了"的感觉，而有的人却会因为遇到挑战而兴奋。正如巴尔扎克所说："挫折和不幸，是天才的晋身之阶，信徒的洗礼之水，能人的无价之宝，弱者的无底深渊。"

在面对挫折时，不同人的心理机制也截然相反：有的人是应付机制，他会用种种消极的心理防御机制逃避挫折；而有的人是应战机制，挫折会激发他调动自己的种种资源和能量，最终化解并超越挫折。可见，一个遭受挫折却依旧能含笑的人，要比一个遭受挫折就立即崩溃的人获益更多。如果一个人超越挫折的能力很低，那么他的事业就会被扼制。相反，如果能够超越挫折，那么他就会拥有更多的机会，事业也会如鱼得水，平步青云。

随着社会竞争的日益激烈，学业、能力、个人情感、理想、自身条件等方面都让人感受到了强烈的压力，这些压力对我们的学习和生活已经造成了深刻的影响。如何坦然应对挫折，能否健康、积极地面对生活压力，已经成为每一个人亟待解决的重要问题。为什么有人总能扭转逆境，赢得美好结局，而有人陷入低谷时，只会哀叹和抱怨，始终走不出黑暗的泥沼？其实生命中的每一次挫折，都蕴藏着与之等价的利益和机会。人人都有超越挫折的潜能，成功与否的关键只在于面对挫折的不同态度。

本书包括"积极心态的力量""不生气的活法""按下自我伤害的暂停键""告别焦虑的心灵处方""从抑郁的泥沼中走出来"等5个篇章。书中采用大量生动的事例，结合简明而实用的理论，从挫折产生的原因、挫折对人的影响入手，总结出了数十条应对挫折的法则，讲述了人们应该如何在面对挫折和人生危机时调整心境，在人生逆境中寻找到内心的快乐和平静，释放以往的负面经历，听从内心的声音，论述了超越挫折、扭转人生的方法，帮助读者获得人生的智慧和战胜困难的动力。

此刻的你，也许正遭受人生最深重的灾难：升学的失败、恋爱的不幸、病残的袭击等；也许正经历着情感上的打击：自尊心受损、自信心丧失、失望苦闷……但是，逆境并非绝境，人虽非尽是坦途在前，但也绝不可因一点小障碍而放弃走路。要知道，障碍过后，对于经历坎坷的脚来说，路会一点点变得平坦起来。每一次挫折都是一份成长的礼物，只要学会一些心理调节的方法，我们每个人都不难超越挫折，向成功迈进。

目录

第一篇　积极心态的力量

第一章　以积极的心态来迎接挫折

第二章　众多的负面信息不断给我们带来麻烦

第三章　淡化挫折，调节自身的能量

第四章　改变了思维，就改变了与世界互动的模式

第五章 生活充满挫折，但战胜挫折的契机也无处不在

第二篇 不生气的活法

第一章 生气只会让事情变得更糟糕

第二章　往好处想，终结无休止的抱怨

第三章　不宽恕只能让愤怒持续下去

第四章　寻找解决问题的新方法

第五章 扭转导致愤怒的错误思维

第六章 让你心平气和的六种技巧

第三篇 按下"自我伤害"的暂停键

第一章 悲伤会蒙蔽我们的心

第二章　绝处逢生，无须把自己逼上绝路

第三章　别让嫉妒和猜疑干扰了你平静的生活

第四章　"自我伤害"是该停下来了

第五章　不要用内疚和后悔惩罚自己

第四篇　告别焦虑的心灵处方

第一章　焦虑"搞砸"了我们的生活

第二章　正确地看待事物

第三章　不要总是强迫自己

第四章　正确的为人处世之道

第五章　抚平过去的伤痛，保证美好的未来

第五篇　从抑郁的泥沼中走出来

第一章　从否认中觉醒，摆脱"认同"上瘾症

第二章　正确评估自己，停止自我折磨

第三章　没有人能阻止你追求梦想和快乐

第四章　我们需要"爱"，但不依赖"爱"

第一篇
积极心态的力量

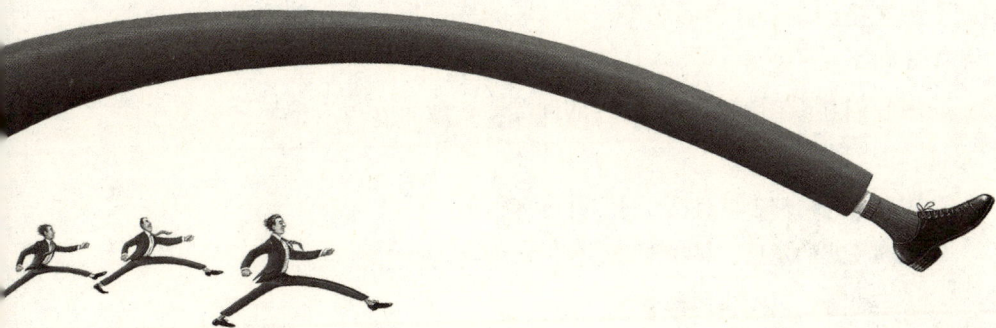

第一章

以积极的心态来迎接挫折

无论身在何处，每天都追寻积极情绪

困难是错综复杂的，如何运用积极的心态应对困难就显得尤为重要。不论身在何处，面对多大的挑战和困难，当我们在准备迎战时，都应积极向上，这是迎接困难的首要态度。

综合分析人生遇到的挫折与困难，不外乎这三种情况：第一，个人问题，如经济问题、健康问题等；第二，家庭问题，如婚姻；第三，事业工作问题。

当我们在意图解决上述遇到的问题时，应首先努力地做好以下3件事情：

用愚己的精神告诉自己"这没什么大不了"。

询问长辈的意见，寻找正确解决问题的方法。

善于思考，以图找到根本的原因。

或许泛泛而谈，让很多人不能理解积极心态的重要性，那么和大家分享一个积极心态者的故事，你可以深刻地了解到积极心态如何帮助人们走出困境，如何运用积极的心态解决难题从而取得最后的胜利。

华德从小家境贫寒。在小学的时候就靠卖报纸和擦皮鞋来贴补家用，稍长一些他成为阿拉斯加一艘货船的船员。高中毕业以后他离开家庭，成为流动工人。他热爱赌博，和一群"生活的边缘人"——逃犯、走私犯、盗窃犯等混在一起。华德在赌博的生活中时而赢得大把钞票，时而输得分文不剩，最后终因走私麻药物品而被逮捕判刑。这一年华德34岁。

然而，如此糟糕的华德却因为抛弃了消极的心态，开始每天积极地面对生活，从此改变了自己的一生。内心深处的某个声音一直在告诉他：你不能再这样下去了，改变自己的行为吧，成为这所监狱中最好的囚犯。积极的心态使得华德重新掌握了自己的命运。

他开始在狱中寻找可以使自己过得更快乐的方法。他发现书中有他想要的答案。他孜孜不倦地在书中寻找快乐，直至他73岁去世，都没离开这些书本朋友。

在狱中积极的生活使得华德受益良多。良好的服刑态度，友善的为人让周围的人对其改变了看法。在懂得电学的囚犯的帮助下，华德掌握了电学相关的知识；得当的举止言谈让他在狱中获得了一份不错的工作，他成了监狱电力厂的主管；在狱中对布朗比基罗公司经理比基罗亲切的态度，为自己出狱谋得了安身立命的地方。华德在出狱以后得到了比基罗的帮助，积极生活的他两个月内成了工头，一年后成了主管，最后成了副会长和总经理。

华德在积极心态的帮助下获得了自己人生的幸福。试想如果他没有入狱，继续和边缘的人鬼混在一起，继续用消极的态度面对生活，也许就不会有他最终的辉煌。

这个故事除了告诉大家学会用积极的心态面对生活，改变人生外，更重要的是人不能用消极心态的去生活。悲观消极的情绪是具有传染性的，你善待生活，生活也会善待你。华德在狱中学会了用积极的心态去解决问题，最终生活善待了他，让他成了一个有益社会的成功人士。

乐观的心态给恶性循环刹车

作家焦桐说："生命不宜有太多的阴影、太多的压抑，最好能常常邀请阳光进来，偶尔也释放真性情。"一个阳光的人，总是能够在生活中自由自在地挥洒，勇于选择和承担生活的责任，不受尘世的约束却又深情细致；在任性与认真之间，不管是守着边缘或主流的位置，他都能在漂泊移动的生活中体悟人生。

真正的智者，总是会站在有光的地方。太阳很亮的时候，生命就在阳光下奔跑。当太阳落下，还会有那一轮高挂的明月。当月亮落下了，还有满天闪烁的星星，如果星星也落下了，那就为自己点一盏心灯吧。无论何时，只要乐观的心态还在，我们就能给生活中的恶性循环刹车。

紫霄的父母重男轻女，对女儿非常刻薄。母亲甚至会对她说："我看见你就来气，你给我滚，又有河又有老鼠药又有绳子，有志气你就去死。"13岁的小姑娘没有哭，在她幼小的心灵里，萌生了强烈的愿望——她一定要活下去，并且还要活出一个人样来！

被母亲赶出家门，好心的奶奶用两条万字糕和一把眼泪，把她送到一片净土——尼姑庵。紫霄满怀感激地送别奶奶后，心里波翻浪涌，难道我的生命就只能耗在这没有生气的尼姑庵吗？在尼姑庵，法名"静月"的紫霄得了胃病，但她从不叫痛，甚至在她不愿去化缘而被老尼姑惩罚时，她也不皱眉不哭。叛逆的个性正在潜滋暗长。在一个淅淅沥沥的清晨，她揣上奶奶用鸡蛋换来的干粮和卖棺材得来的路费，踏上了西去的列车。几天后，她到了新疆，见到了久违的表哥和姑妈。在新疆，她重返课堂，度过了幸福的半年时光。在姑妈的建议下，她回安徽老家办户口迁移手续。回到老家，她发现再也回不了新疆了，父母要她顶替父亲去厂里上班。

她拿起了电焊枪，那年她才15岁。她没有向命运低头，因为她的心中还有梦。紫霄业余苦读，通过了《写作》《现代汉语》和《文学概论》自学考试。第二年参加高考，她考取了安徽省中医学院。但是因为家庭的缘故，她根本无法实现大学梦。她并没有气馁，开始默默地用笔书写自己的苦难。

1988年底，紫霄的第一篇习作被《巢湖报》采用了，她看到了生命的一线曙光，她决定要用缪斯的笔来拯救自己。多少个不眠之夜，她用稚拙的笔饱蘸浓情，抒写自己的苦难与不幸，倾诉自己的顽强与奋争。多篇作品飞了出去，耕耘换来了收获，那些心血凝聚的稿件多数被采用，还获了各种奖项。1989年，她抱着自己的作品叩开了安徽省作协的门，成了其中的一员。

文学是神圣的，写作是清贫的。紫霄勇敢地放弃了从父母手里接过的"铁饭碗"，开始了艰难的求学路。她到了北京，在鲁迅文学院进修。迫于生计，生性腼腆的她当起了报童。骄阳似火，地面晒得冒烟，紫霄挥汗如雨，怯生生地叫卖。在一次过街时，飞驰而过的自行车把她撞倒了。看着肿起馒头大小的脚踝，紫霄的第一个反应是这报卖不成了。她没有丧失信心，只休息了几天，又一次开始了半工半读的生活。自助者天助，勤奋顽强的紫霄终于得到命运之神的垂怜，在文学这条路上，她结识了莫言、肖亦农、刘震云、宏甲等作家，有幸亲聆教诲，这让她感到莫大的满足。

为了节省开支，紫霄住在空军招待所的一间堆放杂物的仓库里。晚上，这里就成了她的"工作室"，她的灯常常亮到黎明。礼拜天，她包揽了招待所上百条被褥的浆洗活。她的脸上和手上有了和年龄不相称的裂口，但紫霄始终没有向一切苦难屈服。

凭借着自己的勤奋和顽强，紫霄慢慢地改写着自己的命运。她后来的经历要比先前的"顺利"得多。

"一个人最大的危险是迷失自己，特别是在苦难接踵而至的时候……命运的天空被涂上一层阴霾的乌云，她始终高昂那颗不愿低下的头。因为她胸中有灯，它点燃了所有的黑暗。"一篇采访紫霄的专访在题词中写了这样的话，在紫霄心中，那盏灯就是自己永远也未曾放弃过的希望。不得不承认，她是一个坚强的女子，是一个不向困难俯首称臣的不屈的奇女子，她把困难视作生命的必修课，而她最终得了满分。

在人生中，我们每一个人都会遇到困难，遇到挫折，当世界都处于黑暗时，我们不妨向紫霄那样，给自己点亮一盏心灯，照亮自己的人生路。

不回避有可能给我们带来愉悦感的活动

生活本是丰富多彩的，除了工作、学习、赚钱、求名外，还有许许多多美好的东西值得我们去享受：可口的饭菜、温馨的家庭生活、蓝天白云、花红草绿、飞溅的瀑布、浩瀚的大海、雪山与草原等。此外还有诗歌、音乐、沉思、友情、谈天、读书、体育运动、喜庆的节日……甚至工作和学习本身也可以成为享受，如果我们不是太急功近利，不是单单为着一己利益，我们的辛苦劳作也会变成一种乐趣。

一个6岁的小女孩问妈妈："花儿会说话吗？"

"噢，孩子，花儿如果不会说话，春天该多么寂寞，谁还对春天左顾右盼？"

小女孩满意地笑了。

小女孩长到16岁，问妈妈："天上的星星会说话吗？"

"噢，孩子，星星若能说话，天上就会一片嘈杂，谁还会向往天堂静谧的乐园？"

小女孩又满意地笑了。

女孩长到26岁，已是个成熟的女性了。一天，她悄悄地问做外交官的丈夫："昨晚宴会，我表现得合适吗？"

"棒极了，My Darling（亲爱的）！"外交官不无欣赏和自豪之情，"你说话的时候，像叮咚的泉水、悠扬的乐曲，虽千言而不繁；你静处的时候，似浮香的荷、优雅的鹤，虽静音而传千言……亲爱的，能告诉我你是怎样修炼的吗？"

妻子笑了："6岁时，我从当教师的妈妈那儿学会了和自然界的对话。16岁时，我从当作家的妈妈那儿学会了和心灵对话。在见到你之前，我从哲学家、史学家、音乐家、外交家、农民、工人、老人、孩子那里学会了和生活对话。亲爱的，我还从你那里得到了思想、智慧、胆量和爱！"

做一个快乐的人，就要学会感受生活，学会品味生活中的每时每刻的内容。虽然享受生活必须有一定的物质基础，努力地工作和学习，创造财富，发展经济，这当然是正经的事。但是，劳作本身不是人生的目的，人生的目的是"生活得写意"。一方面勤奋工作，一方面使生活充满乐趣，这才是和谐的人生。

我们说享受生活，不是说要去花天酒地，也不是要去过懒汉的生活，吃了睡，睡了吃。如果这样"享受生活"，那才叫糟蹋生活。

享受生活，是要努力去丰富生活的内容，努力去提升生活的质量。愉快地工作，也愉快地休闲。散步、登山、滑雪、垂钓，或是坐在草地、海滩上晒太阳。在做这些能给我们带来愉悦感的活动时，我们的烦忧就会消散，我们的灵性就会回归。

我们的生活可以很平淡，很简单，但是不可以缺少情趣。一个智慧的人，必定懂得从生活中的点滴琐细中，采撷出五彩缤纷的情趣。

　　小王是个普通的职员，过着很平淡的日子。她常和同事说笑："如果我将来有了钱……"同事以为她一定会说买房子买车子，而她的回答是："我就每天买一束鲜花回家！"不是她现在买不起，而是觉得按她目前的收入，到花店买花有些奢侈。有一天她走过人行天桥，看见一个乡下人在卖花，他身边的塑料桶里放着好几把康乃馨，她不由得停了下来。这些花一束才5元钱，如果是在花店，起码要15元，她毫不犹豫地掏钱买了一把。这束从天桥上买回来的康乃馨，在她的精心呵护下开了一个月。每隔两三天，她就为花换一次水，再放一粒维生素C。每当她和孩子一起做这一切的时候，都觉得特别开心。

　　生活中还有很多像小王这样懂得生活情调的年轻人，他们懂得在平凡的生活细节中拣拾生活的情趣。亨利·梭罗说过，"我们来到这个世上，就有理由享受生活的乐趣"。当然，享受生活并不需要太多的物质支持，因为无论是穷人还是富人，他们在对幸福的感受方面并没有很大的区别，我们可以通过摄影、收藏、从事业余爱好等途径培养生活情趣。卡耐基说过，生活的艺术可以用许多方法表现出来。没有任何东西可以不屑一顾，没有任何一件小事可以被忽略，因此，我们不要回避能给我们带来愉悦感的一切活动，就是一件普通得再也不能普通的家务都可能为我们的生活带来无穷的乐趣与活力。

在不如意中保持阳光心态

　　在这个世界上，有多少事情是我们可以预料和控制的？我们无法预知未来，所以我们苦恼着；我们无法控制事情的发展，所以我们烦躁着；我们无法获得更多，所以我们抑郁着……有太多人，像哭着要糖的小孩，不在意自己手中握着的是什么，只是一味索取，然后失望了、不满了，心也失衡了……

　　这个世界太浮躁，有太多的诱惑，我们常常连自己的心也把持不住，在物欲横流的世界里迷失了方向，越走越远。停下脚步，静下心，想想最初的最初，我们所向往的那份简单的快乐吧！人生除了做加法，其实也是可以做减法的。我们虽然无法预知未来，但可以把握当下；虽然无法控制事情的发展，但可以尽力而为；虽然无法获得更多，但我们拥有的也不少。只要活着，便是莫大的幸福，所以放开点，别太跟自己过不去了。

没有十全十美的人，更没有完美无缺的人生。无论我们自身还是生活，都是由一个个或大或小的缺憾串联而成的。生活如歌，虽不会慷慨激昂精彩绝伦，但也五音俱全婉转悠扬；生活如茶，虽不如咖啡醇香，但也清幽不断唇齿留香。

所以，别飘飘欲仙，因为再鲜艳的花朵也终有凋零的时候；别心灰意懒，因为再苦的磨难与失败也有结束的时候；别目空一切，因为再顺畅的境遇也会有逆转的一天……

别跟自己过不去，是心灵的解脱。这样的心灵，是阳光生活的一部分。从容地走自己选择的路，做自己喜欢的事，学会原谅自己，善待自己。闲来有雨，闲来有心情。没事的时候听点音乐，放松自己；烦躁的时候做点运动，轻松自己；得意的时候加点平静，修炼自己；悲伤的时候来点忘记，淡化自己；痛苦的时候，来点清醒，重识自己……

林肯曾说："大部分的人，在决心要变得幸福的时候，就会有那种幸福的感觉。"幸福是一种心情，宽容是一种仁爱，智慧是一种达到人生快乐的方法。向着阳光，阴影就留在了身后，人生还会有什么过不去的呢？别被小事烦扰，让那些委屈和难堪的遭遇在内心转变成另一种心情。太过执着，只能是累。只有学会放弃，才能卸下人生中的种种包袱；只有学会享受生活，才会更加珍惜生活；只有学会给自己希望，才能生活得更加阳光。

"但愿此心春长在，须知世上苦人多。"正因为我们心中无"春"，所以我们才总觉得自己活得辛苦，人生毫无快乐可言。其实生命是有限的，但快乐是无限的。正如卡耐基所说，"要是我们得不到我们希望的东西，最好不要让忧虑和悔恨来苦恼我们的生活。"

且让我们原谅自己，学着豁达一点，怀着淡泊之心，多爱自己一点，别跟自己过不去。学会笑面人生，人生会更乐观潇洒；笑面人生，人生会更绚丽精彩；笑面人生，人生会更自由豪迈。这样的人生，才是最为阳光的人生。

用足够的度量接受不可克服的挑战

每个人一生中都会遇到痛苦，它们在苍白的心空下泛着清冷的白光，如果你的容器有限，就不会快乐，可是如果你的心量足够大，那么，你的生活就会充满快乐。

从前有座山，山里有座庙，庙里有个年轻的小和尚，他过得很不快乐，整天为了一些鸡毛蒜皮的小事唉声叹气。后来，他对师傅说："师傅啊！我总是烦恼，爱生气，请您开示开示我吧！"

老和尚说："你先去集市买一袋盐。"

小和尚买回来后，老和尚吩咐道："你抓一把盐放入一杯水中，待盐溶化后，喝上一口。"小和尚喝完后，老和尚问："味道如何？"

小和尚皱着眉头答道："又咸又苦。"

然后，老和尚又带着小和尚来到湖边，吩咐道："你把剩下的盐撒进湖里，再尝尝湖水。"

弟子撒完盐，弯腰捧起湖水尝了尝，老和尚问道："什么味道？"

"纯净甜美。"小和尚答道。

"尝到咸味了吗？"老和尚又问。

"没有。"小和尚答道。

老和尚点了点头，微笑着对小和尚说道："生命中的痛苦就像盐的咸味，我们所能感受和体验的程度，取决于我们将它放在多大的容器里。"小和尚若有所悟。

在这里，老和尚所说的容器，其实就是我们的心量，它的"容量"决定了痛苦的浓淡，心量越大烦恼越轻，心量越小烦恼越重。心量小的人，容不得，忍不得，受不得，装不下大格局。而心量大的人，能容能忍，能将生活中看似不可克服的挑战稀释、克服。

一个人的心量有多大，他的成就就有多大，不为一己之利去争、去斗、去夺，扫除抱怨之心和苦恼之念，则心胸广阔天地宽。当你能把虚空宇宙都包容在心中时，你的心量自然就能如同天空一样广大。无论荣辱悲喜、成败冷暖，只要心量放大，你自然能做到风雨不惊。

寒山曾问拾得："世间有人谤我、欺我、辱我、笑我、轻我、贱我、骗我，如何处之？"拾得答道："只要忍他、让他、避他、由他、耐他、敬他、不理他，再过几年，你且看他。"如果说生命中的痛苦是无法自控的，那么我们唯有拓宽自己的心量，才能获得人生的愉悦。通过内心的调整去适应、去承受必须经历的苦难，从苦涩中体味心量宽阔的喜悦，从忍耐中感悟暗夜中的成长。

心量是一个可开合的容器，当我们只顾自己的私欲时，它就会愈缩愈小；当我们能站在别人的立场上考虑，它又会渐渐舒展开来。如果事事斤斤计较，我们便把自心局限在一个很小的框框里。这种处世心态，既轻薄了自身的能力，又轻薄了自己的品格。

心量是大还是小，在于一个人愿不愿意敞开自己。一念之差，人的心量便可以不一样，它可以大如宇宙，也可以小如微尘。我们的心，要和海一样，任何大江小溪都要容纳；要和云一样，任何天涯海角都愿遨游；要和山一样，任何飞禽走兽都不排拒；要和路一样，任何脚印车轨都能承担。这样，我们才不会因一些小事而心绪不宁、烦躁苦闷！

把心打开吧，用足够的度量接受不可克服的挑战，你将拥有一个别样的人生！

用移情的办法把伤害降低到最小

亲密的关系最容易产生冲突，尤其当两人相互依赖的程度增加时，发生冲突的可能性也相对增加。一旦你要坚持己见，或想要做你喜欢甚至认为是唯一对的事时，摩擦冲突就难以避免了。

很多事，都在一念之间，念头转得过来就是天堂，转不过来就是地狱。因此，最关键的是让你的心中充满爱，只有你的心中充满了爱，你才可能替别人着想，才可能让自己从情绪中走出来，不致成为脾气的奴隶。

其实，在你打算与别人生气时，不妨换一种思想，用另一种办法抑制自己的愤怒情绪，其中比较有效的办法就是移情。

所谓移情，就是转移自己的注意力。具体来说，当你想生气的时候，你不妨做点别的事情来转移自己的情绪，这样既可以让自己暂时平静下来，也可以减少对别人的伤害，从而把伤害降低到最小限度。

可以，通过以下行动来达到移情的作用：

稍微缓一缓，先出去走走，暂时离开当时的环境，所谓"事过境迁"，而境迁也易事过。怒气已消，心平气和看事情，会有不一样的角度。义愤填膺时，先按捺一下情绪，等过了10分钟再说。有些事绝对急不得，特别是生气的事，宁可放慢一些。

找人聊聊。和一个与此事不太相干的人谈谈你的想法，找一个可以抒发的渠道，通过和朋友聊聊天，宣泄出心中那股怒气，情绪自然会好得多。

去大睡一觉，醒来之后想法必然已有所不同，或是去看一场电影，转移注意力，免得自己一再掉入苦毒怨尤的旋涡中。

调整呼吸。借着缓慢的一呼一吸纾解情绪，通过身体的自然放松，改变内心的愤怒状态。心理会影响生理，同样地，生理也会影响心理，呼吸放缓和肢体放松，对我们的心情会有很大的助益。

扩展心灵视野。把自己的眼界拉高到天上，由上往下看，当心灵的视野扩展后，心情也会变得坦然多了。

以适度开放的心态考虑问题

在成长的过程中，很多人因为家庭的反对、身边人的否定与批评、在社会中碰壁，奋发向上的热情就慢慢冷却，逐渐丧失信心和勇气，开始变得懦弱、狭隘、自卑、孤僻，不敢放手一搏。事实上，他们不是输给了外界压力，而是输给了自己。很多时候，阻挡我们前进的不是别人，而是我们自己。因为怕跌倒，所以走得胆战心惊、亦步亦趋；因为怕受伤害，所以把自己裹得严严实实。事实上，困难根本就没有想象的那么可怕，只要我们以开放的心态去考虑问题，就没有过不去的坎儿。但是，如果我们封闭自己的心，我们就会掉进自己为自己打造的"心狱"。

人的心理牢笼千奇百怪、五花八门，但它们都有一个共同的特点，那就是这些所谓的"心理牢笼"都是自己营造的。时间一长，个人就会不知不觉地把自己囚禁在"心狱"之中，哪里还有时间去追求丰富多彩的阳光人生？

一个渴望拥有积极心态，并依靠积极心态有所成就的人，必须走出自己的"心狱"。正如一位哲人所说："世界上没有跨越不了的事，只有无法逾越的心。"心中有"牢笼"，便限制了才能的发挥。所以，我们要想开放自己的人生，获得快乐的生活，关键在于冲出自己的"心狱"。

有句话是这样说的："自己把自己说服了，是一种理智的胜利；自己被自己感动了，是一种心灵的升华；自己把自己征服了，是一种人生的成熟。大凡说服了、感动了、征服了自己的人，可以凭借潜能的力量征服一切挫折、痛苦和不幸。"

事实就是如此，许多人的悲哀并不在于他们运气不好，而在于他们总爱给自己设定许多条条框框，这种条框限制了他们想象的空间和奋进的勇气，模糊了他们前行的航向和人生的追求。他们要么看似一天到晚忙个不停，实则碌碌无为；要么就是被心中的藩篱阻碍，老是怨天尤人，最终白白错失机会；要么被自己心里的黑暗笼罩，结果再也看不到未来的光芒……可是他们不知道，阻碍他们进步，让他们最终后悔的其实是自己给自己设置的藩篱，如果能打破自我设定的障碍，冲出自己的"心狱"，多一点阳光，多一点豁达，就可以收获不一样的人生。

凡是打不倒我们的，必会让我们更强壮

只有历经折磨的人，才能够更快、更好地成长。生活永远只能在折磨中得到升华。换句话说，只要事情打不倒我们，必会让我们更强壮。

在我们的一生中，每个人都会遇到挫折，比方说有的人会遭遇下岗、有的人会遭遇失业、有的人会遭遇失恋、还有的人遭遇破产等厄运，即使一个人比较幸运，没有遭遇以上那些厄运，那他也可能会面临升学压力、工作压力、生活压力等各种烦心事，这些事在人生的某一时期萦绕在我们的周围，时时刻刻折磨着我们的心灵，使人寝食难安。事实上，只要我们行动起来，我们完全可以克服生命中的障碍。而当一个人克服了生命中的障碍之后，那么，他的生命就得到了升华，他也会变得更加强壮。

被誉为"经营之神"的松下幸之助并不是一个幸运儿，不幸的生活却促使他成为一个永远的抗争者。家道中落的松下幸之助9岁起就去大阪做一个

小伙计，父亲的过早去世使得 15 岁的他不得不担负起生活的重担，寄人篱下的生活使他过早地体验了做人的艰辛。

1910 年，松下幸之助独自来到大阪电灯公司做一名室内安装电线练习工，一切从头学起。不久，他诚实的品格和上乘的服务赢得了公司的信任。22 岁那年，他晋升为公司最年轻的检察员。就在这时，他遇到了人生最大的挫折。

松下幸之助发现自己得了家族病，在他的家中已经有 9 位家人在 30 岁前因为家族病离开了人世，这其中包括他的父亲和哥哥。当时的境况使他不可能按照医生的吩咐去休养，只能边工作边治疗。他没了退路，反而对可能发生的事情有了充分的精神准备，这也使他形成了一套与疾病做斗争的办法：他不断调整自己的心态，以平常之心面对疾病。他不断调动机体自身的免疫力、抵抗力与病魔斗争，使自己保持旺盛的精力。这样的过程持续了一年，他的身体逐渐变得结实起来，内心也越来越坚强，而他的心态也变得越来越好。

患病一年来的苦苦思索，希望改良插座得到公司采用的愿望受挫，使松下下决心辞去公司的工作，开始独立经营插座生意。

可在松下电器公司创业之初，正好赶上第一次世界大战，物价飞涨，而松下幸之助手里的所有资金还不到 100 元，困难可想而知。公司成立后，最初的产品是插座和灯头，然而当千辛万苦才生产出来的产品走上市场的时候，松下电器公司却遇到了棘手的销售问题，甚至在不久之后，工厂竟到了难以为继的地步，员工相继离去，松下幸之助的境况变得很糟糕。

但他把这一切都看成是创业的必然经历，他对自己说："再下点功夫，总会成功的！已有更接近成功的把握了。"他相信：坚持下去就会取得成功。功夫不负有心人，公司的生意逐渐有了转机，直到 6 年后拿出第一个像样的产品，也就是自行车前灯时，公司终于慢慢走出了困境。

走出困境的松下电器公司所面对的并不是一帆风顺的坦途，而是一系列汹涌波涛的开始。1929 年经济危机席卷全球，日本也未能幸免，松下电器公司销量锐减，库存激增。到 1949 年时，松下电器公司债务达到了 10 亿元。

一次又一次的打击并没有击垮松下幸之助。松下幸之助之所以能够走出遗传病的阴影，安然渡过企业经营中的一个个惊涛骇浪，得益于他永葆一颗年轻的心，并能坦然应对生活中的各种挫折。松下幸之助说过："你只要有一颗开放的心，你就可以在任何时候从任何人身上学到很多东西。无论是逆境或顺境，坦然的处世态度，往往会使人更聪明。"

老子在《道德经》中说："天地不仁，以万物为刍狗。"人生在天地之间，就要面临各种各样的压力，这些压力对人形成一种无形的折磨，使很多人觉得人生在世就是一种苦难。

其实，我们远不必这么悲观，生活中有各种各样折磨人的事，但是生命不一直在延续吗？我们不也一直在前进吗？很多事情当我们回过头来再去看的时候，就会发现，生命历经折磨以后，反而更加欣欣向荣。

事实就是这样，没有经过风雨折磨的禾苗永远不能结出饱满的果实，没有经过折磨的雄鹰永远不能高飞，没有经过折磨的士兵永远不会当上元帅，没有被老板、上司折磨过的员工也永远不能提高业务能力……这是自然界告诉我们的一个很简单的道理，一切事物如果想要变得更强，必须经过折磨。

快乐是成功的关键

在通常情况下，人们以为成功会使人感到更快乐，但经过科学家的研究，发现这一说法倒过来说更恰当，即快乐的人更容易取得成功，也就是说快乐才是促使人取得成功的关键因素。

科学研究人员针对 28 万人就"积极进取、不断成功及获得快乐之间的关系"进行了调查与分析。结果发现，一个快乐的人更愿意树立并努力实现一个个崭新的目标，在不断取得成功之后，他们的乐观情绪也会进一步增强。

加州大学河边分校索尼娅·柳博米尔斯基博士通过研究进一步证明了这个观点：在社会的许多领域中，那些长期拥有快乐感的人要比快乐感较低的人更容易走向成功。

柳博米尔斯基博士说："快乐的人更快成功，很重要的一方面是他们较之不快乐的人更加容易建立良好的人际关系。因为快乐的人往往怀着积极的心态，当一个人积极向上时，他会更容易感觉乐观、自信、充满活力，因为情绪是相互传染的，他周围的人也能在他身上看到自信，从而觉得他友善可爱、令人愉快。快乐的人于是从中受益匪浅。"

为了进一步证明自己的结论，索尼娅·柳博米尔斯基博士共分析了3种类型的研究数据——横向比较、纵向比较和设计实验，以此来确定快乐、进取与成功之间的因果关系。横向比较是通过选取不同领域的人回答特定问题来得出结果；纵向研究是选取一个时间段来分析被调查人群的行为，从而得出比较可靠的结论；设计实验则是通过设定不同条件，从而获取不同的结果。

结果，这3种类型的研究结果都表明：快乐的确会对人的行为产生积极的促进作用，让人在工作、人际关系等方面获得更快更多成功，不仅如此，快乐也能让一个人的健康状况保持良好。

快乐的人无论是在工作中还是生活中，在遭遇挫折的时候，他们首先都会先往好处想，也就是说他们无论在什么时候，都能保持着乐观的情绪，这更有利于他们去积极地解决问题，从而更容易让自己走向成功。

我们来假定这样一个情景：

一个人在银行不幸遇到了劫匪，更大的不幸是，劫匪竟开了一枪，这一枪正好打在这个人的胳膊上。现在，我们设定－2、－1、0、＋1、＋2、这五个数字分别对应从"非常不幸"到"非常幸运"的五个等级。我们来看一下乐观的人和悲观的人的反应。悲观的人给此事的分数大都是－2，略微轻一点的或许是－1，因为这件事情，在他们看来实在是太倒霉了。而一些乐观的人会为此事打＋2分，因为他们觉得："子弹本来是可能打死我的，但只是打伤了我的胳膊，我此时还活着，说不定警察一会儿就来了，我还能看着这些劫匪落网"；"真是万幸，还好，子弹没打到我的头，没准我还可以把这件事写成稿子，赚稿费呢！"

看吧，当遇到坏事的时候，一个惯性快乐的人他们总能想到积极的一面。挫折、霉运在他们的生活里，似乎都变成了一种机会，让他们可以获得更多的成功，更好的生活。

人人都想成为一个快乐的人，那么，我们在生活中该怎样做，才能让快乐永远留在自己的身边呢？大家不妨借鉴以下几条经验：

不能丢掉希望与梦想，这是前进的原动力。

时常保持乐观开朗的心态，并帮助身边需要帮助的人。

不抱怨挫折或者生活中的不公，抱怨会增加自己的负面情绪。

向你曾经伤害过的人道歉，这有助于你摆脱消极心态。

信任你身边的朋友和同事，不要忘记感谢曾经帮过你的人。

无论如何都保持微笑，用笑容去应征生活。

坏事有时候并不是全盘皆坏

坏事就一定是全盘都坏吗？答案是否定的，很多时候，坏事中也蕴藏着好的机遇，关键是你要善于发现。

举个例子来说吧，在竞争激烈的职场中，我们也许遇到过被老板炒鱿鱼的境况。我们可能一时无法接受，可能觉得委屈。但是换个角度思考，老板炒了你的鱿鱼，你才能有机会换一份更好的工作。

在现代社会中，很少有人一生只做一份工作，失业未必都是坏事。虽然被炒鱿鱼时，有些尴尬，其实你冷静想想，也许自己并不适合这样一份工作。与其继续一份不利于个人职业发展的工作，还不如去寻找另一番天地，也许能在新的环境中成就人生。

杰克是一个公司的办公室主任，手下有十几名员工，工作做得倒也顺手。经济危机犹如一阵飓风刮来，一夜之间遍及全球，而影响最大的就是商贸方面。

杰克所在的公司瞬间陷入困境，货源推不出去，资金链条不再正常运行，银行不再放贷。怎么办？为了生存，公司只得尽可能地缩减各项开支。大量裁员是其中一个重要方法，而杰克所在的部门是服务型，又无法给公司创造出可观的利益。杰克被炒鱿鱼了。

杰克在刚听到这个消息后，马上开始紧张起来。他想：如果我失去了这个工作，现在还有谁会想雇用我？

当天，他回到家里。看到儿子正在书房写作业，女儿自己在客厅玩耍，妻子在做晚饭。为了照顾两个孩子，妻子已经几年没有工作了。所以这个家庭全靠他一个人。这一切让杰克感到了自己的责任，他决定从眼前不幸的处境中寻找机会。

后来，经过和妻子商量，杰克决定自己创业。妻子把家中所有积蓄拿出来，他又把房子作为抵押贷了一部分钱。在离家不远处开了一个便利店，这样一来，当杰克进货或者需要外出时，妻子也可以到店里帮忙。

经过苦心经营，两年下来，便利店的生意越来越好。于是，他们又把这两年赚来的钱重新投资，扩大了规模。白手起家从不简单，但杰克却成功了。如今，杰克夫妇经营着两家便利店，都有专门人员进行管理。他们享受过着轻松而自由的生活。不必再过朝九晚五的办公室生活。

回忆失去工作的那段时期，杰克说："总而言之，这也算是一种赐福。经营便利店所得到的经验，远胜过我跟着一个老板做事多年的所得。包括我有幸举办各类活动、与诸多人共事。一切都美妙极了。"

自强者总是想办法摆脱逆境。他们会看向未来，失业并非一定就是一件坏事。澳大利亚国立大学心理健康博士彼得·巴特沃思说："从失业状态进入到一份很差的工作，并不会给心理健康带来任何益处，实际上这样却会比失业时带来更大的伤害。"

从这个角度来说，失业反而可以让你静下心来分析以往的得失，找出缺点，总结优势，思考自己未来的方向，重新规划未来。它还能磨炼我们的意志，激励我们去正确面对困难和压力，争取更大的成功。

不管你是被炒鱿鱼，还是自己决定辞职，离职时都难免会失落。但我们决不能因气愤或者委屈，而冲动地做了不该做的事。以下这些事是你应该避免发生的。

不责骂你的上司和同事

离开的时候，你的情绪可能会高涨，你可能想冲动地告诉你的同事和上司你对他们的想法。即使他们真的活该被你骂，也千万不要这样做。你永远不知道在接下来的路上会遇到谁，也不知道有一天你会和谁共事。

不要破坏公司财务或偷东西

你可能觉得自己被上司误解了，自己很生气。然而，故意破坏公司财务或偷东西的行为不仅会破坏你的名誉，还可能会给自己带来牢狱之灾，因此，千万不要这样做。

不要向接替你工作的人说上司或者同事的坏话

离开时，一般需要你和接替你工作的人进行交接，如果此时你发牢骚或者抱怨上司，你从中得不到任何东西。如果你态度强硬，接替你工作的这个人可能会做出对你不利的事情来，这样一来，出丑的人只会是你自己，甚至会影响到你下一任雇主对你的印象。

无论何时，都要用积极的力量引导自己

要想成就大事，我们必须要有积极的心态。不要觉得积极的心态不可塑造，拿破仑·希尔曾经说过："你的心态是你——而且只是你——唯一能完全掌握的东西。"只要我们积极地练习，我们完全可以用积极的力量来引导自己的心。

下面是一些成功人士培养积极心态的方法，我们不妨借鉴。

不要觉得你生来就注定失败，彻底地消除你脑海中的那些与积极心态背道而驰的不良因素。

在心中确定自己最想要得到的东西，一旦确定，就马上把想法付诸行动。在行动的过程中不要忘了帮助他人，因为帮助他人也是佐证自己思想的重要途径。

给自己制订计划，但是计划一定要合适，所定的计划不要太过度，过度就是一种贪婪。记住，贪婪是使野心家失败的最主要因素。

每天说一些让人舒服的话或者做一些让人舒服的事情，比如你可以给别人讲一些笑话，或者送给别人一本励志的书，让你身边的人感受到生活的美好。日行一善，可以让你永远保持无忧无虑的心情。

改变对挫折的认识，知道挫折可以打倒你，但就是不能打败你。

务必让自己养成今日之事今日毕的好习惯，如果不能，但起码要自己做到不要堆积任务。要知道：懒散的心态，很容易就会变成消极的心态。

当你实在找不到解决问题的办法时，不妨放下手中的事情，去帮别人解决问题，说不定在帮别人的时候，你能突发奇想。就像有人说的那样，在你帮助别人解决问题的同时，实际上就是在洞察解决自己问题的方法。

每周读一些励志的好书，直到自己完全领会到其中的道理。

盘点自己的财产，并找出一种适合自己的理财方式，有了属于自己的财产，我们就可以自己决定自己的命运。

培养自己的服务意识，并试着提高自己的服务质量。我们在这个世界上的分量如何，与我们为他人所提供的服务的次数和质量息息相关，一个人越是能被别人需要，那么，他就越容易建立积极人生观，越容易培养自己的积极心态。

试着慢慢改掉你的坏习惯。当然，在改正自己坏习惯的时候，不要急，可以试着一周或者半月改掉一项坏习惯。但不要忘记的是，在改掉一项坏习惯之后，就总结反思一下自己的成果。如果发现自己的某项坏习惯很难改正，千万不要怯懦。

丢掉自怜情绪，要坚信自己就是唯一可以随时依靠的人。

把你的精力都用在你想追求的事情上，因为你让自己忙起来，让自己充实起来，你就没有那么多可以用来烦恼的时间，这样可以大大减少你的烦恼。

放弃控制别人的念头，把自己的精力转而用来控制我们自己。

懂得"要"，向每天的生活"要"合理的回报。一个人不能只等着别人"给"，而要懂得向别人"要"，向别人索取，向生活索取，实际上是一种督促自己不断上进的好方法。

不要轻易就被别人的意见左右，当别人给你提出建议的时候，除非别人向你证明他的建议具有一定的可靠性和可操作性，否则，不要轻易就改变你自己的决定，因为大多数时候，你最初的决定才是出自你的内心。

生命在于运动，因此，只要有足够的时间，就要让自己活动起来。多多活动才能保持自己的健康状态。生理上的疾病很容易引起心理上的失调，如果一个人的身体和思想一样能保持积极的活动，那么，他就有足够的能量来维持积极的行动。

增加自己的耐性，试着和拥有不同信仰的人接触，并试着接受他们的观点，接受他人的本性，而不是一味地要求别人按照你的意思去做。

保持强烈的成功欲，因为成功的欲望可以带给你更多驱动力，并且只有积极的心态才能供给产生驱动力所需的燃料。

以相同或者更多的价值回报给你带来好处的人。记住一个重要的定律——报酬增加律，你奉献给别人的越多，到最后你得到的也会越多，甚至别人还会带给你想要的东西。

当你付出之后，你必须争取得到等价或者更高价值的东西。抱着这种念头工作或者生活，会帮助你驱除对年老的恐惧。

坚信自己可以为所有的事情找到解决方案。但同时也要提醒自己，自己的方案不一定是最好的，千万不要忘了参考别人的例子，但不管是哪种情况，都要坚信事情是一定可以解决的。

树立明确的目标，明确的目标可以帮助你战胜恐惧，并且坚定你解决任何困难的信心。爱迪生虽然失败了千万次，但是为了达到自己的目标，他还是会坚持到底。

对善意的批评要采取接受的态度。要知道，别人的好心批评是让自己做一番反省的好机会，通过反省找出自己需要改善的地方，让自己在改善中不断进步。

不要采取具有负面意义的说话方式，特别是要根除尖酸刻薄、闲言碎语或者中伤他人的行为，这些行为都会让你的思想走向负面。

让自己的生命保持着原生态——不矫揉造作，在条件允许的情况下，尽可能地展现出真实的自己。

信任你的朋友、你的合作伙伴，只有这样，你才能让自己生活在一个更加和谐的圈子里。

保持自信，谁都能爆发出惊人力量

一个人的一生中不可能没有挫折，战胜挫折、追求成功离不开自信的心态。

自信心是引导人们走向胜利的阶梯。一般来说：自信心充足者的适应能力就高，反之，适应能力则较低。很多人之所以终生默默无闻，就是因为他们缺乏自信。

曾经有人做过这样一个调查：你自己认为最难解决的私人问题是什么？在被调查的人中，75% 的人在答卷上选择"信心不足"的答案。

十分巧合的是，这个世界上至少有2/3的人营养不良，也就是说，这个世界上信心不足的人数和营养不良的人数一样多。营养不良，使人身体无法正常发育；自信心不足，也会带来精神上的发育不良。

缺乏自信心，是人生的一大悲哀。这种悲哀在于，他们把"自我"丢失了。他们不相信自己的能力，甚至在做决定的时候，也只会亦步亦趋。可想，一个丢失了"自我"的人，怎么能够体会到生活的乐趣？

相反，当自信心融合在思想里时，一个人便能爆发出惊人的力量，这种力量能促使人更快实现成功。也就是说，自信心对成功来说是非常重要的，而缺乏自信心的人将一事无成。

英国诗人济慈幼时父母双亡，一生贫困，备受文艺批评家抨击，恋爱失败，身染痨病，26岁即去世。济慈一生虽然潦倒不堪，却从来没有向困难屈服过。他在少年时代读到斯宾塞的《仙后》之后，就肯定自己也注定要成为诗人。一次，他说："我想，我可以跻身于英国诗人之列。"就这样，济慈一生都致力于这个最大的目标，并最终成为一位永垂不朽的诗人。

相信自己能够成功，成功的可能性就会大为增加。如果一个人自己心里认定会失败，那他就没有足够的信心去克服困难，也就很难获得成功。因此，对于任何一个人来说，要想战胜前进途中的困难，要想尽快取得成功，就必须不断增强自己的自信心。

要增强自信，就必须培养并相信自己的能力。众所周知，电话是贝尔发明的，可是，很少有人知道，在贝尔之前，就有人发明了电话，只是当时公众并不相信他的发明，结果这个人就放弃了；贝尔发明了电话后，起初也不被大家理睬和相信，但是他依然满怀信心，不断利用各种机会广泛宣传，终于把电话推广开来。

从贝尔发明电话的例子中，我们可以看出：一个人相信自己的能力和不相信自己的能力，结果完全不同。

1993年秋，宁夏人民出版社出版了一位农民写的书——《青山洞》。小说的作者叫张效友，1949年出生在陕西省定边县右洞乡一个贫困的农民家庭，小学三年级就辍学了。

1972年，23岁的张效友参加了"四清"工作队。到1978年，6年的时间里，他深深体验到了农村生活的复杂性。他有自己的独立看法，却又无法向同伴们诉说，这使他深感压抑。他要寻求诉说的途径，于是决定写小说。他向一位朋友说出了自己的想法，可是朋友却猛泼了他一顿凉水。朋友认为张效友文化层次太低，写小说不可能。

张效友却认为：苏联的奥斯特洛夫斯基没有文化却写成了《钢铁是怎样炼成的》。张效友越想越不能平静，他想：作家是人，咱也是人，有什么写不了的。什么文化不文化的，他们一开始就有文化吗，写上几年不就有文化了？

从此以后，他白天忙农活，晚上在厨房里构思。他定下了一个思路，不太满意，又推翻重来。一点一点地想，一点一点地安排，每一部分写什么事，如何连贯，反复推敲。以后又反复修改。就这样，竟折腾了两年，终于把全书的框架基本确定下来了。

慢慢地，他终于找到了感觉，他说："写书看来不是那么容易，不过也不是不能写。需要下功夫那是肯定的。"

没过多久，麻烦来了。干农活时他心不在焉，心里塞满了书，连续烧坏了五台浇灌用的电动机，损失上千元。为了省时间，他还把责任田以自己三别人七的比例承包给了他人。妻子终于忍无可忍将他的书稿全部烧掉。张效友悲痛欲绝，想要投井自尽，被儿子抱住了双腿。

在那段时间里，他一连几个星期被绝望的情绪紧紧围绕着。后来，他想，自古英雄多磨难，不经历风雨，怎能见彩虹？稿是人写的，重写！为了避免重蹈覆辙，他偷偷地将冬天贮藏土豆的菜窖清理出来，躲在地窖里夜以继日地忘我工作。

后来，妻子病了，他很内疚，决定先放下写作去挣钱。他到西安打工，走进劳务市场，突然觉得灵感来了。他掏出纸就写。过了一段时间找不到工作，听说银川工作好找，又到银川。带的钱花光了，没有饭吃，更没有钱买纸笔。最终还是没找到工作，只能"打道回府"。

回到家里，妻子一气之下抢下他的书包，掏出手稿，扔进了火炉里，几个月的心血又白费了。好在这只是一部分。张效友说："你烧吧，只要你不把我人烧了，你烧多少我还能写多少。"看到张效友决心这样坚定，妻子终于被感动了。

张效友40万字的长篇小说《青山洞》终于在1993年秋天由宁夏人民出版社出版发行了。两年后，他的作品荣获榆林地区1991～1995年度"五个一工程"特别奖。1995年6月20日，中央电视台播出了他的事迹。

有了自信，农民也可以写书。是自信改变了张效友的人生轨迹。

自信是一块伟大的奠基石，有信心都能创造奇迹。在所有的困难与挫折面前，只要你还相信自己，还保留着自信，所有的困难都是纸老虎，所有的挫折终将会化成灰烬。

任何时候都不要让自己丧失希望

西方有句谚语说：只有死去的人才没有希望。意思很明确，只要我们活着，我们就要与希望同在。为什么要牢牢抓住希望？因为希望是创造生命奇迹的神灯。有人说，死神也害怕希望，一点也不错，就算是一节枯枝，只要还有希望，只要相信春天能够来临，它就有还自己一枝碧绿的机会。

美国著名作家马克·汉林曾写过一篇感人至深的文章——《地震中的父与子》：

有一年，洛杉矶发生了地震，几十万人在不到几分钟的时间都受到了伤害。在彻底的破坏和混乱之中，有位父亲把自己的妻子安顿好后，跑到儿子所在的学校，而让人触目惊心的是——这里早就被夷为一片平地。

看到这让人绝望的一幕，他想起了曾经对儿子所做的承诺："不管发生什么事，我都会在你身边。"父亲热泪满眶。眼前的一切叫人绝望，但父亲的脑中仍然牢记着自己对儿子的诺言。他努力回忆着每天送儿子上学的必经之路，终于他记起了儿子教室的位置。他跑到那儿，开始在碎石砾中挖掘，搜寻着儿子的下落。

当这位父亲正在挖掘时，其他学生家长赶到现场，他们束手无策地哭叫着，一些好意的家长试图把这位父亲劝离现场，告诉他这样做没用，面对劝告，这位父亲的回答只有一句话："你们愿意帮我吗？"然后继续挖掘，在废墟中寻找他的儿子。

消防队长出现了，试图把这位父亲劝走，但这位慈爱、关切儿子的父亲仍然只有一句话："你们愿意帮我吗？？"

警察赶到现场，劝他："我们知道，你现在很着急，但是你这样未必能找到你的孩子。你先回家吧！我们会处理一切。"这位父亲依旧只有一句话："你们愿意帮我吗？"然而，人们还是无动于衷。

为了弄清楚儿子是死是活，这位父亲独自一人鼓起勇气，继续他的挖掘工作。

他挖掘了10小时，14小时，18小时，24小时……38小时后，父亲推开了一块巨大的石头，听到了儿子的声音。

父亲叫着儿子的名字，儿子的听到了爸爸的回音："爸爸吗？是我，我告诉其他的小朋友不要着急。我告诉他们，如果你活着，你一定会来救我。如果我获救了，他们也就获救了。你答应过我，不论发生什么，你永远都会在我的身边，爸爸，你做到了！"

正是因为相信希望，相信爸爸给自己的承诺，儿子才会等到爸爸，等到了获救的机会。

世事无常，我们随时都会遇到困厄和挫折。遇见生命中突如其来的困难时，你都是怎么看待的呢？不要把自己禁锢在眼前的困苦中，眼光放长远一点，当你看得见成功的未来远景时，便能走出困境，达到你梦想的目标。

希望是生命的蓝图，有了它，我们才会有前进的方向和动力。丘吉尔曾经说过：永远，永远，永远不要放弃。是的，即使在卑劣的环境中，你看到满目的疮痍，你看到血肉横飞，你看到生命一个个无情地消逝……但是，活着就是希望，活着就能创造价值，你必须坚持！只要你真的相信，任何事情都有可能发生，也许短时间内你感觉不到希望的力量，时间长了，你一定能感受到希望的力量有多大！

内心充满希望，它可以为你增添一分勇气和力量，它可以支撑身体的傲骨。当莱特兄弟研究飞机的时候，许多人都讥笑他们是异想天开，当时甚至有句俗语说："上帝如果有意让人飞，早就使他们长出翅膀。"但是莱特兄弟毫不理会外界的说法，终于发明了飞机。当伽利略以望远镜观察天体，发现地球绕太阳而行的时候，教皇曾将他下狱，命令他改变观点，但是伽利略依然继续研究，并著书阐明自己的学说，终于在后来获得了证实。最伟大的成就，常属于那些在人们都认为不可能的情况下却能坚持到底的人。坚持就是胜利，这是成功的一条秘诀。

暂时的落后一点都不可怕，自卑的心理才是可怕的。人生的不如意、挫折、失败对人是一种考验，是一种学习，是一种财富。我们要牢记"勤能补拙"，既能正确认识自己的不足，又能放下包袱，以最大的决心和最顽强的毅力克服这些不足，弥补这些缺陷。人的缺陷不是不能改变，而是看你愿不愿意改变。只要下定决心，讲究方法，就可以弥补自己的不足。

在不断前进的人生中，凡是看得见未来的人，也一定能掌握现在，因为明天的方向他已经规划好了，知道自己的人生将走向何方。留住心中"希望的种子"，相信自己会有一个无可限量的未来，心存希望，任何艰难都不会成为我们的阻碍。只要怀抱希望，生命自然会充满激情与活力。漫漫人生，难免会遇到荆棘和坎坷，但风雨过后，一定会有美丽的彩虹。

动力能产生积极的心态

生活中，我们难免会遭遇到失败和挫折，只要是在生活和成长就不可能没有失败和挫折，而当遭遇这些的时候，你会怎么做呢？是丧失意志和勇气，被挫折和失败打倒和击退？还是能在遭遇了失败和挫折以后，积极理智地面对，从失败中吸取经验和教训，并把这些化成一种前进的动力？

两种不同的心态决定了两种不同的人，也正是因为心态的不同，他们之间的差异是很大的。容易被挫折打败的人，我们可以预见他的未来是失败无疑，而能使用积极的心态并准确把握住这种力量的人，就能获得成功。

美国联合保险公司有一位叫凯特的推销员，她从入职的第一天开始就有个准确的目标，那就是成为这个公司的明星推销员。每天她都努力工作，并且不断地学习，从很多励志书籍和励志杂志中汲取经验和力量，并应用到工作中。有一次，她遭遇了一个巨大的厄运，然而她并没有逃避，而是坦然地去接受，她觉得这正是一个发挥积极心态的良机。

一个严寒的冬日，凯特在市中心的一个街区推销保险单，本以为市中心能给她带来好运，然而忍饥挨饿地奔走了一天仍然一无所获。一笔生意都没有做成让她对自己很不满意，要是换作一般人早就放弃了，但是凯特并没有因此而气馁，她记起她在公司里读过的那些书，于是她运用了积极心态的原则，并用试着用积极的心态将这种不满转化为一种动力。

第二天，凯特向同事们讲述了前一天遭遇的失败，同事们都认为她要放弃目标时，她激动地说道："今天我还要再次拜访那些客户，直到他们买了我的保险为止。你们等着瞧吧，我这月将售出比你们所有人售出的总和还有多的保险单。"说完这些，凯特就从她的办公室出发了。

她又重新回到了市中心那个街区，又一次拜访了前一天所拜访过的每一位客户，结果出乎意料地售出了66张新的事故保险单。凯特用她不畏挫折的动力做到了这一点，兑现了她的承诺。

这的的确确是非同一般的成就，凯特也因此成为这家保险公司的销售冠军，不久之后她被提升为销售经理。而她的成功绝不仅仅是偶然，而是一种强大的正能量促使她用乐观积极的心态来完成工作。那天凯特在风雪中穿街走巷，不间断地行走拜访了8个小时，却没有卖出一份保险单，也有过消极不满的情绪，但她却没有一直让这种负面的情绪引导自己，而是在第二天把消极不满转化为励志型的不满，形成一种积极的心态，从而获得了成功。

在许多真正获得成功的人士中都具备这样的特点，他们懂得并且有能力使用积极心态的力量。而我们大多数人总是盼望着成功不期而至，幻想某一天一觉醒来成功就这样突如其来了，可是我们并不具备这样的条件，这种神秘莫测的成功方式对于我们来说就如海市蜃楼般虚无缥缈。即使我们具备这样的条件，也可能会发现不了它们，因为越明显的事物往往越容易被人们忽视。而对成功者来说，成功并不神秘，也不是不可企及，只要能保持那个最闪亮的优点——积极的心态，就能指引着光明的前进道路。

福特汽车创始人亨利·福特在取得成功之后，一度成为大家羡慕的人物。人们觉得福特的成功有这么几个秘诀：运气、有影响力的天才朋友、有人指导、有人投资……这些就是人们所认为的形形色色的福特成功秘诀，的确，在福特的成功路上这些当然起了一定的作用，但是肯定还有其他的内在作用决定了福特的成功。也许几万人中有这么几个人懂得福特成功的真正原因，而这些人通常不愿谈及这一点，因为它不深奥，反而是太简单了，以至于他们不知如何谈起。其实我们只要看看福特的实际行动，就可以完全了解他成功的秘诀。

多年前的一天，亨利·福特决定改进一款发动机的汽缸，他想制造一个具有一体式的 8 个汽缸的引擎，他想到后立即去行动，马上找来了工程人员，指示他们按着这个想法去设计。可是，听了这个想法后，这些工程师没有一个认为这是可能的事情。

可福特并没有因此退却，他对工程师说不论如何都要生产出这样的引擎，工程师们表达了他们的想法。

听了这些后，福特仍坚持自己的决定，并命令道："去工作吧！不论花多少时间，一定要坚持去做这件事情，直到你们完成了为止。"

工程师立即出去工作了，他们在 6 个月的时间内坚持做这项工作，可是却没有获得想要的成功。转眼又过了半年，这群兢兢业业的工程师依然没有成功，他们越是努力，这件工作似乎变得越不可能。

一年过去了，福特就这项工作向工程师们咨询时，他们再一次向他汇报这项工作的不可能。福特听后，坚持说道："无论如何，继续工作吧，我需要它并决心得到它，大家加油吧。"

福特积极的心态给了这群工程师更大的动力，他们终于制造出了新型的发动机，就是现在鼎鼎大名的 V－8 式发动机。后来福特把这款发动机装到了最好的汽车上，也正因为有了它，福特和他的公司轻易地打败了最有力的竞争对手，并把他们远远地抛在了后面。

福特的成功与他积极乐观的心态有着莫大的关系，试想如果在一堆反对声中，他毅然决然地坚持把事情变得更好的积极心态，硬是把"不可能"变成了"可能"。福特所采用的积极心态的动力对你也同样适用。如果你能像亨利·福特那样，把积极的法宝押在正确的那一面，那么你也能把事情的不可能变成可能，变成美好的现实，从而取得更大的成功。如果你有目标，如果你有动力，那么就用积极的心态牢牢锁住它吧。

试想想一个 20 岁左右的年轻人，如果是 60 岁退休，那么他大约可以拥有十万个小时工作时间。而在这么多小时的工作时间里，有多少小时是与积极的心态、宏大的正面力量共存呢？又有多少小时是与消极的心态为伍，丧失工作的活力呢?

　　每当被消极的情绪笼罩的时候,不妨试着想想,积极的心态所带来的成功与光明的未来。有些人似乎天生就具备使用积极心态的动力,而有些人则必须要通过学习才能应用好积极的动力。在你的一生中,消极的心态总是与积极的心态并存,你要学会的是如何发展积极的心态。相信聪明如你,一定能很快学会并很好地应用。

第二章

众多的负面信息不断给我们带来麻烦

不要让负面的声音为事情下定论

生活中难免会遇到挫折和不幸，面对逆境，不同的人有不同的态度，有人选择好的心态，用积极乐观的态度发现生活中的乐趣。而有人总是习惯用悲观的眼睛去丈量生活的土地，结果导致美好的事物离自己越来越远。

消极心态是一种严重心灵疾病，它会排斥财富、成功、快乐和健康。消极的心态导致的结果将是贫穷、失败、悲观和痛苦。因此，在生活中，为了减少挫折，也为了让我们的生活中多一些美好的事物，我们决不允许让负面的声音为事情下定论。

有一个偏远的乡村，那里的人们仍然靠燃烧木材取暖。有一个专门靠伐木谋生的年轻人，几年多来，他一直把自己砍伐的木材卖给一个农场主取暖。年轻人卖给农场主的柴火直径不能超过 10 厘米，否则农场主就无法使用，因为他家的壁炉口径只有 10 厘米。

有一次，这个农场主家的管家前来买柴火，年轻的伐木人让管家拉走了。当这些柴火拉回去后，却无法使用，因为大多数柴火的直径都超过了 10 厘米。于是，农场主马上给卖柴火的年轻人打电话，要求换成可以使用的柴火。

这位年轻人拒绝的农场主的要求。农场主并没有多说什么，而是积极地想办法。后来他和管家一起动手把这些大柴炎劈成小的。在劈柴的过程中，他们发现在一段圆木有个很大的树洞，劈开发现其中有一个破烂的手包。他们好奇地打个手包，发现里面有很多的钞票。

农场主想把这些钞票还给年轻的伐木人。于是，他又拿起电话问那些柴火是在哪里砍的，伐木人唯恐别人知道了自己获得木材的地方，还是不愿说出来。后为，农场主要求他亲自来自己家里一趟，又被他以无理要求而再次拒绝。

尽管做了很多努力，农场主还是没能知道那段圆木是在哪里砍的，也不知道是谁把钱藏在里面的。后来，他用这些钱创办了一个木材厂，而那个年轻人依旧以艰难的伐木为主。

这位农场主拥有积极心态，意外得到一笔钱，而消极心态的伐木人错失了一个改变命运的机会。由此可见，消极的心态排斥美好的事物。如果我们要想实现自己的美好愿望，关键要把自己的心态调整到一个最佳的状态。

日常生活中，我们不怀疑会有一些好运气存在。然而，那些以消极心态生活的人往往拒绝了降临到自己身上的好运。而拥有积极心态的人则能很好地调整自己的心态。

怀着消极心态的人不但想到外部世界最坏的一面，而且总是想到自己最坏的一面。他们不敢企求更好的目标，所以往往收获更少。当遇到一个新观念时，他们的反应往往就是"这是行不通的，从前根本就没有这么干过"。

生活就像一面镜子，我们从生活中看到的东西常常是自己心态的映照。假如你的心态是黯淡无光的，那现实生活在你的眼中就会是黯然无光的。假如你的心态是晴空朗朗的，那生活在你的眼里就会是充满阳光的。

如果一个人总是带着怀疑、恐惧、无奈的心情去生活，那无疑是在煎熬自己的生命。反之，一个人倘若能生活在充满喜悦的安详中，他就会发现原来生活是这样美好，他的心情就会一片宁静。

虽然有时候我们常常会因为遇到了困难而痛苦不安，可是苦难不会因为你的痛苦而消失。所以，当我们苦闷的时候不妨尝试着放松心情，暗示自己这是很正常的事情，根本就没有什么大不了。我们也可以适当倾诉，但是不能将心情一直沉浸在不幸的事情上。事实就是这样，人生处处都有希望，只要你想去做，尽力做，就能做得更好。

消极心态不仅影响人们的工作、学习和生活，而且还让人陷入悲观、失败的痛苦甚至绝望之中。因此，我们要想积极乐观地面对工作和生活，就必须要改变消极的生活态度，保持良好的心理环境。具体要注意以下几点：

期望值不宜过高

我们做每一件事情，都具有明确的目的性。因此，我们在确定目标或者是对预期结果进行设想时，要注意不要把期望值定得过高，要把各种不利因素都充分考虑进去，给自己留出一定的余地。这样确定出来的目标，经过自己的一番努力之后，我们就能够实现，并有可能超过，这样我们就能体会到成就感。如果我们把目标定得过高，等待我们的往往是失望。

学会自我调适

人处在逆境中，要注意保持心理平衡。要认识到，事情已经发生了，任何痛苦忧愁都不能改变现实。与其郁郁寡欢，不如努力调适自己，化抱怨为抱负。

比如，我们可以有意识地转移自己的注意力，尽可能多想一些高兴的事，尽可能多想一些让自己放松的事情。自觉地用乐观情绪来冲淡消极情绪，取代消极情绪。

学会自觉疏泄

人们在感到不高兴时，往往闷头不语，这是非常不好的。尤其是对于女性来说，最好不要郁积在心，要主动向丈夫、知心朋友倾诉自己的心里话。这样，一方面在叙说过程中，一些消极情绪会释放出来，心中有一种舒畅的感觉；另一方面，经别人帮助分析，进行劝慰，可以从原来的思维方式中跳出来，让自己的精神负担得到解脱。

培养乐观开朗的性格

要改变消极情绪，最根本的是要培养自己乐观开朗的性格。在现实生活中我们要豁达洒脱，对生活中的一些挫折，不要看得过重，更不要斤斤计较、耿耿于怀。要学会用生活中那些美好的东西来陶冶自己的情操，使自己感到生活的充实，让自己对生活充满信心。

消极心态会排斥美好事物

消极的情绪或者心态通常在以下几种情景中产生：一种是追求的目标脱离实际，看不到现实生活的复杂，由于力不从心而最后失败，消沉心理油然而生；一种是意志薄弱，遇到挫折就灰心失望，于是就显得精神萎靡；再有一种就是受错误人生观、价值观的影响，认为人生不过如此，看破红尘，把信念、抱负抛在一边，整天浑浑噩噩，消极混世，显得异常颓废。不管消极的情绪是在哪种情境下产生，它都会排斥美好的事物，让人觉得生活无趣。

23岁的赵袁大学毕业后分配到某外资公司，与公司女职员小艺一见钟情。但同居两周后小艺毅然离去，留给赵袁的是一腔的惆怅和烦恼。平素爱说笑的他变得沉默寡言，开始失眠，情绪消沉，一天到晚昏昏沉沉，人变得越来越消瘦，终日兴味索然。他开始怀疑生活的意义，感到自己是这个世界上多余的人。他终日唉声叹气，口口声声"连累了父母，还不如死了的好"。

赵袁是由于恋爱遇到挫折而产生了消极心理。

消极与躯体疲劳无关，常由对生活失去信心和希望造成，持续时间相对较长。如长此以往，还会达到"心死"的程度，则不仅会演变为各种心理疾病，而且也会因厌世而出现自杀的想法。

消极的情绪让人看不到生活的美好，甚至像赵袁那样觉得自己就是一个多余的人。消极心态无论是对人的身还是对人的心理都是一个摧残，因此必须进行调适。下面几种方法有助于克服消极情绪。

参加锻炼：体育锻炼能使人体产生一系列的化学变化和心理变化，很适合用来调节消极情绪。较适宜的运动项目有慢跑、户外散步、跳舞、游泳、练太极拳等。

改善营养：维生素B有助于改善情绪，这样的食品有全麦面包、蔬菜、鸡蛋等。

走亲访友：找知心的、明白事理的亲友，向其倾吐心里话。

乐观幻想：有些人遭受了一点挫折，凡事总往坏处想。克服的方法是，宁作乐观的幻想，不做消极的猜度。

奋发工作：一旦潜心事业，把精力集中到工作上，便能使人忘记忧伤和愁苦。

外出旅游：心情烦闷时，看看青山绿水，看看袅袅炊烟，疲劳、苦闷之感顿消。

看电影：消沉时，看个喜剧片，这种移情效应是很明显的。

正是"糟透了"的定义方式影响了我们

生活中，我们不可能不遇到逆境，有悲观情绪的人总喜欢把事情想到最坏的一面，稍微遇到一点困难就会说出"太糟糕了"或"糟透了"。

"糟透了"是一种消极的心理暗示，意思是说事情到了无法挽回的地步了，仿佛天马上就要塌了下来。这种思维方式一旦形成，哪怕是一个很小的打击也足以使他绝望，令他一败涂地。

"太好了"和"太糟了"是两种完全不同的心态。面对得失，他们能左右你的心情，决定让你是快乐还是烦恼，是积极挽救还是消极面对。看待事情不同的思维方式直接影响着心情的好坏。

一个老太太有两个女儿，大女儿嫁给了一个卖伞的，二女儿嫁给了一个卖草帽的，她希望两个女儿都可以挣到钱。

于是，每到晴天，老太太就唉声叹气地说："大女婿的雨伞不好卖，大女儿的日子不好过了。"可是一到雨天，她又想起了二女儿："雨天没有人买草帽了，二女儿可怎么过？"这样一来，无论晴天还是雨天，老太太总是不开心。

一天，老太太的邻居看她整日忧愁，感觉非常好笑。便对老太太说："下雨天的时候，你应该想到大女儿的伞好卖多了，晴天的时候，你要想到二女儿的草帽生意不错，这样想她们的生意都不错，你不就天天高兴了吗？"

老太太听了邻居的话，从此不再唉声叹气，天天脸上都有了笑容。

面对同一件事，由于心态的不同，得出的结论也就不同，最后获得的快乐更加不同。正如英国作家萨克雷所说："生活就是一面镜子，你笑，它也笑；你哭，它也哭。"

在我们的生活中，每天都有很多事情要发生。而每一件事都有它的正反两面，这样看也许就是快乐，那样看没准儿就是烦恼。如何及时调整心态，积极乐观地对待每件事，乐观地看待生活中的每件事，遇事往好的方面想，好运便会自然来到。

琳达今年 36 岁，两年前离了婚，曾经流产两次。她现在对婚姻没有过多的期待，最渴望生小孩，她感到如果自己不能生一个孩子，她的生活就会有很大一部分的缺失，而这种遭受严重损失的感觉让她觉得生活"糟透了"。更糟糕的是，她一直都没能找到合适的对象。所以，她为此郁闷不已。

过了一段时间后，随着她找到合适对象的希望日益渺茫，她变得更加抑郁。遇人就诉说这种处境，而且总会说一句"真是糟透了"。事实上，琳达明白，不能生小孩其实并不能说是糟糕透了，而是因为她总是由此想到以前的不幸经历，加上她想要生小孩的愿望非常地强烈，所以如果无法实现这个愿望，就的确称得上是一件"糟透了"的事。

直至有一天，这种"糟透了"的定义方式严重影响到了琳达工作和生活。她找到一个心理医生咨询。医生设法让她明白，虽然将她遭受损失的情况称为"糟糕"的确会让她很悲伤也很难过，但将其称为"糟透了"就不仅仅只会让她感到悲伤难过了，还会让她感到绝望，没有任何解决的办法。"糟透了"这几个字意味着她所遭受的损失让她感到很悲伤，可是这种悲伤本来是不应该存在的。

心理医生还告诉她说："就你的情况而言，各种程度的损失和悲伤当然应该存在。只是你过于强调这种感受，难免会陷入这种被痛苦反复折磨的日子。如果你把这种不幸称为'糟透了'，就会给自己带来抑郁感。这对于你生小孩或得到自己所想要的东西都没有任何好处。"

通过心理医生的疏导，琳达自己通过心态调整，她明白了这个道理。当她开始想事情原本没有那么糟糕，内心仿佛就没那么痛苦了，心情就会好得多。

于是，琳达开始不断告诉自己，"情况尽管不理想，但只是糟而已，根本就称不上是糟透了！虽然我的悲伤仍会存在，但我却能解除自己的抑郁感。即使是巨大的悲伤也称不上是'糟透了'"。

后来，琳达逐渐消除了自己的抑郁感，她开始不断尝试，并希望能找到一个合适的伴侣，然后完成自己做母亲的心愿。

"糟透了"这样的字眼暗示了一种坏到不能再坏的程度。其实很多事情，并没有严重到无法补救的程度。除非你硬要把"坏"定义为"糟透了"，否则，没有什么东西可称得上是"糟透了"的。因此，请不要再随意说"糟透了"之类的消极语言，不要让这种定义方式影响到自己的生活，否则你将终日抑郁。

要知道，生活中总会遇到很多事情。当你得到的时候，要倍加珍惜，当你失去的时候，也不必懊恼。有时坏事可以变成好事，相反好事也可能变成坏事，就看你用什么心态面对了。

消除"不可能主义"

生活中，对于消极失败者来说，他们的口头禅永远是"不可能"，这已经成为他们的失败哲学，他们奉行着"不可能"主义，一直走向失败。

古代波斯有位国王，想挑选一名官员担当一个重要的职务。

他把那些智勇双全的官员全都召集来，想试试他们之中究竟谁能胜任。官员们被国王领到一座大门前。面对这座国内最大的、来人中谁也没有见过的大门，国王说："爱卿们，你们都是既聪明又有力气的人。现在你们已经看到，这是我国最大最重的大门，可是一直没有打开过。你们中谁能打开这座大门，帮我解决这个久久没能解决的难题？"

不少官员远远地望了一下大门，就连连摇头。有几位走近大门看了看，退了回去，没敢去试着开门。另一些官员也都纷纷表示，没有办法开门。这时，有一名官员走到大门下，先仔细观察了一番，又用手四处探摸，用各种方法试探开门。几经试探之后，他抓起一根沉重的铁链子，没怎么用力拉，大门竟然开了！原来，这座看似非常坚牢的大门，并没有真正关上，任何一个人只要仔细察看一下，并有胆量去试一试，比如拉一下看似沉重的铁链，甚至不必用多大力气推一下大门，都可以打得开。如果连摸也不摸、看也不看，自然会对这座貌似坚牢无比的庞然大物感到束手无策了。

国王对打开大门的大臣说："朝廷那重要的职务，就请你担任吧！因为在别人感到无能为力时，你却会想到仔细观察，并有勇气冒险试一试。"他又对众官员说："其实，对于任何貌似难以解决的问题，都需要我们开动脑筋、仔细观察，并有胆量冒一下险，大胆地试一试。"

那些成功的人们，如果当初都在一个个"不可能"的面前因恐惧失败而退却，而放弃尝试的机会，他们也将平庸。没有勇敢的尝试，就无从得知事物的深刻内涵，而勇敢做出决断了，即使失败，也由于对实际的痛苦亲身经历而获得宝贵的体验，从而在命运的挣扎中愈发坚强、愈发有力，愈接近成功。

只要敢于蔑视困难、把问题踩在脚下，最终你会发现：所有的"不可能"，都有可能变为"可能"。

"不可能"只是失败者心中的禁锢，具有积极态度的人，从不将"不可能"当回事。

科尔刚到报社当广告业务员时，经理对他说："你要在一个月内完成20个版面的销售。"

20个版面，一个月内？科尔认为不可能完成，因为他了解到报社最好的业务员一个月最多才销售15个版面。

但是，他又不相信有什么是"不可能"的。他列出一份名单，准备去拜访别人以前招揽不成功的客户。去拜访这些客户前，科尔把自己关在屋里，把名单上的客户的名字念了10遍，然后对自己说："在本月之前，你们将向我购买广告版面。"

第一个星期，他一无所获；第二个星期，他和这些"不可能的"客户中的5个达成了交易；第三个星期他又成交了10笔交易；月底，他成功地完成了20个版面的销售。在月度的业务总结会上，经理让科尔与大家分享经验，科尔只说了一句："不要害怕被拒绝，尤其是不要害怕被第一次、第十次、第一百次，甚至上千次的拒绝。只有这样，才能将不可能变成可能。"

报社同事给予他最热烈的掌声。

在生活中，我们时常碰到这样的情况：当你准备尽力做成某项看起来很困难的事情时，就会有人走过来告诉你，你不可能完成。其实，"不可能完成"只是别人下的结论，能否完成还要看你自己是否去尝试，是否尽力了。是否去尝试，需要你克服恐惧失败的心理；是否尽力，需要你克服一切障碍，获得力量。以"必须完成"或者"一定能做到"的心态去拼搏奋斗，你一定会做出令人羡慕的成绩。

在积极者的眼中，永远没有"不可能"，取而代之的是"不，可能"。积极者用他们的意志、他们的行动，证明了"不，可能"的"可能性"。

"只要有足够的意志力、足够的头脑和足够的信心，几乎任何事情都可以做到。"不是不可能，只是暂时没有找到方法。不要给自己太多的框框，不要总是自我设限，应该将注意力的焦点集中在找方法上，而不是在找借口上。正如哈瑞·法斯狄克所说："这世界现在进步得太快了，如果有人说某件事不可能做到，他的话通常很快就会被推翻，因为很可能另一个人已经做到了。在信心和勇气之下，只要我们认为可以做到，就可以以科学的方法推翻'不可能'的神话，我们就可能做成任何我们想做的事情。"

降低"我受不了了主义"的影响

在现实生活中，有些人总是喜欢放大自己的不如意。工作中受了一点委屈，朋友误会了自己，只要是自己不喜欢的事情发生，他们往往就会不知所措地抱怨："我受不了了！我没法再忍受下去了！"可实际情况远没有那么糟。

仔细分析一下，你会发现没什么事情让你真的受不了。即使你当时无法接受一些事情，可等自己冷静下来你就会发现，事情并没有糟糕到无法挽回的地步。

张伟大学毕业进入了一个软件开发公司，他本人能力出色，进公司不到半年，就为公司开发出好几种软件。可他与上司的关系并不好，这一度让他的人际关系陷入僵局。

那些工作能力不如他的人对上司阿谀奉承，赢得了上司的青睐。在一次晋升中，张伟本来很有希望升为项目组长，结果却被一个比他进公司晚，能力不如他的同事抢先了。

张伟宁愿坚持自己的原则，也不愿将自己变成一杯水，可以装进任何容器里。他不愿妥协于阿谀谄媚，他觉得自己实在无法忍受主管的反复无常和假公济私，决定离职。

在递辞职信时，他在楼梯间遇见别的部门的主管，他俩仅有数面之缘，他微微一笑，点头招呼。这主管看见他手上的辞职信，一脸的惊讶，对他说："如果你另有高就，那恭喜你；如果是为了你们部门的主管，那你可能要考虑一下。你一定要学习着如何与不同的人相处，不然你永远都会遇见这种人，然后手足无措。"

张伟听了这番话，突然明白了，其实这件事没有自己想象的那么严重，不是什么大不了的事。如果因为这个而影响了自己的职业发展，就得不偿失了。后来，张伟没有离职，他试着去学习如何与主管相处，他仍然不认同一些与自己原则相悖的事情，但他不反抗。他看见事情好的一面，他和主管之间也从对立变成平行。

也许你真的无法承受某些痛苦的事情，如没能找到一份好工作，或者被你所爱的人拒绝，但你会因此就失去生命吗？不会的。

事实上，在那些你不喜欢的事情中，几乎没有什么事对你来说是性命攸关的，而且如果你真的面临实实在在的危险，那么你反而不会轻易说："我受不了了！"也就是说，你实际上是能够忍受几乎每一件你所不喜欢的事情的。

我们在一起5年了，我脾气不好，他一直都谦让我。前几天，我们还商量以后结婚的事情，我们一起设计了房子的装修图纸。我从来没有想过分开，一辈子都忘不了他给我的温暖的感觉。除了他，我没有想过会与另一个男人结婚。

可是就在昨天我们分手了，现在我生活中的一切都有他的身影，我用的东西都是我们一起买的。我求他，想挽回这段感情，可是他坚定地说："不可能了"。我问他原因，他说我们总吵架，我们的性格不合。

他真的就这么残酷吗？我不相信他不爱我了。我太痛苦了。我无法接受不了这个事实，我们快结婚了，我把这份感情看得那么重，而他却这么无情。我每时每该都能想起他对我的好，太折磨人了，我快受不了了。

像上面这个女孩所说"受不了失恋的痛苦"，"没法忍受失去我心上人的爱"之类的想法其实是被夸大了的。事实上，无论多么严重的事情发生后，你仍有选择的余地。你不但可以去处理它们，而且可以去寻求其他方面的满足感。

让我们主动去降低"受不了了主义"的负面影响吧。走出自我设置的困境，面对现实，坦然接受，相信你可以做得更好。

将抵触感消弭于无形

什么是抵触感？抵触感简单地说就是面对一件事情或者是一个人，你在心里会产生厌恶情绪或者是害怕去面对的心理。一个人之所以会产生抵触心理，很重要的一个原因是他把他面对的这个事物想象为对自己不利的。人们产生抵触心理，最主要的原因是自己的心理在作怪。明白了这一点，我们就会慢慢消除自己的抵触感。

抵触情绪在日常生活中非常普遍，几乎人人都有抵触情绪，只是程度不同而已。一个小孩在学校受到老师的批评，那么这个小孩就会产生抵触心理，会特别讨厌这个老师，只要一上这个老师的课，自己心里就不高兴。一个成年人在工作中因受到别人对领导恶评的影响，自己心里也认定领导一无是处，于是只要看到这个领导心理就不自在。一个在做一件事情的时候，一而再再而三地失败，于是，今后再做类似的事情，这个人心里就会产生很明显的抵触情绪，要么对这类似的事情逃避，要么对类似的事情恐惧……但不管是学生对老师的抵触，员工对领导的抵触，还是一个人逃避自己不想做的事情，对一个人的发展来说，都是不利的。抵触感不仅会破坏人与人之间的和谐，还会养成一个人逃避的习惯。因此，我们要想摆脱不利因素对自己成长的羁绊，就必须要消除自己的抵触感。

第一，转移注意力是消除抵触感的有效方法。这个方法特别适用于消除孩子的抵触感。

孩子如果在学校里受了委屈后，家长应该给予及时的心理安慰，切忌小题大做，盲目地批评老师。倘若如此，只能加重孩子的抵触情绪。

第二，与你抵触的人多多交流。

对别人产生抵触心理，是一个人人际关系的大敌。产生抵触心理的直接后果就是破坏一个人的好心情，使人产生不愉快的体验。

而以诚挚的心与别人交流，并在交流的过程中多去发现他的优点和长处，你或许会发现，他根本就没有你想象的那么糟糕。

第三，学会换位思考。

在生活中，我们难免与别人发生矛盾，这些矛盾冲突如果不及时消除，就会导致抵触心理，进一步发展就会降低自己的做事效率，甚至激化人与人之间的关系。改变这种不利处境的最理智的办法，就是换位思考——试着把自己置于对方的立场去思考、去感受，你就会慢慢发现对方的难处，并在这个过程中改善自己与对方的关系，减轻或避免自己对别人的抵触情绪。

我们都希望别人对自己好，事实上，你想别人怎样对你，你就得先怎么对待别人。不要害怕，放开你的心胸，主动去沟通，真诚地去了解你身边的人和事，你就会发现那些令你抵触的东西其实也没那么讨厌。

负面情绪会抹杀找回健康的希望

每天都这么奔波忙碌，觉得自己活得像个机器吗？重复的生活让你觉得疲惫，而更糟糕的是你觉得自己不幸福。小时候因为一颗糖果、一根雪糕带来的小幸福已经不复存在了，你觉得自己的幸福感荡然无存，甚至因此而消沉和失望，觉得自己不可能再幸福。日复一日，这种负面情绪引领着你的思维，你总是否定自己的想法，长此以往，你怎么可能会幸福，怎么可能拥有健康的生活？

如果幸福与否是由我们的思想所决定的，那么赶紧把脑子里那些负面情绪进行彻底的大扫除吧，驱除心中负面的想法，我们才能走进健康的、充满希望的生活。

我们心中要有一个信念，时刻驱除负面的想法，并下定决心地去做，即可达到你的目的。那么究竟如何去做呢？我们不妨来看看这个故事，也许你能从中轻易地发现秘诀。

安森一直在研究有关内心想法与幸福的联系，他认为幸福与否和人的内心想法有着很大关系，可以说这点直接影响到幸福感的存在。

在一次聚会上，安森遇到了一位企业家，这是一位优秀的青年企业家，他的事业一度风生水起，按理说他是最应该感到幸福的那一类人。可是经过一番交谈，安森发现被亮丽光环笼罩下的青年企业家内心竟是如此消沉，听他讲的那些话，愈发觉得他不仅内心消沉而且正朝着毁灭自己的方向前进着。他的心灵就像一节干枯的树枝，没有一丝生机，仿佛沉寂在一片沉沧的世界中,渴望脱离苦海。这种急欲脱离的情绪反而带动着他往相反的方向前进,物极必反,接二连三问题的发生无情地浇灭了这位青年企业家的希望之火。

耳畔回荡着青年企业家的叹息,安森忍不住告诉他,如果想拥有幸福,也不是那么难的事情,他倒是有一个解决之道。

"你能有什么方法呢?除非你能制造奇迹。"青年企业家疑惑地问道。

"不,虽然我不能制造奇迹,但我可以把你介绍给能够制造奇迹的人。这个人将改变你内心的想法,让你的内心变得积极开朗。更重要的是,这个人能让你感受到什么是真正的幸福。好了,我的话说完了。"安森和青年企业家告别,就此离开了会场。

很显然,青年企业家对安森的话有着强烈的好奇心,于是从那时开始,他就经常主动与安森联系,就这样他们一直持续交往着。有一天,安森送给了青年企业家一本适合放在口袋里的袖珍型小书,并且告诉他这是一本"魔法书",能教会他如何产生健康和幸福,一定要随身携带着它,且在一个月之内把书中的建议都一一牢记在心。

青年企业家满脸的不可思议,问道:"安森,这本书真的这么神奇吗?它能驱除我心中那些否定的想法,真的能给我带来幸福吗?"

安森神秘地说道:"当然可以!只要你能切实按照书上的建议一一照做,那些消极的、有损快乐、有损心灵健康的想法势必会一扫而空,消失殆尽。虽然这些对你来说,似乎有些过于奇妙,但是你照做了就会发现它的妙不可言。"

青年企业家听了之后,虽然心中满怀疑惑,但仍按照安森的指示一一照做。一个月之后,安森接到了青年企业家的电话,电话那头是又惊喜又激动的声音:"安森,这本书真的有魔法,真是不可思议,我已经得到了我想要的,这真是做梦都想不到事情,只要能改变内心消极的想法,幸福原来触手可及……"

这位曾经内心消沉的青年企业家已经抓住了幸福。有些时候,我们对幸福的理解太泛泛和表面化了,觉得表面的光鲜亮丽、腰缠万贯就是幸福,可幸福是来源于内心的,从青年企业家的故事中我们就不难看出,虽然他看上去很风光,可是他却不幸福,因为他的内心消极苦闷。

真正的幸福是来源于心的，即使生活困苦，但仍有一颗积极向上的心，那就会获得积极健康的生活。这种来源于内心中肯定的、积极的想法才是获得幸福的正能量，还是拿那位青年企业家的故事来说，在他学会如何掌握幸福的方法后，即使再次陷入困境、遭遇到不幸，他也不会跟随这些消极的情绪继续否定自己，一味地去自责与自怜了，而会全力以赴地去扭转这种困境。

可见我们的思想决定着幸福，思想改变了，世界就不一样了，对幸福的感知也会变得不同。消极和否定只会让事情越来越糟，而不断地积极向上、肯定自己才能获得幸福，这是幸福的秘诀所在。

努力地去驱除心中负面的情绪吧，摒弃消沉或失望的思想，做个彻彻底底积极强大的人。如此一来，你会发现自己的人生轨道是健康而充满希望的。

世界接受的是我们对自己的评价

世界只接受我们自己对自己的评价。如果你坚持相信生命是孤苦的，没有人爱你，那么，你的世界很可能真的孤苦和没有人爱——因为你自己躲在阴暗处，太阳自然照不到你。然而，如果你愿意抛弃这种信念，相信"到处充满了爱，人们爱你，你也爱别人"，并坚信这种新的信念，那么你的世界就会变成这样。可爱的人将会走进你的生活，原先就在你生活中的人也会变得更加可爱，你会发现，你更容易向别人表达你对他们的爱。

你有没有这样的经历，你遇到某个人，而且一看就知道，你不喜欢他，因为他长得像曾经伤害你的人。不管他们做了什么，都只是在加强你对他们的错误评价。其实，真正地相处下来，也许当初这个让你一看就烦的人，实际上很可爱的。所有的对他的评价只是我们内心给自己的结论。烦恼也是如此，真正的烦恼也是自己给自己的。

一位心理学家为了研究人的烦恼的来源，做了一个有趣的实验。他让参加实验的志愿者在周日的晚上把自己对未来一周的忧虑与烦恼写在一张纸上，并署上自己的名字，然后将纸条投入"烦恼箱"。

一周之后，心理学家打开了这个箱子，将所有的"烦恼"还给其所属的主人，并让志愿者们逐一核对自己的烦恼是否真得发生了。结果发现，其中90%的"烦恼"并未真正发生。随后，心理学家让他们把过去一周真正发生过的烦恼记录下来，又投入"烦恼箱"。

三周之后，心理学家再次把箱子打开，让志愿者重新核对自己写下的烦恼，这次，绝大多数人都表示，自己已经不再为三周之前的"烦恼"而烦恼了。

在这个实验中，我们都会发现：烦恼原来是预想的很多，出现的却很少；自认为沉重到无法负担，转瞬也便如骤雨急停。人生的烦恼大都是自己寻来的，而且大多数人习惯把琐碎的小事放大。

"月有阴晴圆缺，人有悲欢离合"，自然的威力，人生的得失，都没有必要太过计较，太较真了就容易受其影响。人到世间来，不是为苦恼而来的，所以不能天天板着面孔。伤心、烦恼、失意，这样的人生毫无乐趣而言，所以，我们应该为自己的人生塑造一个乐观、积极、进取的心态，快乐地活着。

将烦躁情绪消除在萌芽状态

解决困难最好的办法是什么？就是在困难的萌芽期，就把困难解决掉。同样，消除自己的不良情绪的最佳时期也是其萌芽状态。

一位睿智的老师与他年轻的学生一起在森林里散步。走着走着，老师突然停了下来，仔细地看看身边的四株植物：第一株植物是一棵刚刚破土而出的幼苗；第二株植物已经算得上是挺拔的小树苗了，它的根牢牢地扎在肥沃的土壤中；第三株植物枝叶茂盛，差不多与年轻学生一样高大；第四株植物是一棵巨大的橡树，年轻学生几乎看不到它的树冠。

老师指着第一株植物对他的学生说："把它拔起来。"学生用手指轻松地拔出了幼苗。"现在，拔出第二株植物。"学生听从老师的吩咐，略加力量，便将树苗连根拔起。"好了，现在，拔出第三株植物。"学生先用一只手进行了尝试，然后改用双手全力以赴。最后，树木终于倒在了脚下。"好的"，老教师接着说道，"去试一试那棵橡树吧。"学生抬头看了看眼前巨大的橡树，想了想自己刚才拔那棵小得多的树木时已经筋疲力尽了，所以他拒绝了教师的提议，甚至没有做任何尝试。

"我的孩子"，老师叹了一口气说道，"你的行为验证了生活的常识：习惯对一个人生活的影响是多么巨大！"

这个近似寓言的小故事，其实告诉了我们这样一个道理：无论是好的习惯还是坏的习惯，一旦形成了，就会变得牢固，就像挺拔的橡树一样，任凭你使用多大力气也很难扭转。所以，在那些不良的习惯还没有牢固之前，我们就应该及时改正，将坏习惯扼杀在萌芽的状态。

生活中的习惯其实有很多种，有的是单纯的卫生习惯，比如勤换衣服、保持良好的卫生环境；有的却是属于我们精神层面的习惯，比如有的人贪财；有的人好色；有的人易怒……这些都是习惯在人们生活中不同方面的表现。而现代社会中，人们在忙碌中也养成了另一个不好的习惯——烦躁。

你有没有这样一种感觉，当给自己的朋友打电话的时候，你问朋友最近忙什么，朋友一开口"烦死了，最近都快忙死了""太烦人了，正在赶一个很大的项目""实在受不了了"……人们用种种同义词倾诉着相同的主题，宣泄着对生活的不满。

可是，如果我们愿意静下心来梳理一下烦恼的源头，就会发现那些惹我们生气的或许根本就只是一些小事。那些鸡毛蒜皮的小事总是让我们烦恼、生气，进而发怒。严重的还会因此摔东西、打骂周围的人。更有甚者，还会因为公交车上谁踩了谁一脚，打得头破血流。这些怨恨、怒气与烦恼，究其原因都是因为我们在厌烦的时候没有有效地克制，而是任由不良情绪滋长。久而久之，内向型的人就会抑郁，外向型的人就会狂躁，甚至不分场合就发脾气。

这样一来，我们的生活自然会受到影响——因为烦躁，我们的生活自然也不会快乐。

那么，为了生活得快乐，该如何控制自己的烦恼，使烦恼不至于像植物一样生长呢？有人说，应该在烦躁的时候睡觉，有的人说应该出去逛街看电影，也有人说应该找朋友们聊天散心……不管采用什么样的方法，其实想要达到的目标只有一个：消除刚刚萌发的烦恼。

别让烦恼从豆芽菜长成参天大树。这是一个很形象的比喻，当我们的烦恼刚刚滋生的时候，我们不妨就将它连根拔起，这样既不会太耗费我们的精力，也不至于让烦恼越长越大，以致我们没有力气拔起。

烦恼会扰乱我们内心的安宁

看待人生的角度不同，解决烦恼的方法也就不同。对于人生的许多问题，我们应该从多个角度去认识，才能看破烦恼的本质。

一个年轻人四处寻找解脱烦恼的秘诀。他见山脚下绿草丛中一个牧童在那里悠闲地吹着笛子，十分逍遥自在。

年轻人便上前询问："你那么快活，难道没有烦恼吗？"

牧童说："骑在牛背上，笛子一吹，什么烦恼也没有了。"

年轻人试了试，烦恼仍在。

于是他只好继续寻找。

他又来到一条小河边，见一老翁正专注地钓鱼，神情怡然，面带喜色。于是便上前问道："你能如此投入地钓鱼，难道心中没有什么烦恼吗？"

老翁笑着说："静下心来钓鱼，什么烦恼都忘记了。"

年轻人试了试，却还是放不下心中的烦恼，静不下心来。

于是他又往前走。他在山洞中遇见一位面带笑容的长者，便又向他讨教解脱烦恼的秘诀。

老年人笑着问道："有谁捆住你没有？"

年轻人答道："没有啊？"

老年人说："既然没人捆住你，又何谈解脱呢？"

年轻人想了想，恍然大悟，原来是被自己设置的心理牢笼束缚住了。

世上本无事，庸人自扰之。萧伯纳说过："痛苦的秘诀在于有闲工夫担心自己是否幸福。"其实很多时候，烦恼都是自找的，要想从烦恼的牢笼中解脱，首先要"心无一物"，放下心中的一切杂念。

有位虔诚的佛教信徒，每天都从自家的花园里采撷鲜花到寺院供佛。一天，当她送花到佛殿时，无德禅师非常欣喜地对她说道："你每天都这么虔诚地以香花供佛，来世当得庄严相貌的福报。"

信徒非常高兴地回答道："这是应该的。我每次来您这里礼佛时，觉得心灵就像洗涤过似的清凉，但回到家中，心就烦乱了。作为一个家庭主妇，如何在烦嚣的尘世中保持一颗清净纯洁的心呢？"

无德禅师反问道："你以鲜花献佛，对花草总有一些常识，我现在问你，你如何保持花朵的新鲜呢？"

信徒答道："保持花朵新鲜的方法，莫过于每天换水，并且在换水时把花梗剪去一截，因为这一截花梗已经腐烂，腐烂之后水分不易吸收，花就容易凋谢！"

无德禅师说："保持一颗清净纯洁的心，其道理也是一样。我们的生活环境就像瓶里的水，我们就是花，唯有不停地净化我们的身心，放下烦恼，才可保持内心的清静。"

信徒听后，作礼感谢道："谢谢禅师的开示，希望以后有机会亲近禅师，过一段寺宇中禅者的生活，享受晨钟暮鼓，菩提梵唱的宁静。"

无德禅师说："你的呼吸就是梵唱，脉搏跳动就是钟鼓，身体就是寺宇，两耳就是菩提，无处不是宁静，又何必等机会到寺宇中生活呢？"

很多人之所以觉得烦恼缠身，主要是因为自己的心不净。心不净，想要的太多，记挂的太多，烦恼自然生。因此，要想在生活中离烦恼远一点，我们的心不妨就要净一点，要知道：心净万事净，心平万事平。

彻底查杀身体内的冷漠病毒

冷漠一旦注入一个人的身体，其痛苦让人难以忍受。伴随着冷漠的疯长，一个人就会感到孤独无助，甚至觉得自己和整个社会格格不入。一个拥有冷漠心理的人，会对什么事情都不感兴趣，做什么都会觉得无味，而且他们的内心会很脆弱，总是觉得世间很大，却没有自己的容身之所。

卡耐基曾经说过：如果你想要别人喜欢你，也就是说你想要改善你糟糕的人际关系；如果你想帮助自己也帮助他人，那么，就请你牢牢记住一个原则：真诚地去关心别人，彻底查杀冷漠这个病毒。

有一个著名的心理学家曾说过：在所有能够破坏友谊的因素中，冷漠是来自人灵魂深处的丑恶。人人都想生活在爱的包围中，一个内心冷漠的人，怎么可能懂得去爱别人，不懂得爱人，又如何能被人所爱呢？一位哲人曾经说过，我们需要被爱，但更需要爱人的能力。的确是这样，人与人之间是也存在一种爱的"交易"，所谓不行春风难得春雨就是这个意思。如果你对别人冷漠，对别人的事情一点都不关心，别人怎么可能关心你？怎么可能爱你？在没有关爱的世界里，你又如何能生活得开心？所以，唯有丢掉自己的冷漠，释放心中的爱，才能彻底医好你的心灵创伤。

那么，我们该怎样才能消除冷漠呢？以下是一些很实用的建议，希望通过这些建议，可以帮助你战胜冷漠。

不要对热情抱有任何怀疑

有人问战胜冷漠最快速的办法是什么？答案是热情。任何时候都不要对热情产生怀疑。如果你能时时保持着一颗热情之心，那么，你心中的冷漠自能消融。

三步走培养热情

消融冷漠需要培养热情。培养热情可以具体遵循以下三个步骤：

第一，深入了解每个问题。问题也是机遇。因此，对待任何事情，哪怕是困难，我们也要抱着热情去解决。

第二，学习更多你目前尚不热爱的知识，接触更多目前尚不热爱的事情，了解得越多，我们就越容易培养自己的兴趣。有兴趣自然就有热情，做到驱赶冷漠就水到渠成了。

第三，你的谈话要真挚热情。说话热情的人都会受到欢迎。当你话语充满热情时，你自己也会变得很有热情。你必须时时刻刻活泼热情，这样才能消除冷漠。

尽可能多地去满足他人的愿望

就像上面所说的，一个不仅要求被爱，更重要的是要有爱人的权利。我们尽可能地去满足别人的愿望，别人才会觉得我们的重要，我们也会因为成为别人需要的人而更加热爱生活。

尽可能满足他人的愿望，一方面可以更好地发挥我们的人生价值；另一方面可以让我们的人际关系更加顺畅，让我们的工作和生活更加便利。

将热情付诸行动

只有将好的思想或者情绪付诸行动，我们积极的情绪才能起作用。当一个人以饱满的热情去应对生活、工作或者人际关系的时候，一个人心中的冷漠才能从根源上消失。

尽可能多地与别人交流

尽可能多地与别人交流不仅是克服冷漠的一剂良方，也是我们攻克情感障碍的武器。

语言鼓励

老板用语言鼓励自己的员工，老师用语言鼓励自己的学生，教练用语言来鼓舞球队……语言的激励作用是巨大的，很多人把语言比喻成团体奋进的助力器。同样，我们自己对自己进行语言鼓励，也有着重要的作用，其效果就像老师鼓励学生那样。在做任何事前，给自己一些语言方面的精神鼓励，以鼓舞自己，消除冷漠，必定会收到奇效。

欣赏艺术

无论是音乐、美术还是文学，好的艺术作品都蕴涵着让人不得不折服的魔力。就像有人说的，真正热爱艺术的人对生活也会充满热爱，如果你爱上了这些无言的美，你就能从中体会到巨大的精神力量，也就不会再一味沉寂于冷漠了。

接触大自然

大自然是烦恼情绪的最好排解器，当我们孤独、冷漠时，我们不妨跨上自行车去郊外转一圈，呼吸一下新鲜空气，让大自然消解我们心中的郁闷和烦恼。

浮躁会使人们失去准确定位

要想处处得力、事事顺心自然很难。但我们要降低自己的失意程度，却有一个十分有效的方法，那就是苦练内功，切忌浮躁。

小吴是某事业单位的普通干部，他近一年来一直心神不定，老想出去闯荡一番。看着别人房子、车子、票子都有了，他心里发慌。炒股赔多赚少就去摸彩票，一心想摸个500万，可结果花几千元连个响都没听着，心里就更慌！后来小吴跳了几家单位，不是嫌这个单位离家太远，就是嫌那个单位专业不对口，再就是待遇不好，反正找个合适的工作对小吴来说真是难啊！后来听说某人很有钱，小吴于是写了信去，说自己很困难，可他们连信也没回，气得小吴又去信大骂了一顿。为此小吴心里也确实感到失衡，但这种恶作剧让小吴解恨呀！总之，小吴就是感到心里闷得慌，做什么都不踏实。

小吴表现出来的这种"不踏实""闷得慌"的状态正是一种典型的浮躁情绪。

浮躁心理是指做任何事情都没有恒心、见异思迁，喜欢投机取巧，讲究急功近利，强调短、平、快，立竿见影，平时则无所事事，乱发脾气，一刻也不能安稳地工作。浮躁是当前非常普遍的一种负面情绪。

浮躁从表现上看有躯体性亚健康的症状特点，如心神不宁、焦躁不安、喜欢冲动，甚至铤而走险等。实际上这种躯体的表现是在心理的作用下完成的，症状来得快去得快，受外界环境的影响很大。

浮躁会使人们失去准确定位，让人随波逐流、盲目行动、不计后果，与脚踏实地、艰苦创业、励精图治、公平竞争的社会准则相抵触，对国家、社会的整体运转非常有害。

作为一种心理现象来说，浮躁的内核是人朴素的、本能的生命冲动和物质欲望。浮躁的深层特点，是重外延轻内涵、重数量轻质量、重表面轻实际、重短期轻长远。在现代社会，浮躁心理对社会和个人的发展都十分有害，必须想方设法减少和消除这一不健康的心理。

自我暗示是控制情绪的一个简捷而实用的好方法。例如你可这样暗示自己：无论面对怎样的处境，总会有一种最好的选择，我要用理智来控制自己，绝不让情绪来主导我的行动。只要我善于控制自己的情绪，我就是一个战无不胜、快乐的人。

在攀比时要知己知彼。比较是人获得自我认识的主要方式。比较要得法，要"知己知彼"，否则就无法去比，得出的结论也会是虚假的。知己知彼才能知道是否具有可比性，就不会出现人的心理失衡现象，产生心神不定、无所适从的感觉。

人们应该正确地认识到：每个人的成功，都付出了别人难以想象的努力和智慧。要保持一颗平常心，不要期待"天上掉馅饼"的事会在自己头上发生。还要正确地看待别人的缺点和错误，不要凭一时的情绪或偏见对人和事下结论。

第三章

淡化挫折，调节自身的能量

走过去前面就是一片天

每个人都有自己的理想和抱负，但是，在现实的社会生活中，不可能事事如愿，谁都会遇到挫折，挫折感是在你的某种需要得不到满足时的一种紧张情绪状态。假若挫折感过于强烈，或时间过久，超过个体的承受能力，就会引起情绪紊乱、心理失去平衡，进而导致疾病发生。

隋璐从清华大学毕业后进了一家国企。这家国企规模很大，历史悠久，在全球也很有名，福利、待遇、薪水都不错；缺点是分工太细，流动性差，纪律太多。千篇一律的制服和单调的工作使隋璐感觉到自己离原来的梦想越来越远。在上大学时，隋璐一直向往做一个有优越感的、工作独立的外企员工。所以，几年来她一直在为找这样的工作而努力，后来终于如愿以偿了。

隋璐在上海一家大型外资公司实现了这样的梦想，但是从踏进外企的第一天起，上司的刁难、同事的冷漠、工作的压力都让她心灰意冷，几次都委屈得落泪。加上工作路途远，无法正常上下班，总也不能适应环境，心情郁闷，使她感觉一下子老了很多。她每次想到原来的单位和同事，眼圈禁不住发红，上班成了煎熬，现在她已经不想干了。

而且由于睡眠越来越差，她更加烦恼。她曾经骂自己是笨蛋，断定自己当时一定是脑子坏了，要不怎么会离开原来的单位呢？

但是她害怕再次失败，一直都不敢到另外的公司去面试，内心很是焦虑。

失败与挫折是人生的必修课，而隋璐却没有修好这一课。面对事业上的挫折，她畏惧了，且没有调整好自己的心理状态，因而焦虑在所难免。

事实上，人生难免会遇到挫折，没有经历过失败的人生不是完整的人生。正因为有挫折，才有勇士与懦夫之分。

受挫后的心理失衡，不仅影响人的工作、生活，还严重影响人的健康。长久的心理失衡，不仅会引起各种疾病，甚至能使人丧生。为了避免受挫后消极心理的产生，我们可以通过以下几种调节方法进行自我调节。

找个知心的朋友聊聊天，诉诉苦

倾诉法是近年来心理医学比较提倡的一种治疗心理失衡的方法。受挫后如果把失望焦虑的情绪封锁在心里，会凝聚成一种失控力，它可能摧毁肌体的正常机能，导致体内毒素滋生。适度倾诉，可以将失控力随着语言的倾诉逐步转化出去。

多看看自己的优势

受挫后有时难于找到适当的对象以诉衷肠，便需要自己设法平衡心理。优势比较法要求去想那些比自己受挫更大、困难更多、处境更差的人。通过挫折程度比较，将自己的失控情绪逐步转化为平心静气。另外，寻找自己没有受挫感的方面，即找出自己的优势点，强化优势感，从而增强挫折承受力。

重新确立目标

挫折干扰了原有的生活，打破了原有的目标，需要重新寻找一个方向，确立一个新的目标。目标的确立，需要分析思考，这是一个将消极心理转向理智思索的过程。目标一旦确立，犹如心中点亮了一盏明灯，人就会生出调节和支配自己新行动的信念和意志力，去努力进行达到目标的行动。

平衡心灵的秤杆

一个人的内心往往会关系到一个人的命运，要想时刻都过得愉快，那就得让自己的内心永远都在自己的掌控之中。你拥有什么样的内心，就拥有什么样的生活能量，这种能量将决定你是否能获得幸福的人生。

有人把世界上的人分为两种：幸福的人和不幸的人。这两种人在本质上并没有什么区别，只是他们所拥有的心态不同，准确地说，是自己控制内心的能力有所不同。一个幸福的人，并不是他们在人生道路上是多么的一帆风顺，也不是他们的能力有多么的超群，而只是因为这种人善于控制自己的内心，能在狂风暴雨中看到美丽的彩虹，甚至能在一败涂地中看到美好的将来，并时刻保持一种良好的心理状态，不为暂时的困厄而沮丧。

相反，一个不幸福的人，也并不是真的像他们所说的那样缺少运气，甚至像某些人说的老天无眼，给自己的保佑不够多，原因仅仅是这种人不会控制自己的内心，任自己的情绪恣意放纵。

总而言之，幸与不幸就在两个字——内心。内心处于平衡状态，则会感到幸福；相反，则感觉不幸福。平衡的内心是指一个人能够控制自己的思维和情绪，使自己处于一个良好的心理状态。生活中的非理性因素实在是太多了，以至于我们常常会因为这些非理性的因素而控制不住自己的内心，导致发生了一些原本不该发生的事情。经过分析，这些困扰人类多年的非理性因素有如下几种：嫉妒、愤怒、恐惧、抑郁、紧张，还有狂躁和猜疑。这些都是再平常不过的心理因素了，看似极其平常的心理因素，往往可以决定一个人的成败得失。

一位哲人曾经说过：内心是一个人真正的主人，要么你去驾驭生命，要么是生命驾驭你，而你的内心将决定谁是坐骑，谁是骑师。一个拥有平衡心态的人，他的人生必定充满希望，而一个内心失衡的人，他的人生必定充满阴霾。

曾经有两个人在沙漠的黑夜中行走，水壶中的水早就喝完了，两人又累又饿，体力渐渐不支了，在休息的时候，其中一个人问另一个人："现在你能看到什么？"被问的那个人回答道："我现在似乎看到了死亡，似乎看到死神在一步一步地靠近。"发问的人却微微一笑说："我现在看到的是满天的星星和我的妻子、儿女等待我回家的脸庞。"

最后，那个说看到死亡的人真的死了，就在快要走出沙漠的时候，他用刀子匆匆结束了自己的生命，而说看见星星和自己妻子、儿女脸庞的人靠着星星的方位，成功地走出了沙漠，并成为人们心目中的英雄。

　　人们在社会上要面临太多的问题，忙碌在发现、遭遇和解决问题的途中，于是，在对人对己的相应比较中，就出现了心理失衡的现象。

　　面对心理失衡，我们需要的是"心理补偿"。综观古今中外的强者，其成功之秘诀就包括善于调节心理的失衡状态，通过心理补偿逐渐恢复平衡，直至增加建设性的心理能量。

　　有人打了一个颇为形象的比喻：人好似一架天平，左边是心理补偿功能，右边是消极情绪和心理压力。你能在多大程度上加重补偿功能的砝码而达到心理平衡，你就能在多大程度上拥有了时间和精力，信心百倍地去从事那些有待你完成的任务，并有充分的乐趣去享受人生。

　　那么，我们如何才能让自己更好地做到心理补偿呢？

　　首先，要意识到你所遇到的烦恼是生活中难免的。心理补偿是建立在理智基础之上的。人都有七情六欲各种感情，遇到不痛快的事自然不会麻木不仁。没有理智的人喜欢抱屈、发牢骚，到处辩解、诉苦，好像这样就能摆脱痛苦。其实往往是白花时间，现实还是现实。明智的人勇于承认现实，既不幻想挫折和苦恼会突然消失，也不追悔当初该如何如何，而是想到不顺心的事别人也常遇到，并非是老天跟自己过不去。这样就会减少心理压力，使自己尽快平静下来，客观地对事情做个分析，总结经验教训，积极寻求解决的办法。

　　其次，在挫折面前要适当用点"精神胜利法"，即所谓"阿Q精神"，这有助于我们在逆境中进行心理补偿。例如，实验失败了，要想到失败乃是成功之母；若被人误解或诽谤，不妨想想"在骂声中成长"的道理。

　　再次，在做心理补偿时也要注意，自我宽慰不等于放任自流和为错误辩解。一个真正的达观者，往往是对自己的缺点和错误最无情的批判者，是敢于严格要求自己的进取者，是乐于向自我挑战的人。

放松自我，适度紧张

　　社会心理学认为：任何事物都有一个"度"的界限。

　　适当的压力有利于我们在工作中产生动力，取得业绩，但压力过度，则会引起心理上、生理上以及行为上的消极反应，严重的还会产生心理疾病。

　　其实，工作中缓解压力的一个重要秘诀就是保持内心的平静。当我们疲惫地工作了一段时间后，不妨练习一下下面这种"坐在阳光下"的放松艺术，为自己的心灵腾出一个安静的空间，让自己在轻松闲适的生活中为身体充电。

约翰是一家大型航空公司的经理。一次偶然的邂逅让他学会了一种"坐在阳光下"的艺术，这让他第一次在忙碌的生活中找回宁静的心境。下面是他对这段宝贵体验的回顾：

在一个二月的早晨，我正匆匆忙忙走在加州一家旅馆的长廊上，手上抱满了刚从公司总部传来的信件。我是来加州度假的，但是仍无法扔下我的工作，还是一早处理信件，我为此感到十分懊恼。

然而当我快步走过去，准备花两个小时来处理我的信件时，一个久违的朋友坐在摇椅上，帽子盖住他部分眼睛，把我从匆忙中叫住，用他缓慢而愉悦的南方腔说道："你要赶到哪儿去啊，约翰，在我们这样美好的阳光下，那样赶来赶去是不行的。过来这里，好好嵌在摇椅里，和我一起练习一项最伟大的艺术。"

这话听得我一头雾水，问道："和你一起练习一项最伟大的艺术？"

"对，"他答道，"一项逐渐没落的艺术。现在已经很少人知道怎么做了。"

"噢，"我问道，"请你告诉我那是什么。我没有看到你在练习什么艺术啊！"

"有！我有！"他说道，"我正在练习'坐在阳光下'的艺术。坐在这里，让阳光洒在你的脸上。感觉很温暖，闻起来很舒服，你会觉得内心很平静。你曾经想过太阳吗？"他问道，"太阳从来不会匆匆忙忙，不会太兴奋，它只是缓慢地恪尽职守，也不会发出嘈杂声——不按任何钮，不接任何电话，不摇任何铃，只是一直洒下阳光，而太阳在一刹那间所做的工作比你我一辈子所做的事还要多。想想看它做了什么？它使花儿开，使大树长，使地球暖，使蔬旺，使五谷熟；它还蒸发了水，然后再让它回到地球上来，它还使你觉得有平静感。"他接着说道，"我发现当我坐在阳光下，让太阳在我身上作用时，它洒在我身上的光线给了我能量。这是我花时间坐在阳光下的赏赐。所以请你把那些信件都丢到角落去，跟我一起坐到这里来。"

我照做了。后来当我回到房间去处理那些信件时，我很快就完成了工作。

这使得我还留有大部分时间来做度假的活动，也可以常"坐在阳光下"放松自己。

工作之余，让心灵慢慢进入宁静状态，所有的压力都抛诸脑后，这是为身体充电的最好方式。待充好电之后，回到工作岗位上，我们的心就少了几分浮躁，我们的业绩自然会再上一个台阶。

每当我们工作得太疲倦，面对生活感到压力重重时，可以观察一下我们喜欢的植物、动物，思考一下自己感兴趣的问题或者只是站在窗口瞭望，忘记所有的工作，卸下所有的压力和束缚，看看蓝天白云，让思想宁静下来，让头脑得到彻底的净化，这样我们才能够更加精神抖擞地面对生活。

不要让过于烦乱的生活目标干扰你的灵魂，要时刻反省内心，让心灵重获宁静。每天都要体察内心，自我检查、自我反省，当你安静地体察内心世界时，你会立刻平静下来，深呼吸，你会觉得气定神闲，这样就有更加充沛的精力去工作。

积极的暗示让生命屹立不倒

心理暗示是我们日常生活中最常见的心理现象，它是人或环境以非常自然的方式向个体发出信息，个体无意中接受这种信息，从而做出相应反应的一种心理现象。暗示有着不可抗拒和不可思议的巨大力量。良好的暗示能把人带进"天堂"，消极的暗示能把人带进"地狱"。善用积极的暗示就能带来积极的作用，产生积极的效果。

1960年，哈佛大学的罗森塔尔博士曾在加州一所学校做过一个著名的实验。

新学期开始，校长对两位班主任说："根据过去几年来的教学表现，你们是本校最优秀的教师。为了奖励你们，今年学校特地挑选了一批最聪明的学生给你们教。记住，这些学生的智商比同龄的孩子都要高。"校长再三叮咛：要像平常一样教他们，不要让孩子或家长知道他们是被特意挑选出来的。这两位教师非常高兴，更加努力地教学了。

一年之后，这两个班级的学生成绩是全校中最优秀的。知道结果后，校长如实地告诉这两位教师真相：他们所教的这些学生智商并不比别的学生高。

这两位教师都感到有些吃惊。

随后，校长又告诉他们另一个真相：他们两个也不是本校最好的教师，而是在教师中随机抽出来的。这个真相，更让两位教师吃惊不已。

可不管教师怎么吃惊，这个结果正是校长所料到的：这两位教师都认为自己的学生都是高智商的，而且自己也是最优秀的，因此在教学过程中，他们对自己的工作充满了信心，工作起来也自然非常卖力，结果不言而喻：他们的班级成了全校最好的班级。

罗森塔尔博士的这个著名的实验给我们一个重要的启示：在做任何事之前，如果我们接受了积极的暗示，那么我们就会对自己充满信心，如果对自己充满信心，就等于已经成功了一半。所以，当我们面对挑战时，不妨告诉自己：你就是最优秀的和最聪明的，结果肯定是另一种模样。

一天，一位老者来到大药房买一种需要医生处方才能出售的药，老者没有医生的处方，药房当然不能卖给他。但老者赖着不走，老板无奈，只好给了老者几粒没有药性的糖衣片，并一再告诉老者这就是他要买的药，并且对这药的功效还赞不绝口。

过了几天，老者又到药房来找老板。老板吓了一跳，以为闯了大祸，战战兢兢地走出柜台。谁知老者拿出一面锦旗，感谢老板的药治好了他的顽症，还说了一大堆感激的话。

糖衣片怎么能治顽症？这是心理因素起了作用。而这心理因素，就是暗示的力量。因为老者早已相信这种药能治好他的病，再加上老板对药效的肯定，糖衣片就自然变成了灵丹妙药。

当然，因为心理暗示有积极的一面也有消极的一面，所以，不同的心理暗示自然会有不同的选择与行为，而不同的选择与行为自然会有不同的结果。有人曾说："一切的成就，一切的财富，都始于一个意念。"你习惯于在心理上进行什么样的自我暗示，就决定了你是贫还是富、是成还是败。我们每个人都应该给自己以积极的心理暗示，任何时候都别忘记对自己说一声："我天生就是奇迹。"拿破仑·希尔给我们提供了一个自我暗示公式，他提醒渴望成功的人们要不断地对自己说："在每一天，在我的生命里面，我都有进步。"

　　詹姆士·艾伦在《人的思想》一书中这样说过："一个人会发现，当他改变了对事物和其他人的看法时，事物和其他人对他来说就会发生改变——如果一个人能把自己的思想朝向光明，他就会惊讶地发现，他的生活受到很大的影响。一个人不能改变外界的什么，却可以吸引什么，因为，那些能改化气质的神性就存在于我们自己的心里，也就是我们自己。一个人所能得到的，正是他们自己思想的直接结果。一个人只有有了奋发向上的思想，那么，他才能奋起、才能征服，并能有所成就。如果他不能奋起他的思想，他就永远只能衰弱而愁苦。"实际上，詹姆士·艾伦在这里强调的正是积极暗示的力量。

　　那么，在实际生活中，我们具体可以通过那些方式来进行积极的自我暗示呢？

　　利用语言进行自我暗示。用于自我激励的话，要有肯定的、积极的意义。如："我一定能行""我一定可以摆平这件事情"。

　　利用心理图像进行自我暗示。当我们的思想陷入消极的时候，我们可以通过回忆过去取得成功的愉快情景来冲淡现在的消沉，或者是想象那些为了成功而坚强不屈的人，想象他们艰苦奋斗的情景，这样，我们能更快在痛苦中站起来。

　　利用动作进行自我暗示。当我们心情烦闷时，我们可以反背双手来一场无人打搅的散步；当我们紧张不安的时候时，我们可以扩胸做深呼吸。

　　利用自我"包装"，进行自我暗示。比如有的人在遇到烦恼的时候，就去做一个新发型，暗示自己一切从头开始。还有的人在遇到烦心事的时候喜欢买一件自己喜欢的衣服，让自己换一换形象，暗示自己以一个崭新的形象去重新开始生活。

　　利用环境进行自我暗示。例如心情烦躁的时候，我们可以听听曲调舒缓的音乐；当自己对生活失去兴趣的时候，我们可以看看身边那些感动人的瞬间或者是看看身边那些感人的画面，以此来唤醒自己对生活的热爱。

　　其实，人与人之间本来只有很小的差异，但这很小的差异却往往造成了巨大的不同！巨大的差异就是一个人可以很幸福很成功，而另一个人却很不幸很平庸，而这原本很小的差异就是凡事所采取的不同的心理暗示。因此，在生活中，我们可以通过有意识的自我暗示，将有益于成功的思想和感觉洒到潜意识的土壤里，并在成功过程中不断坚持。相信有一天，我们也可以成为一个杰出者。

用积极的心态创造光明思维

有人说，人生难以跨越的不是逆境，而是心境，只要念转，运也会跟着转。有的人总是以错误的思维去想问题，结果他们变得更加悲观；有的人则能以正确的思维方式去对待问题，结果他们成了自己生命中的赢家。事实上，很多时候，只要我们换一个角度思考问题，一切都会变得不同。

比尔·盖茨曾经说过："人和人之间的区别，主要是脖子以上的区别。"一个人思维的正与负是决定人生成败的分水岭。懂得用正面思维来置换负面思维，这是一个人事业成功和自我实现的绝佳途径。

我们总说要有积极的心态，而积极的心态往往是光明思维的结果。光明思维的人，从失败中看机会；黑暗思维的人，却从机会中看失败。

甘婷在一家规模不大的酒店做前台接待，每天面对很多来来往往的客人。这些客人多是个体或小企业人士，为了业务来出差，难免会应酬，醉酒后入住酒店时，行为和语言都不优雅，这让甘婷很烦恼。客人是上帝，不敢得罪，不能反击。可她内心的确很痛苦。

直到有一天，甘婷接待了来了一对残疾人，才开始重新看待自己的工作。

甘婷清楚地记得，那天下午两点多，来了一对穿着讲究的年轻人，她赶紧起身相迎，并热情地招呼。可是走到前面的男人却只是微笑着并不说话。甘婷又问他需要帮忙吗？这时，身后的女人却拿出了一支笔和一个笔记本递给了男人。

男人接过后写下"我们是聋哑人，我可以用笔与你交流吗"？甘婷点了点头。男人又写："我们是来度蜜月的，请你为我们推荐一间环境舒适的房间好吗？"就这样，两方通过写字的方式，根据他们的要求，甘婷把酒店的价位及服务标准一一告知于他。

这对年轻的恋人一住就是半个多月。他们对甘婷的服务非常满意，每天出入都会主动给甘婷打招呼。如果是看到甘婷没有工作时，他们会过来与甘婷聊天，当然还是以写字的方式。通过几天的接触，甘婷和他们竟然成了好朋友。

通过断断续续的交流，甘婷了解到，虽然他们不能和正常一样随时表达出自己的想法，但他们却做出了常人无法做到的事情。他们正在经营着一家盲人按摩店，而且规模不小。这次说是蜜月旅行，其实主要是考察市场，他们打算再开一家分店。

得知这些事情，甘婷十分佩服他们对生活积极态度，但还有一个疑惑：他们连正常交流都无法进行，却那么开心，他们怨恨过生活对自己的不公吗？自己为什么整日为工作纠结，为生活烦恼？

直到他们准备离开的前一天，甘婷才说出自己心中的疑问。她在纸上写出："我觉得太累了，你们埋怨过命运吗？"

女人嫣然一笑，迅速在本子上写下这么几行字：

我身材很好，可以穿漂亮的衣服；

我们还能正常行走；

他很爱我；

我会写字；

……

最后，她以一句话做结论："我只看我有的，不看我没有的！"

他们微笑着向甘婷告别。甘婷陷入了沉思：他们只想到自己好的方面，而自己总是想到不如意的事情。

这对聋哑人给我们所有正常人上了一课。"我只看我有的，不看我没有的！"其实这就是一种光明思维，或者说是一种阳光心态。人生中有许多值得追求的东西。如果一个人总是抱怨这抱怨那，总是看到事物的黑暗面，那么这个人的思维是相当黑暗的。光明思维就是当我们身处逆境时，要在困难中看到光明的方向。

林语堂曾说过："面向阳光，阴影总在你身后。"生活中遭遇一些失败是很正常的。这个时候，你应该反过来想：我至少不是这个世界上最不幸的人！有多少人在严峻的就业形势下找不到工作呢？有多少人在裁员风波中被无情淘汰呢？又有多少人能拥有一份安稳的收入来维持基本的温饱问题呢？

美国成功学大师拿破仑·希尔在对美国最有作为的人的采访中发现，成功的一个十分重要的因素就是思维积极。正面思考，那么，你心中的黑暗就会被照亮，你心中的阴霾就会被驱散，你的人生也会充满朝气和活力！

用积极的自我形象来消除心中的阴影

从心理学的角度来看，形象就是人们通过视觉、听觉等各种感觉器官在大脑中形成的关于某种事物的整体印象，简言之是各种感觉的再现。

重塑自我形象就是将失败者的自我形象改变为成功者的自我形象。积极的自我形象是人生成功的一大秘密。一些著名专家研究表明：自我形象、个人心理和精神上的观念越来越成为左右个性和行为的关键。

由于人们头脑中形成的不同形象会对人的行为产生不同的影响，当我们遭遇了某种痛苦而受到负面影响，自己陷入其中无法自拔时，可以通过重新塑造一个积极的自我形象来消除心中的阴影，从而鼓起对生活的勇气。

自我观想会产生巨大的牵引作用。如果有一个小女孩从小就立志要做一名舞蹈演员，那么她的脑海中便经常出现一个身材曼妙的人在舞台上翩翩起舞，台下是一阵阵激烈的掌声。这个场景将给她造成一种驱动力，鼓励她努力学习舞蹈，甚至走路都在思考着某个动作。人生成长就是不断地靠观想、梦想推动的。

积极的自我形象，将引导一个人走向成功；消极的自我形象，将引导一个人走向失败。人们一旦明白了自我形象术，人生就会有很大的改变。如果你对自己的形象不满意，将终生不会快乐。因此，要快乐地过一生，就必须先对自己感到满意。让你对自己感到满意的最有效的方法就是——重塑自我形象。

正面描述自己的形象

你认为你是怎么样的，你就是怎么样的。不管在什么情况下，我们都应该习惯给自己一个正面的暗示，使我们对自己的满意度一点点地增长，而不是在别人和自己的打击下一再滑落。

我们可以写一段话，正面地描述自己的形象："我是一个有个性的、优秀的、也受人欢迎的人"。这样的语句你可以写很多，主要是针对你对自己的负面想法。

如果你存在着某种缺点，也要正面的提问，这将使我们不会沉浸在懊恼的情绪里，而是积极地改变自我。比如："如果我有什么可以做得更好的话，那是什么？""我改掉哪些习惯，就会使我过得更快乐？"

要热爱自己

任何人都有优势、劣势，要看自己的长项，要把着眼点放在自己的优势上，张飞何必与西施比美？

你也许在内心深处并不喜欢自己。可能是身体方面的，也可能是心理方面的，我们可能会觉得这些不满意是理所当然存在的，但是如果你不满意自己，又怎么可能感到快乐呢？所以我们必须要尝试改变。

我们要知道那些对自己不好的印象是从哪里来的。如果是别人强加给我们的，那么请不要相信那些充满偏见的言论。如果相信了那些人的看法，你就会发现这些曾经评论我们愚蠢的人自己更愚蠢。

注意仪表

学会微笑，要笑口常开。天天照镜子，欣赏自己。自己对着镜子看着自己说："你很棒，我很喜欢你""你很漂亮，我爱你"。欣赏是建立自信的一个重要方法。这样一来，你就会逐渐成为一个成功者。

自我激励——战胜挫折最强大的内在动力

人的一切行为都是受到激励而产生的。你激励别人，别人也激励你，同时通过不断地自我激励，会使你有一股内在的动力，让自己朝着期望的目标奋斗，最终到达生命的高峰。

我们每个人自身都有一个巨大的宝库，只要找到了自我激励的钥匙，打开它，并行动起来，那么你就能打开成功的城堡。

任何一个阳光的人面对着一个严重的问题时，自我激励语句就会从下意识心理闪现到有意识心理去帮助他。在紧急情况下，特别是在死亡的大门即将开启的时候，这一点表现得尤为明显。约翰的情况就是这样。

午夜1点30分。在医院的一间病房里，两位女护士正紧张地工作着——每人各抓住约翰的一只手腕，力图摸到脉搏的跳动。因为约翰在整整6个小时里都未能脱离昏迷状态。医生已经做了他所能做的一切事情，然后离开了这个病房，给其他病人看病去了。

约翰不能动弹、谈话或抚摩任何东西。然而，他能听到护士们的声音。在昏迷时期的某些时间里，他能相当清楚地思考。

他听到一位护士激动地说：

"他停止呼吸！你能摸到脉搏的跳动吗？"

回答是："没有。"

他一再听到如下的问题和回答：

"现在你能摸到脉搏的跳动吗？"

"没有。"

"我很好。"他想，"但我必须告诉他们。无论如何我必须告诉他们。"约翰一遍遍在自己的心里重复着。

他不断地想："我的身体状况良好，并非即将死亡。但是，我怎么能告诉他们这一点呢？"

于是他记起了他所学过的自我激励的语句：如果你相信你能够做这件事，你就能完成它。他试图睁开眼睛，但失败了。他的眼睑不肯听他的命令。事实上，他什么也感觉不到。然而他仍努力地睁开双眼，直到最后他听到这句话："我看见他一只眼睛在动——他仍然活着！"

"我并不感觉到害怕，"约翰后来说，"一位护士不停地向我叫道：'约翰先生，你还好吗……'对这个问题我要以闪动我的眼睑来作答，告诉他们我很好，我仍然在世。"

这种情况持续了相当长的一段时间，直到约翰通过不断的努力睁开了一只眼睛，接着又睁开另一只眼睛。恰好这时候，医生回来了。医生和护士们以精湛的技术为约翰做了手术，让约翰起死回生。

这就是自我激励的神奇作用。在生活中，无论别人如何评价你，都不要怀疑自己能成就一番事业的能力。要尽可能地增强你的信心，在很大程度上，运用自我激励更容易让你走向成功。

那么，我们在自己的生活中，该怎样做到有效激励自己呢？要做到有效激励自己是有章可循。

首先，你要敢于做一些自己怕做的事情。如果你坚持做这种事，并且成功了，你的信心就会大大增强。当然，事情可能成功，也可能失败，如果失败了，你就要给失败找出适当的原因。人们最害怕的事情就是毫无理由的失败，即便是失败了，也得找出一个理由。这不是掩盖自身的问题，让自己在改进中不断取得进步和成功，这样一方面可以有的放矢，另一方面也不至于把自己的自信心也输掉。

其次，就是改变成功的观念。成功并不是说非得要打败对手，独占鳌头，真正的成功是指自己的自我价值得到社会的肯定，自己的人生价值得到周围人的肯定。只要能充分发挥自我价值，这就算是达到了自我激励的目标。

总之，要以一种积极的心态，充满自信的生活，运用自我激励的力量，向你的人生目标迈进。

控制情绪，避免不必要的失误

当人们的心情紧张或冲动时，难免会做出一些失去理智的行为，造成不良的后果。如果我们掌握了放松入静的能力，就能很好控制情绪，避免不必要的失误。

儒家、佛家、道家都认为："静能生慧"。在静、定、思、得当中，静是关键。冷静出智慧，冷静可以打破思维定式，使浮躁情绪下沉，从而看到一个清晰的自我。

放松入静是一种调整身心的有效手段，尤其是对当下生活、工作压力大的人们来说，这无疑会对身心健康起到重要的作用。

放松入静多是以静坐和静思两种方式来达到放松的目的。自古以来，一些高人都把静坐当作智慧大法。

中国中医学认为，"静者寿，躁者夭"；"静者藏神，躁者消亡"。

中国近代政治家、文学家梁启超先生说："每日静坐一二小时，求其放心：常使清明在躬，气志如神，梦剧不乱，宠辱不惊。他日一切成就，皆基于此。"

美国卡巴金博士认为，"静坐练习，不是什么操练，而是一种生活方式"。

……

既然放松入静对调节人们的身心有如此重要的影响，那么我们应该如何修炼静坐和静思呢？

放松

要做到全身放松，使全身每一个部位都达到彻底的放松状态，使平时僵硬紧张的地方放松，这个过程中最大难点在于思想上的放松。

你可以找一个幽静的地方，保证无人干扰。脚单盘或双盘都行，只要感到舒服即可。脊背稍微挺直，以减轻腰部的承受力。

调整

调整身体和意识，便于集中注意力练习。先闭上眼睛，身心放松，自然呼吸。

首先要调息。吸气时，腹部鼓起来，想象肚子充满新鲜空气；呼气时，小腹内缩。与此同时，在心中默念：放松，最大程度地放松！

呼吸要慢，不要着急，如果你此时还很着急，就说明你还有所欠缺，要及时改正。

其次要调身。即头→肩→臂→手→腰→大腿→小腿→脚趾头，全部放松，让每一寸肌肉都变得放松和舒展。

先从头部开始，深吸气，呼气时默念头部松，并检查头部是否放松，而后颈部，胸背部，腰腹部，臀部，大小腿，脚，依次放松检查，然后再继续：全身皮肤放松——全身神经放松——全身骨骼放松——全身每一处都放松——松——松，当你感到飘飘然，身体很轻，很温暖时，你就会感到身体的每个毛孔都像是张开了，这便是真正的放松。

然后要调心。调心就是集中心念排除杂念。这时你想象着，自己心中充满阳光，慢慢排除浊气，吸进新鲜空气；你也可以想到自己在花丛中，享受着阳光、空气的抚摸。总之要想快乐的事，想幸福的事，脸上充满微笑。使身心真正达到静的状态。

最后是收尾，轻轻坐起，保持轻松愉快心态。在练习的过程中，无论出现任何反应，都是正常的。睡前练习时，如果自然入睡，也可以，不要刻意去强求。第二天醒来，心里告诉自己：我成功了！

放松入静技术并不神秘，易学易练，方法简单，对于放松全身和帮助入静很有好处，也可用于治疗神经衰弱、高血压、冠心病。如果你能坚持每天练习，将对你的心情和生活态度产生积极的影响。让你感觉到生活是如此的美好，从而更加热爱生活，珍惜生命中的每一天。

找一个成功的形象激励自己

人要想成功，首先要有信心。一方面靠自我暗示、自我激励，另一方面就是向榜样学习，用行动来征服最困难的工作，在不断征服困难的过程中，让自己的信心变得越来越强。

一位成功学专家说过："一个最有可能成功的人，他在朋友圈子中的成就应当是最低的。为什么是这样呢？因为只有你的朋友比你强的时候，你才能从交友中获益；假如所有的朋友都没你棒，就不太妙。"

榜样的力量是无穷的。美国学者约翰·麦克斯韦尔说，榜样不仅是影响他人的主要因素，而且是唯一因素。因此，在追求成功的道路上，我们应该为自己找一个成功的人士以此作为自己的榜样，来激励自己。

曾经有一个法国人，40多岁仍是一事无成，由于经常失业，生活没有保证。妻子与他离了婚，并把他最心爱的儿子也带走了。在一系列的打击下，他的性格变得很古怪，脾气暴躁易怒。熟悉他的人都不敢再招惹他，唯恐他做出不理智的举动。他只得以乞讨为生，整日流浪在外。

这天，他来到一个陌生的小镇，实在太累了，他坐在一个看手相的摊位前。突然，这个看相人大惊失色地叫道："天呢，拿破仑先生，你怎么来到了这里？"

"什么？"他大声说，"我是拿破仑先生？你开什么玩笑。我是一个靠讨饭为生的穷光蛋！"

"不，"看相人说，"你就是拿破仑转世，你的智慧，你的面貌，你身上流的血都是拿破仑的，难道你没有感觉到？"

"不会吧，"他说，"我现在几乎无家可归。"

"先生，"看相的人说，"那都是过去的事了，3年后你将是法国最成功的人。"

这位法国人从此对拿破仑生产了浓厚的兴趣，找来有关拿破仑的书看，认真研究这位伟人做事的态度，处理事情方式及穿着打扮等方方面面。不久，他找到了工作，几年后，他有了自己的公司，并且做得还不错，十年后成了一个亿万富翁。

榜样的力量真是无穷的，跟成功人士学成功，跟失败人士学失败。如果看到一个优秀的人，你就挖掘他的优秀品质，根植到自己身上，你慢慢也会成为一个成功的人。

保持一颗单纯的心，才会更快乐

在人的一生中，会有许多追求和憧憬。追求真理，追求理想的生活，追求刻骨铭心的爱情，追求金钱，追求名誉和地位。有追求就会有收获，我们会在不知不觉中拥有很多，有些是我们必需的，而有些却是完全用不着的。那些用不着的东西，除了满足我们的虚荣心外，最大的可能就是成为我们的一种负担。

人心随着年龄、阅历的增长而越来越复杂，但生活本身其实十分简单。幸福、快乐的生活源自内心的简约，简约使人宁静，宁静使人快乐。

佛家传诵一个著名的故事，是关于名师雪峰法师的。

一日，有个叫玄机的和尚对自己的苦心修行非常不满，心道："我整日打坐，是逃避吗？打坐，就是为了心无杂念，如果靠打坐才能达到这样的效果，打坐和吸食鸦片有什么两样呢？"

他眼神中充满了迷惘，目光渐渐黯淡了。然后他起身去拜见雪峰禅师，希望能从他那里得到答案。

雪峰禅师看着眼前的这个人，觉得他虽然有向佛之心，但是本性中有许多缺点不自然地表露了出来，于是问道："你从哪里来？"

"大日山。"

雪峰微笑，话里暗藏机锋："太阳出来了没有？"意思是问他是否悟到了什么禅理。

玄机以为雪峰是在试探他，心想："连这个我都答不上来的话，这几年学禅，岂不是白白浪费时间了吗？"便扬着眉毛说："如果太阳出来了，雪峰岂不是要融化？"雪峰叹息着又问："您的法号？"

"玄机。"雪峰心想："这个和尚太傲了，心里装的东西也太多了，且提醒他一下吧！"于是问道："一天能织多少？"

"寸丝不挂！"玄机心想："就这个也能考住我玄机和尚，真是太小瞧我了！"

雪峰看他这样固执，不由得感叹道："我用机锋来提醒他，他却和我争辩口舌，自以为是，却不知心中已经藏了多少名利的蛛丝！"

玄机看雪峰无话可说，便起身准备离去，脸上还是那样得意的神态。

他刚转过身去，雪峰禅师就在身后叫道："你的袈裟拖地了。"玄机不由自主地回过头来，见袈裟好好地披在身上，只见雪峰哈哈大笑："好一个寸丝不挂！"

其实，大凡简单而执着的人常有阳光的人生。一个人若时常追求复杂而奢侈的生活，苦难则没有尽头，不仅贪欲无度，烦恼缠身，而且日夜不宁，心无快乐。因为复杂往往浪费了宝贵的时间；奢侈极有可能断送美好的人生。反而因为简单，每每能找到生活的快乐；因为执著，时时能感觉没有虚度每一天。平凡是人生的主旋律，简单则是生活的真谛。

人活在世上都要扮演一定的角色，或许你的生活很简单，但是你也会有自己的幸福。

随时清空自己的坏情绪

每过一段时间，我们都要清理一番家里的物品，有保存价值地留下，意义不大地把它们卖掉，甚至干脆扔进垃圾桶。这种清理让人感到无比快乐，每做一次，就有一种又丢掉了一个包袱的感觉，那种无法按照自己的意愿设计生活的压抑感也会一扫而空。

人的心灵其实也像一个家，它的容量是有限的，不管你名气有多大，职位有多高，也不管你拥有多少金银财宝，你都无法突破这种限定，而人生一世，难免有挫折，难免有烦恼、寂寞、孤独，这些东西就像旧书报和废手稿一样，它们于你的人生毫无用处，却侵占了大量的生命空间，如果不及时清理掉，它们就会慢慢地膨胀，让你的心灵变成一个垃圾坑。

一位气色很差的年轻人去看医生，他向医生抱怨生活的无趣。诊断后，医生发现他的身体毫无问题，觉察到他的内心有问题。医生问年轻人："你最喜欢去哪个地方？""我喜欢海边，不过已经很久没有去过了。"年轻人回答。医生于是说："拿这三个处方到海边去，你必须在早上9点，中午12点和下午3点分别打开这三个处方。你必须同意遵照处方，不到时间不得打开。"

这位年轻人身心俱疲地拿着处方来到了海边。他抵达时刚好9点，他赶紧打开处方，上面写道："专心倾听。"他开始用耳朵去注意听，不久就听到以往从未听见过的声音。他听到波浪声，听到不同的海鸟叫声，听到沙蟹的爬动声，甚至听到海风在低诉。一个崭新、令人迷恋的世界向他展开双手，使他安静下来。他开始沉思、放松。

中午时分他已陶醉其中，他很不情愿地打开第二个处方，上面写道："回想。"于是他回想起儿时在海滨嬉戏，与家人一起拾贝壳的情景……怀旧之情汩汩而来。

到下午3点时，他正沉醉在尘封的往事中，温暖与喜悦的感受使他不愿去打开最后一个处方，但他还是拆开了。"回顾你的动机。"他开始自省，回想生活工作中的每件事、每种状况、每个人。他很痛苦地发现所有的抱怨只不过是自己的负面情绪使然，对工作和生活的抱怨使得自己错失了很多美好的东西。他终于找到了自己不开心的原因。

现实生活中，有些人好像从来就没有过顺心的事或顺利的时候，任何时候你与他在一起，都会听到他不停地抱怨。他们把每一件不顺心、不如意的小事都堆积在心里、挂在嘴边，搞得自己心情很糟。在这样一种状态下，自己很烦躁，别人也很厌烦。

"万事如意"不过是人们对生活的良好祝愿，人生不如意之事十有八九，现实生活中，人们所面对的总是一些不尽完美的事情。我们虽不可能保证事事顺遂，但可以做到坦然面对，该放则放，不要把一些"垃圾"堆积在心里，把乌云挂在脸上，把牢骚挂在嘴边，否则你就会变成不受欢迎的人。

一个人，在尘世间走得久了，心灵无可避免地会沾染上尘埃，使原来洁净的心灵受到污染和蒙蔽。心理学家曾说过："人是最会制造垃圾污染自己的动物之一。"的确，清洁工每天早上都要清理人们制造的成堆的垃圾，这些有形的垃圾容易清理，而人们内心诸如烦恼、欲望、忧愁、痛苦等无形的垃圾却不那么容易清理。但不容易清理并不代表没有办法清理，只要你坚持，即便是每天清扫一点，那么时间一长，你也能把这些拖累心灵的东西扫光。

每个人都有清扫心地的任务，如果不把污染心灵的废物一块一块清除，势必会造成心灵垃圾成堆，而原本纯净无污染的内心世界，亦将变成满地污水，让你变得更贪婪、更腐朽、更不可救药。只有将心灵的垃圾清除，我们的心灵才能澄静洞明，才能神清气爽，轻松愉悦。

那么，我们如何清空自己的坏情绪，总结前人的经验，以下几个方法可供参考：

说出你的想法

如果确信别人的某个请求是不合理的，你应该说出来。例如，当人们请求你帮他们做事情而给你造成不快时，你通常很难说"不"。考虑一下你是否能够做或者愿意做他们要求你做的事情。如果你不能做或不想做，就要学会有效地拒绝他人的请求。

避免争执

每个人都遇到过与朋友、家人或同事在某个问题上发生冲突的情况。争执会产生严重的坏情绪，但冷静、克制会缓解这种情绪。

自我激励

承认你能从错误中吸取教训，下一次更正。告诉自己："我已经做得很好，对我来说已经足够好了。""金无足赤，人无完人。""即使我不时的失败，人们仍会喜欢我。"

不要让错误成为心中永远的疙瘩

世界上没有完美的人，我们每个人都会犯错误。所以做错了事，就要认真地找出原因，吸取教训，改了就好。

学会过好每一天

要过好每一天，我们就要学会计算自己的幸福和计算自己做对的事情。在计算中懂得有舍有得，世界上的事情总是有"舍"才有"得"，而"一点都不肯舍"或"样样都想得到"会导致事与愿违或一事无成。

学会正视现实

面对无法改变的事实，最好办法就是接受它。不管发生什么事情，哪怕是天大的事情，也要对自己说："不要紧！"记住，积极乐观的态度是解决任何问题和战胜任何困难的第一步。要知道风雨之后总会有彩虹，因为天不会总是阴的。自然界是这样，生活也是这样。

用自我解嘲来满足心理的平衡

所谓自我解嘲就是当自己的需求无法得到满足而导致失衡时，为了消除内心的烦闷，有意"丑化"自己的失衡，编造一些借口，以此进行自我安慰，来达到心理上的一种平衡。

自嘲是一种有效的心理防卫方式。这可以帮助自己松动一下既定的可望而不可即的追求目标，使自己失望、不满的情绪得到平衡和缓解，把自己锻炼得更加成熟和坚强。

自嘲还能使自卑转化为自信，使失衡的心理得到平衡。

伊索寓言里的那只狐狸用尽了各种方法，拼命地想得到高墙上的那串葡萄，可是最后还是失败了，于是只好转身一边走一边安慰自己："那串葡萄一定是酸的。"

这只聪明的狐狸得不到那串葡萄，心里不免有些失望和不满，但它却用"那串葡萄一定是酸的"来解嘲，使失望和不满化解，使失衡的心理得到了平衡。

人的一生，谁都难免会有失误，谁身上都难免会有缺陷，谁都难免会遇上尴尬的处境。有的人喜欢遮遮掩掩，有的人喜欢辩解。其实越是遮遮掩掩，心理越是失衡；越是辩解，就会越辩越丑，越描越黑。最佳的办法是学会用自嘲解脱自己，从失衡中找回自信。

美国著名演说家罗伯特，头秃得很厉害，在他头顶上很难找到几根头发。在他过 60 岁生日那天，有许多朋友来给他庆贺生日，妻子悄悄地劝他戴顶帽子。罗伯特却大声说："我的夫人劝我今天戴顶帽子，可是你们不知道光着秃头有多好，我是第一个知道下雨的人！"这句嘲笑自己的话，一下子使聚会的气氛变得轻松起来。

有了自卑感的人，心理很容易失衡，但是我们从不少人身上发现，人有了自卑感，同时也会产生出一种不断地弥补自己弱点的本领。往往自卑感越强的人，这种补偿作用也会越强。

大家都知道林肯长相丑陋，可他不但不忌讳这一点，相反，他常常诙谐地拿自己的长相开玩笑。在竞选总统时，他的对手攻击他两面三刀，搞阴谋诡计。林肯听了指着自己的脸说："让公众来评判吧，如果我还有另一张脸的话，我会用现在这一张吗？"还有一次，一个反对林肯的议员，走到林肯跟前挖苦地问："听说总统您是一位成功的自我设计者？""不错，先生。"林肯点点头说，"不过我不明白，一个成功的自我设计者，怎么会把自己设计成这副模样？"

"谋事在人，成事在天。"客观规律不以人的主观意志为转移。现实生活中的不如意之事，是一种无法改变的客观存在。与其固执己见，钻牛角尖，不如放松一下绷得过紧的神经，来点自我解嘲。譬如，恋人与你分了手，破镜已无法重圆，与其在那里苦苦相思，"剃头挑子一头热"，自己折磨自己，莫如调整一下心态：强扭的瓜不甜，捆绑不成夫妻，天涯处处有芳草，何苦在一棵树上吊死？

自我解嘲是生活的艺术，是一种自我安慰和自我帮助，也是对人生挫折和逆境的一种积极、乐观的态度。自我解嘲并非逆来顺受，不思进取，而是随遇而安，放弃可望而不可即的目标，重新设计自己，追求新的目标。一个人要做到自我解嘲，重要的是要有一颗淡泊心，不为名利所累，不为世俗所扰，不以物喜，不以己悲。树立正确的人生观、价值观，对名利地位、物质待遇等采取超然物外的态度，心怀坦荡，乐观豁达，才谈得上自我解嘲，才能活出潇洒、自在的人生。

第四章

改变了思维，就改变了与世界互动的模式

改变了思维，就改变了与世界互动的方式

快乐总是自找的，它需要一颗善于发现的心。

美国的一位牧师正在家里准备第二天的布道。他的小儿子在屋里吵闹不止，令人不得安宁。牧师从一本杂志上撕下一页世界地图，然后撕成碎片，丢在地上说："孩子，如果你能将这张地图拼好，我就给你一元钱。"

牧师以为这件事会使儿子花费一上午的时间，但是没过 10 分钟，儿子就敲响了他的房门。牧师惊愕地看到，儿子手中捧着已经拼好了的世界地图。

"你是怎样拼好的？"牧师问道。

"这很容易，"孩子说，"在地图的另一面有一个人的照片。我先把这个人的照片拼到一起，再把它翻过来。我想，如果这个人是正确的，那么，世界地图也就是正确的。"

牧师微笑着给了儿子一元钱，说："你已经替我准备好了明天的布道，如果一个人是正确的，他的世界就是正确的。"

我们可以想象出这个孩子认真拼图的情形，那是一副多么安静的景象，似乎一切都静止了，全为这个认真的孩子。

一个心存快乐的人不会因为尘世间各种纷扰而破坏那份对美好事物的憧

憬，他总会发现世界的种种可爱之处，在每一个早晨，都让自己的心灵滚动着露珠。

一个快乐的人善于装饰自身，也挚爱自己的家庭，他将生命的每一个时刻都看作是一种享受，认真地品读一本自己喜欢的书，亲自为家人做他们爱吃的炸酱面，这个过程不是痛苦的承受，而是一种美滋滋的享受。

快乐的人不会在还没有办事情的时候就会想到一大堆的困难，而是兴奋地、努力地去做好它，想到成功时的喜悦就信心大增。

快乐，简单而朴实，有时候自行车的车轮声也是美妙的歌曲。快乐不是某个人所专有的，而是在于这个人的心态简单，充满着美好的愿望。

生活中很多事情是无法改变的，能改变的只是自己的思维模式，因为思维方式不同，一个人的心态就不同，那么，思考结果就不同。即使是同样一件事情在不同人的身上也有着截然不同的反应，有的人会一直愁眉不展，有的人依然和往常一样积极进取。

快乐不在于一个人拥有了多少，而在于一个人能够承受多少，在于一个人能够拥有多大的胸襟，我们在抱怨自己的衣服不够多的时候，抱怨自己不够有钱的时候，可否想到那些甚至还洗不上澡的人们，那些还穿不上衣服的人们？可当我们面带怜意地看着他们的时候，却发现他们并没有我们想的那样愁眉不展，他们依旧天天脸上挂着微笑，很淳朴很自然地对你微笑，这就是一个富有而不快乐的人与一个贫困却快乐的人的差别。

人之所以不快乐，是因为常常会把精力全集中在对生活的不满之处，而我们更应该做的是把注意力集中在开心的事情上，这样就可以更多地感受到生命中美好的一面，对生活心存感激。

快乐是紧紧地抓住现在，让昨天所有的阴霾烟消云散，只留下理性的经验教训做今天快乐的基石；把明天的杞人之忧挡在门外，只让幸福的憧憬走进落地之窗，让自己尽情享受当下的人生。

快乐似一杯清茶那么清香，似一点星光那么宁静，似一抹朝霞那么绚烂。做一个快乐的人就要有对负面消息进行过滤的能力，不要让它们在自己的大脑中存在很长的时间，这些负面的消息可能在一段时间内影响一个人的情绪。

不管遇到什么事情，快乐的人总会换一个角度去思考问题，一个人改变了思维，就等于改变了与世界互动的模式。因为改变了思维，所以，一个人能轻松地处理问题，而不是整天活在恐惧或者沮丧之中。

把负变正其实并不太难

人生中的遭遇肯定有负有正，你需要做的就是把负的变为正的，只要你转换一下念头，你就会发现，把负变为正其实并不太难。伟大的心理学家阿佛瑞德·安德尔说，人类最奇妙的特点之一就是"拥有把负变为正的力量"。

换一种思维方式，把不幸当作机遇，就可以获得不幸给予你的馈赠，你就能变负为正，在做事情时找到峰回路转的契机，同时赢得一片新的天地。

已故的西尔斯公司董事长亚当斯·罗克尔说："如果有个柠檬，食之味微苦，但如果必须吃，我们可以做成鲜美的柠檬汁。"在这里，亚当斯·罗克尔强调的就是有些困难或者挫折既然不可避免而且摆脱不掉，我们不妨换一种思维，换一种方式，把负的影响变成正的能量。

现实中，我们每个人都不能避免遭遇挫折和痛苦，既然不能避免，我们不妨换一种思维，怀着"甜柠檬"心理接受生命给我们的一切。只要我们自信、自爱而不自负，积极地面对生活，相信生活绝不会将我们永远挡在幸福之门的外面。

段云球，许多人为他百折不挠的坚强意志所震动，并称他为中国版保尔。

在他的著作《当身体还剩下四分之一时》里，我们看到：当他2岁时，父母离异，母亲带着他来到了黑龙江鹤岗市。在他7岁那年，火车残酷的夺取了他的双腿和右手，整个身体只剩下1/4，被送当医院时，医生表态说：这孩子抢救过来的希望十分渺茫，就算活过来了，今后怎样过日子啊。经过医生们的奋力抢救，死神松开了那无情的双手，从此，他开始了那1/4的生活。

面对如此残酷的打击，段云球并没有动摇对生命的执念，车祸虽然无情地夺走了他的肢体，却永远也夺不走他面对生活的勇气和信念。没有双腿，凳子成了他行走的必备工具；没有右手，他用左手处理生活中的一切，吃饭、穿衣。然而，厄运并没有就此离去，四年级时他被迫退学，但是顽强的他通过自学，完成了从小学到中学的全部课程，不断地充实自己，不断地鼓励自己，完全凭着意志和信念生活。然而，时间是不会停下脚步的，父母也逐渐老去，他也渐渐地长大了，为了生计，他必须要自己挣钱。他开始通过写作挣钱，并照顾自己年迈的母亲。他在 5 个月内，写出了一部长达 20 万字的自传体小说《当身体还剩下四分之一时》，引起了全社会的广泛关注，张海迪曾给他题词：愿你更加顽强勇敢，锻造更加坚韧的生命品质！

英国政治家威伯福斯厌恶自己的矮小，但是，他却为英国废除奴隶制度做出了决定性的贡献。著名作家博斯韦尔在听他演讲后对人说："我看他站在台上真是个小不点儿。但是我听他演说，他越说似乎人越大，到后来竟成了巨人。"弥尔顿眼睛看不见世界，却可以用美好的诗篇来描绘世界；贝多芬耳朵失聪，却谱出振奋人心的曲子；海伦·凯勒从小就失去了听力和视力，却通过自己的努力在文坛上留下了不朽的篇章。他们的人生筹码有太多被注为"负"，但他们凭借顽强的精神和不屈的意志，在人生的蓝图上书写了大大的"正"字。

顺其自然是应对挫折的最高准则

生活中，有很多人都感叹世事难料，命运不济，其实是他自己的活法不对。每个人都会遇到挫折或困境，每当生活稍不如意，一些人要么是垂头丧气地放弃，要么就是固执地明知不可为而为之，进行无谓的坚持。事实上，这两种方式都不是最理想的。

人生如爬山，每个人都想站在最高处，看到最美的风景。刚开始力量足，感觉比较轻松，走到半道上，力量不足，道也变得难行。意志不够坚定的人就会妥协，放弃了高处的风景；而意志坚定的人们却竭尽全力地向上前进，完全不顾这个方向是不是正确，以至于历尽千辛万苦也没能欣赏到想看的风景。

要想看到最美的风景，既不能畏惧向途中的障碍物，轻易妥协，也不能不看前方，埋头赶路，盲目前行。最好的方式是顺其自然地前行，并随时审视所走的方向是不是正确，努力朝向自己的目标前进。

顺其自然地活着，做好自己应该做的事情，不悲观不失望，不羡慕任何人，以一种平静的心态来对待生活。这样最好不过了——即收获充实，又不失精彩。

顺其自然不但可以成就人生，也是一种很实用的处世哲学。所谓"祸兮福所倚，福兮祸所伏"，在现实生活中，我们要学会用辩证的观点去解决问题，愤怒、冲动只会让我们失去前进的方向。

有一位老人养了一群马。有一天，其中有一匹马忽然不见了，怎么找也不见踪迹。好好的一匹马丢了，家人们都非常伤心，邻居们也都赶来安慰他，而老人却像平时一样乐呵呵。邻居们问他："你的家人都在哭，你为什么反而笑呢？"

老人依旧是微笑着对家人及邻居们说："有什么可伤心的呢？说不定这还是一件好事呢。"众人觉得老人不可理喻，大家都一笑了之离去了。就连他的家人也认为是老人因失马而伤心过度在说胡话。

过了一段时间，当家人和邻居们对这件事淡忘了，那匹丢失的马竟然自己回来了，而且还带来了一匹漂亮的马。家人喜不自禁，邻居们惊奇之余又十分地羡慕，纷纷前来道贺。而老人却不高兴，反而忧心忡忡地对众人说："没有什么值得庆祝的，这也许是一件突如其来的坏事呢？"大家听了都笑了起来，都以为是把老头给乐疯了。

事过不久，老人的儿子由于特别喜欢那匹漂亮的马，便经常骑着那匹马出去打猎，在一次外出时，老人的儿子摔断了腿。这件事让家人们都挺难过，邻居也前来看望，这个老人又显得不以为然，而且还有点得意之色。众人很是纳闷，问他："你儿子都摔成这样了，你为什么一点都不伤心？"老人笑着答道："谁知道这会不会又是一件好事呢？"众人实在弄不明白这个老人到底怎么了。

过了些日子，战争爆发，所有的青壮年都被强行征集入伍，而战争相当残酷，前去当兵的乡亲，十有八九都在战争中送了命，老人的儿子因为腿跛而未被征用，他也因此幸免于难，故而能与过家人相依为命，平安地生活在一起。

这个故事中老人的高明之处便在于明白"祸兮福所倚，福兮祸所伏"的道理，能够做到任何事情都能想得开，看得透，顺其自然。顺其自然是最好的活法，不抱怨，不叹息，胜不骄，败不馁，只管奋力前行，只管走属于自己的路。

中国有句俗话叫作"谋事在人，成事在天"，而这种"成事在天"便是一种顺其自然。只要自己努力了，问心无愧便知足了，不奢望太多，也不会事事失望。当然，顺其自然不是让你随波逐流，而是弄明白自己的人生方向后踏实地朝着目标走下去，坚持正常的学习和生活，做自己应该做的事情。

最好的活法是顺其自然努力奋斗。既不感叹命运也不抱怨时代，是鱼就遨游在水中，是虎就奔跑在深山，是鹰就飞翔在天空……明白自己该走的路，也就可以安心理得地坚定自己选定的人生之路了，也就会在生活中创造出无穷的智慧和乐趣，也就会在前进中开发无尽的幸福快乐。

学会归零思考，不做回忆的奴隶

昨天的总要在今天归零，人不能总是活在过去，当下才是最美的风景。面对过去，我们要勇敢地放下。特别是面对过去的一些痛苦，我们更要勇于放下。要记得，人生是往前走，只有不断地卸下身上的包袱，我们才能走得更远。

一老一少两个和尚出门化斋，经过一条湍急的河流，见一年轻女子踌躇不前，便问其原因。女子答道："小女子过不了大河，还望两位大师相助。"

小和尚看了眼年长的和尚，露出为难之色，当他正想开口说点什么的时候，老和尚已经背起了年轻女子向河中走去。没多久，老和尚已经将女子背过了河去。等女子缓缓走远后，小和尚也上了岸。

老和尚看到小和尚一脸凝重，秋风朗朗，额头却冒着汗，便笑道："那个女子已经走远了，你怎么还想着刚才的事情？"小和尚涨红着脸，不知说些什么才好。老和尚准备去河边洗把脸，将手中的钵让小和尚拿一会儿，当小和尚接过这个褐色的钵时，突然惊叫一声，老和尚转身问道："怎么了？"小和尚羞红着脸不敢出声。原来刚才拿到那个钵的时候，小和尚的手颤抖了一下，差点将钵打碎。

人已走远，事已过去，于是老和尚的心思重回化缘，而小和尚却久久不忘刚才老和尚背女子过河一事，以至在替老和尚拿钵的时候不能专心。

很多时候，我们无法超越自己，无法从痛苦忧伤的情绪中摆脱出来，所以过去的不能遗忘，现在的不能牢记，往事压心头，百折千回。就好像刚刚学会走路的小孩，两条腿总习惯于往后倒，结果很长时间不能向前迈开一步。

事实上，对于过去发生的事情，我们已无能为力。至于未来，它还没有发生，我们对于它的一切不过是想象。只有此刻，才是最真实的，也只有抓住此刻，才是最幸福的。

曾任英国首相的劳合·乔治有一个习惯——随手关上身后的门。有一天，乔治和朋友在院子里散步，他们每经过一扇门，乔治总是随手把门关上。"你为什么每次都要关上这些门呢？"朋友很是纳闷。

"这对我来说是很必要的。"乔治微笑着说，"我这一生都在关我身后的门。你知道，这是必须做的事。关上身后的门，也就意味着将过去的一切都关在了门外，不管是美好的成就，还是不太美妙的回忆，然后，你又可以重新开始。"

"我这一生都在关我身后的门！"多么经典的一句话！漫步人生，我们难免会经历一些风吹雨打，心中多少要留下一些心痛的回忆。我们需要总结昨天的失误，但不能对过去的失误和不愉快耿耿于怀，伤感也罢，悔恨也罢，都不能改变过去，不能使你更聪明、更完美。如果一个人总是背着沉重的怀旧包袱，为逝去的流年感伤不已，那只会白白耗费眼前的大好时光，也就等于放弃了现在和未来。所以，抛开过去，就在今天全部归零，我们才能整装待发，快乐出行。

我们每一个人都有过去，都存在自己的过失。如果有了过失能够决心去修正，即使不能完全改正，只要继续不断地努力下去，也就可以问心无愧。徒有感伤而不从事切实的补救工作，那是最要不得的。

我们应当吸取过去的经验教训，但绝不能总在过去的阴影下活着。面对错误或者是失败，我们要做的就是及时把情绪垃圾归零，然后迅速行动起来，用积极的心态代替消极的思维，用正确的行动去佐证错误的行动。

我们不能抛弃回忆，但也不能做回忆的奴隶。让我们在心灵的一个小角落里，藏起曾经的喜怒哀愁、酸甜苦辣，然后，把更广阔的心灵空间留给现在，留给将来。

简单的生命会更美好

一天，爱因斯坦在纽约的街道上遇见一位朋友。

"爱因斯坦先生，"这位朋友说，"你似乎有必要添置一件新大衣了。瞧，你身上这件多旧啊。"

"这有什么关系？反正在纽约谁也不认识我。"爱因斯坦无所谓地说。

几年后，他们又偶然相遇。这时，爱因斯坦已经誉满天下，却还穿着那件旧大衣。

他的朋友又建议他去买一件新大衣。

"这又何必呢？"爱因斯坦说，"反正这儿每个人都已经认识我了。"

居里夫妇虽然都是知名物理学家，但他们结婚时，家具却异常简单。在他们的会客室里，只摆着一张简单的餐桌和两把椅子。后来，居里的父亲来信对他们说，他准备送给他们一套家具，问他们需要什么样的家具。看完信后，居里若有所思地说："有了沙发和软椅，就需要人去打扫，在这方面花费时间未免太可惜了。"居里对新婚妻子说："不要沙发可以，我们只有两把椅子，再添一把怎么样？客人来了也可以坐坐。""要是爱闲谈的客人坐下来，又怎么办呢？"居里夫人提出她的担忧，居里想想也是。于是，一心工作的夫妇俩最终决定谢绝父亲的好意，不添置任何家具。

两个故事虽然发生在不同的人身上，但它们所折射出来的智慧却是差不多的，即选择简单，只关注对自己来说最重要的事情，更容易获得成功。试想，如果爱因斯坦脑子里总装着诸如该穿什么大衣、该给别人留下什么印象之类的事情，那他就可能与相对论无缘；如果居里夫妇迷恋于奢华的生活，那也许不可能发现镭。

其实，成功即是简单，简单即是成功。

观察那些成功人士，或是天性使然，或是智慧使然，他们都选择了简单。他们只关注生命和事业中最本质的东西，把精力和时间都用在了刀刃上。生活中他们不事奢华，工作中他们务实高效，因此他们获得了成功。而在取得了地位、财富、荣誉之后，他们依然简单，所有外在的一切并没有腐蚀他们生命的本质。他们在给人类带来了新的发明、发现的同时，也为自己收获了荣誉、财富，收获了别人难以企及的成功。

或许我们现在与这些成功人物还有距离，但至少我们可以做到选择简单，让简单来帮助我们走向成功。

学会逆向思考，掌握以反求正的生存智慧

大家都知道，人类的思维具有方向性，存在着正向与反向的差异。正向思维是人们最常用的方式，从问题推导结果。但有时这样并不能解决问题，这时就要使用逆向思维。

所谓逆向思维方法，就是指人们为达到一定目标，从相反的角度来思考问题，或是从问题想要得出的结果推导必须获得的条件，从中引导出解决问题的方法。

很多时候，对问题只从一个角度去想，很可能进入死胡同，因为事实也许存在完全相反的可能。这时，假如探寻逆向可能。

一位老妇人在一所幼儿园附近买了一栋住宅，打算在那里安度晚年。有几个小朋友，经常课间休息的时候用脚踢房屋周围的垃圾桶。附近的居民深受其害，对他们的恶作剧多次阻止，结果都无济于事。时间长了，只好听之任之。这位老妇人也很苦恼，她根本受不了这种噪音，决定想办法让他们停止。

有一天，当这几个小朋友又在狠踢垃圾桶的时候，老妇人来到他们面前，对他们说："我特别喜欢听垃圾桶发出来的声音，所以，你们能不能帮我一个忙？如果你们每天都来踢这些垃圾桶，我将天天给你们每人10元钱的报酬。"

小朋友很高兴地同意了，于是他们更加使劲地踢垃圾桶。

过了几天，这位老妇人愁容满面地找到他们，说："通货膨胀减少了我的收入，从现在起，我恐怕只能给你们每人5元钱了。"

这几个小朋友有点不满意，但还是接受了老妇人的条件，每天下午继续踢垃圾桶，可是没有从前那么卖力。几天以后，老妇人又来找他们。"瞧！"她说，"我最近没有收到养老金支票，所以每天只能给你们1元钱了，请你们千万谅解。"

"1元钱！"一个小朋友大叫道，"你以为我们会为了区区1元钱浪费时间？不成，我们不干了！"从此以后，老妇人和邻居都过上了安静的日子。

该怎样让这些淘气小朋友停止踢垃圾桶，不再制造噪音呢？是冲出去将这些人训斥一顿，还是苦口婆心教育他们这样已经妨碍了他人的休息？恐怕这些人们通常所想到的办法都没什么效果，强制性的命令只会让他们变本加厉。

但是老妇人却出人意料地想出了一个好点子，从制止他们踢垃圾桶，到给钱让他们踢垃圾桶再逐渐减少给他们的钱，让他们从主动愿意踢到没有钱就不乐意踢，这真是一个使用逆向法的典范。老妇人轻易地解决了这个难题，获得了自己想要的宁静。

逆向思维是一种创造性的思维方式，它能将不利条件变为有利条件，将缺点变为潜在动力，出其不意地使自己从劣势变为优势。具备逆向思维能力和突破传统观念的勇气，这样才能在常人认为不可能的事情中抓住机会，获得发展。

在菲律宾的首都马尼拉，有一家"侏儒餐厅"。这家餐厅上至经理、下至侍者，都是一些最高不过1.30米，最矮只有67厘米的侏儒。由于服务方式奇特，使得各国游客纷纷慕名而至，餐厅生意十分兴隆。然而，餐厅的老板在酒店林立的马尼拉刚开始经营餐厅时，也同其他餐厅一样，招了一帮漂亮的姑娘和英俊的小伙子当招待，但生意并不景气，顾客稀稀拉拉。老板是个雄心勃勃的人，他不甘示弱，决心将餐厅的面貌彻底改观，于是苦苦思索振兴餐厅的良策。一天，老板在大街上偶然发现一个头大身小的侏儒，这个小矮人看上去相貌滑稽可爱，平时极少见到。老板灵机一动，一个奇妙的想法立刻占据了他的脑海：何不办一个"侏儒餐厅"？于是，老板招了一些矮人，这些侏儒有的当厨师，有的当收银员，而更多的是当招待。很快，"侏儒餐厅"就以它奇特的服务方式而独领风骚。每当顾客走进餐厅，马上就会受到一位身小头大的矮个子服务员的热烈欢迎，他笑容可掬地向顾客递上一条热毛巾。顾客在舒适的座位上坐定，又有一个动作、形态滑稽可笑的矮个子服务员送上菜谱，顾客们拿过菜谱往往笑得合不拢嘴。且不说该店的佳肴如何精美，单是这些矮人的殷勤好客、滑稽幽默，就够让人欢畅开怀，赞不绝口了。

逆向思维是创造性思维立交桥中的重要通道，运用逆向思维，往往会产生超常的构思，出奇制胜。老子曾说："反者，道之动。"反其道而行有时恰恰能体现万物运行的规律。人生创意的精髓正是不断地在挑战自我中更新自我。给自己的思维寻找反义词，生命逆解的过程将会产生原子爆炸般的能量，让你的人生创意空间瞬间扩张。

学会从目标思考

在我们身边，有很多人努力地工作和生活，但到头来却一无所获，自己却疲惫不堪。为什么？其中一个很重要的原因是很多人根本就没有选对努力的方向，也就是说他们一直在做无用功。

"没有比漫无目的地徘徊更令人无法忍受了。"这是荷马史诗《奥德赛》中的一句至理名言。的确，对于任何人来说，方向都是最重要的。一个人如果没有明确的奋斗方向，那么，他的生活就会漫无目的；如果一个人的方向是错的，那他的生活同样也会是糟糕一团。不管是没有方向还是方向错误，这样的人注定会有一个失败的人生。

有一位文学青年，高考落榜之后便夜以继日地搞起诗歌创作来。他一篇篇地投稿，又一篇篇地被退回。他一气之下跑到新疆去发掘灵感，可是跑遍了所有的地方也没有人愿意收留他。他万念俱灰，饿了五天五夜，步履艰难地回到家里，因为无脸见人服了毒药，被抢救过来之后不但受到亲人们的责怪，父母亲还发誓以后再不认他。他沉痛地说："一个不幸的人选择了文学，而文学又给了我更多的不幸。"

这位青年不能说他没有目标和远大的理想，甚至他还有坚持不懈锲而不舍的毅力，但为什么落到了这般田地？我们在为这位文学青年感到惋惜的同时，也得到了一个启示：一个人要想成功，努力固然重要，但是更重要的则是选择正确的方向。因此，我们必须要时时检视自己的前进方向是否正确，一旦发现自己的所做偏离了方向，就应该勇敢地放弃，因为只有敢于放弃错的，我们才能拨正正确的指针。

成功需要坚持，但在发现自己撞到南墙的时候，我们就应该拐弯。或许有人说，我们要做到勇敢放弃并不容易，但是我们可以先从小事来训练自己，比如看一本书的时候尝试停一下，想想自己是否在浪费时间和精力，还要不要继续看下去？有了这样的尝试，我们便可以保证沿着正确的方向前进。

一粒种子的方向是冲出土壤，寻找阳光。而一条根的方向是伸向土层，汲取更多的水分。人生亦如此，正确的方向让我们事半功倍，而错误的方向会让我们误入歧途。那么，我们在生活中，怎样做才能找准自己的方向呢？

首先，要对自己有一个全面的了解。认清自己优缺点，然后根据自己的实际能力确立目标和方向。也就是说我们确立人生的方向是建立在对自身彻底清除的基础上，而不是空想。

其实，一个人的目标和方向并不是固定的。并不是说你确定了自己的奋斗方向之后就不能更改了，相反，我们要在实际的工作中不断修正自己的方向。必须要随时检查自己的方向是否有偏差，及时地发现存在的问题，及时纠正偏差，寻找解决的办法，督促并鞭策自己走好下一步。

再次，我们一旦确认自己的方向错了，最好的办法就是停止。因为已经确定了自己的方向是错的，即使前进也不会到达目的地，何必再做无用功？与其白白浪费时间和精力，还不如充分利用这些时间去寻找正确的方向，去努力。这样我们成功的机会才会增大。

成功的人之所以能实现生命的梦想，关键是他们在生命起程的那一刻就找准了前行的方向，尽管在前行的道路上，会遇到各种各样难以预料的挫折与磨难，但是有了方向的引领，再大的风雨也阻挡不了他们前行的勇气。

学会多角度思考

变通是一种智慧，在善于变通的世界里，不存在"困难"这样的字眼。再顽固的荆棘，也会因变通的方法拔地而起。

10多年前，他在一家电气公司当业务员。当时公司最大的问题是如何讨账。产品不错，销路也不错，但产品销出去后，总是无法及时收到款。

有一位客户，买了公司20万元产品，但总是以各种理由迟迟不肯付款，公司派了三批人去讨账，都没能拿到货款。当时他刚到公司上班不久，就和另外一位姓张的员工一起被派去讨账。他们软磨硬泡，想尽了办法。最后，客户终于同意给钱，叫他们过两天来拿。

两天后他们赶去，对方给了一张 20 万元的现金支票。

他们高高兴兴地拿着支票到银行取钱，结果却被告知，账上只有 199900 元。很明显，对方又耍了个花招，他们给的是一张无法兑现的支票。第二天就要放春节假了，如果不及时拿到钱，不知又要拖延多久。

遇到这种情况，一般人可能一筹莫展了。但是他突然灵机一动，于是拿出 100 元钱，让同去的小张存到客户公司的账户里去。这一来，账户里就有了 20 万元。他立即将支票兑了现。

当他带着这 20 万元回到公司时，董事长对他大加赞赏。之后，他在公司不断发展，5 年之后当上了公司的副总经理，后来又当上了总经理。

因为智慧，一个看似难以解决的问题迎刃而解了，因为变通，他获得不凡的业绩，并得到公司的重用。可以说，变通就是一种智慧。

生活中，学会变通，懂得思考才会有"柳暗花明又一村"的惊喜。事实也一再证明，看似极其困难的事情，只要我们用心去寻找方法，必定会有所突破。

在 20 世纪 60 年代中期，杜德拉在委内瑞拉的首都拥有一家很小的玻璃制造公司。可是，他并不满足于干这个行当。他学过石油工程，他认为石油是个赚大钱和更能施展自己才干的行业，他一心想跻身于石油界。

有一天，他从朋友那里得到一则信息，说是阿根廷打算从国际市场上采购价值 2000 万美元的丁烷气。得此信息，他充满了希望，认为跻身于石油界的良机已到，于是立即前往阿根廷活动，想争取到这笔合同。

去后，他才知道早已有英国石油公司和壳牌石油公司两个老牌大企业在频繁活动了。这是两家十分难以对付的竞争对手，更何况自己对经营石油业并不熟悉，资本也并不雄厚，要成交这笔生意难度很大。但他并没有就此罢休，他决定采取变通的迂回战术。

一天，他从一个朋友处了解到阿根廷的牛肉过剩，急于找门路出口外销。他灵机一动，感到幸运之神到来了，这等于给他提供了同英国石油公司及壳牌公司同等竞争的机会，对此他充满了必胜的信心。

　　他旋即去找阿根廷政府。当时他虽然还没有掌握丁烷气，但他确信自己能够弄到，他对阿根廷政府说："如果你们向我买 2000 万美元的丁烷气，我便买你 2000 万美元的牛肉。"当时，阿根廷政府想赶紧把牛肉推销出去，便把购买丁烷气的投标给了杜德拉，他终于战胜了两个强大的竞争对手。

　　投标争取到后，他立即筹办丁烷气。他随即飞往西班牙。当时西班牙有一家大船厂，由于缺少订货而濒临倒闭。西班牙政府对这家船厂的命运十分关切，想挽救这家船厂。

　　这一则消息对杜德拉来说又是一个好机会。他便去找西班牙政府商谈，杜德拉说："假如你们向我买 2000 万美元的牛肉，我便向你们的船厂订制一艘价值 2000 万美元的超级油轮。"西班牙政府官员对此求之不得，当即拍板成交，马上通过西班牙驻阿根廷使馆，与阿根廷政府联络，请阿根廷政府将杜德拉所订购的 2000 万美元的牛肉直接运到西班牙来。

　　杜德拉把 2000 万美元的牛肉转销出去之后，继续寻找丁烷气。他到了美国费城，找到太阳石油公司，他对太阳石油公司说："如果你们能出 2000 万美元租用我这条油轮，我就向你们购买 2000 万美元的丁烷气。"太阳石油公司接受了杜德拉的建议。从此，他便打进了石油业，实现了跻身于石油界的愿望。经过苦心经营，他终于成为委内瑞拉石油界的巨子。

　　杜德拉是具有大智慧、大胆魄的商业奇才。这样的人能够在困境中变通地寻找方法，创造机会，将难题转化为有利的条件，创造更多可以脱颖而出的资源。美国一位著名的商业人士在总结自己的成功经验时说，他的成功就在于他善于变通，他能根据不同的困难，采取不同的方法，最终克服困难。

　　世上的事常常是风云突变，叫人难以把握。我们很难知道未来是什么样子，很难知道明天我们将面临什么困难，也就经常陷入进退两难的困境。为了在困境中做出明智的决策，为了在生活中过得顺心，我们就要懂得应变的学问，要根据实际情况合理安排。只有做到了以变应变，才能让自己有更大的发展。

学会正面思考，就会有幸福的人生

你想成为什么样的人，你就能成为那样的人。你的头脑创造了你的地狱，也创造了你的天堂。关键在于你朝哪一个方向移动，这一切都是你自己的选择。你所拥有的人生最大的权力就是选择的权力。

有一个著名的寓言：一个人在旅行时偶然进入了天堂。天堂里长着一种能满足心中愿望的树，只要坐在树底下，所想得到的东西就会立刻被实现。那个旅人已经很疲倦了，所以他睡在那棵树下。当他醒来的时候，就立刻出现了不知从何而来的、飘浮在空中的各种美食。因为他已经很饿，马上吃了起来，当他吃饱了，心里很满足，另外一个想法从他内部升起：如果能有一些饮料的话更好，于是名贵的酒出现在他眼前。喝下了那些酒，他开始怀疑：这到底是怎么回事呢？我是不是在做梦或者是一些鬼在作弄我？接着，就有一些鬼出现了，他们很凶猛、很可怕，令人恶心，所以他开始颤抖，然后，有一个想法从他心里升起：我一定会被杀掉……最后，他果然被杀掉了。

我们常说：外在发生的一切，其实是反应我们内在心灵世界的一面镜子。如果我们的内在世界发生了改变，变得更丰盛，那么，外在世界的一切也就会变得丰盛起来。内心的反应其实就是一种思维模式，正面思维有利于我们处理任何事情时都以积极、主动、乐观的态度去思考和行动，促使事物朝有利于自己的方向转化。它使人在逆境中更加坚强，在顺境中脱颖而出，变不利为有利，从优秀到卓越。

人生很多的失败，往往是因为思维方式变成负值，这类负面的思维方式如果不改正，不管你有多少财富，你都不可能有幸福的人生。要度过幸福的人生，要把工作做到最好、事业做到最大，就无论如何必须具备正确的、正面的思维方式。

为了改变一个乞丐的命运，上帝化作一个老人前来点化他。

上帝问乞丐："假如我给你1000元钱，你如何用它？"乞丐马上回答说拿到钱，马上买个手机。上帝很纳闷，问为什么。乞丐说："我可以用手机同城市的各个地区联系，哪里人多，我就可以到哪里去乞讨。"

听了乞丐的回答，上帝很失望，但他没有死心，而是继续问道："那么，如果给你 10 万元钱，你想做什么？"乞丐这回更高兴了，他说："那我可以买一部车，这样我以后出去乞讨就方便多了，再远的地方也可以很快赶到。"

上帝这次狠了狠心，说："给你 1000 万元钱呢？"乞丐听罢，眼里闪着光亮说："太好了，我可以把这个城市最繁华的地区全买来。"上帝听完很高兴，以为这个乞丐突然间开窍了，没想到乞丐说了这么一句："到那时，我就把我领地里的其他乞丐全部撵走，不让他们抢我的饭碗。"上帝无奈地走了。

故事中的乞丐，面对机遇，始终改变不了一个乞丐的思维，他想到的只是如何更好地为行乞创造条件，却没有想过抓住这个机遇，通过自己的努力来改变命运。这注定他无法改变行乞的命运。

思维的正与负是人生成与败的分水岭。有了正面思维，负面思维就没有了立足之地。正面思维是负面思维的天敌，克制负面思维，用正面思维来置换负面思维，是事业成功和自我实现的唯一途径。

人生和事业的成功需要保持正确的思维方式，充满热情，提升能力，持有正面的思维方式显得极其重要，因为有了正面的思维方式，才会有幸福的人生。

第五章

生活充满挫折，但战胜挫折的契机也无处不在

每次挫折都孕育着成功的种子

世事无常，我们每个人都可能遭遇困厄和挫折。遇见生命中不期而至的困难时，我们要相信自己会有一个无可限量的未来。挫折和成功像一对孪生兄弟形影不离，每一次的挫折都可能孕育着成功的种子。

有远见的人不会为眼前的挫折而恐惧，他们在不断前进的人生中，能看得见未来。因为明天的方向已留存于他的希望之中，他知道自己的人生将走向何方。

在一座山里住着一位樵夫，他砍柴的目的除了养活自己，还有一个梦想——建造一座风吹不倒，雨淋不湿的房子，以过上安居乐业的生活。于是，为了实现这个目标，他每天都比别的樵夫多砍好多的柴，大家都不明白他为何如此卖命地劳动。

一年过去了，在他不断地辛苦建造下，终于盖起了一间可以遮风挡雨的屋子。邻居们才明白他辛苦砍柴的原因。于是，每当刮风下雨时，他再也不用担心自己居无定所了，从此过着安稳舒适的生活。

但好景不久，这种来之不易的生活并没维持多久。有一天，他挑了砍好的木柴到城里交货，但当他黄昏回家时，却发现他的房子起火燃烧了。

左邻右合都前来帮忙救火，只是因为傍晚的风势过于强大，根本没有办

法将火扑灭。一群人只能静待一旁，眼睁睁地看着炽烈的火焰吞噬了整栋木屋。

房子烧尽，大火灭了。只见这位樵夫手里拿了一根棍子，跑进倒塌的屋里不断地翻找着。围观的邻人以为他是在翻找藏在屋里的珍贵宝物，所以也都好奇地在一旁注视着他的举动。

过了半晌，樵夫终于兴奋地叫着："我找到了！我找到了！"

邻人纷纷向前一探究竟，才发现樵夫手里拎着的是一柄柴刀，根本不是什么值钱的宝物。樵夫充满自信地说："只要有这柄柴刀，我就可以再建造一个更坚固耐用的家。"

果然，樵夫还是坚持砍柴，只是这次他把柴全部卖掉，用得到的钱买些不易着火的材料，建造房子。一年后，一座更坚固结实的房子又建好了。

上文中的樵夫并没有因灾难而一蹶不振，而是用那柄柴刀为自己重建了一个更加美好家园。从这个角度来说，这就是他的成功。成功的人不是从未被困难击倒过的人，而是在被击倒后，还能够积极地往成功之路不断迈进的人。

无论是在生活还是工作中，我们都不要把自己禁锢在眼前的困苦中，放眼长望，当我们看到成功在未来展现出的远景时，便能抓住信念的圣火，成就辉煌的目标。

人们常说，命运的主人是自己。这就要求我们首先是自己心态的主人，我们的心态决定着我们的未来。无论心态是积极的还是消极的，我们都会把它们转化为现实世界的一部分。如果我们有贫困的念头，我们就会把贫困的想法变成现实，而如果我们有想变得富裕的想法，我们也同样会把变得富有的想法变成现实。

每次挫折都孕育着成功的种子。积极的心态对我们的人生起着到不可估量的作用。人生苦短，苦尽才能甜来，随之才有潇洒的人生，才会不屈服于挫折的压力，开创大业，走向人生的辉煌。让我们直面人生的挫折和压力吧，因为它会让我们变得更加坚强，内心更加丰富。

每个问题中都隐藏着一个机会

不要把问题单纯地看成一个问题，事实上，每一个问题后面都蕴藏着一个机遇。只要你善于发现，就能从问题上站起来，找到成就自己的新的时机。

西班牙歌手胡里奥·伊格莱西亚斯，演绎的经典名曲涉及各个国家的语言，包括葡萄牙语、法语、英语、意大利语等，他的专辑数量巨多，唱片的销量也高居榜首。这个拥有辉煌成绩的歌星，从小的梦想却是成为皇家马德里队一位出色的守门员。谁也没想到是一份礼物让他走上了音乐之路。一场突如其来的车祸使他躺在了病床上。虽然免于全身瘫痪，但是他已经不能做剧烈的运动。不能做自己心爱的守门员职业，这让胡里奥·伊格莱西亚斯伤心不已。在他复健时，一位医生助理送给他一把吉他，从此命运改变了。

胡里奥把弹吉他作为复健的一种手段，在复健中，不断灵活的手指和优美动听的音乐，让胡立欧开始重新定位自己的人生。他的音乐才能得到了唱片制作人的注意，投资于胡里奥，陆续地推出了拉丁语系列作品的专辑。胡里奥的歌声受到了群众的喜爱与肯定，在此后参加欧洲歌唱大赛时也获得了第一名的好成绩。在欧洲参加歌唱比赛的经历开阔了胡立欧的视野，同时也增加了他在全球范围的知名度。他的歌曲不仅出现在欧洲，在东方国家的歌曲排行榜中也是榜上有名。胡里奥是多语言唱片销售最高纪录保持者，他的音乐魅力已经超越了国界的限制。

梦想的破灭并没有毁灭胡立奥，车祸以后他用心歌唱，用音乐治愈了车祸带来的心灵创伤，也开启了人生另一段奇妙的旅程。

人生是一个筑梦的过程，我们拥有一个梦想，实现一个梦想，或者因为某种原因放弃梦想。但是人不能因为丢失了梦想而放弃人生的希望。假若你此时失去了梦想，那么就用新的梦想来取代原来的梦想吧。太阳每天落下，第二日照常升起，梦想也是常更常新。人生里的悲哀不是失去了梦想和目标，而是你没有其他可以去追寻的梦。

在逆境中找到目标

"昨天所有的荣誉，已变成遥远的回忆，勤勤苦苦已度过半生，今夜重又走进风雨……"还记得1995年开始涌动的下岗浪潮吗？有多少家庭，夫妻双双丢掉了赖以生存的"铁饭碗"，有多少家庭，他们的屋檐上空都笼罩着一团黑色的乌云，时不时地就会看到有雨从天空中滴落。不过，面对着这突如其来的打击，面临着生存的考验，他们中的很多人都决心开始新的生活。如今的他们，有很多已经是企业的老板、公司的老总。不屈的精神，让他们经受住了雷霆的击打，最终迎来了阳光的普照。

由过去谈及现在，再由现在拓展于未来，如今许多大学生都不能在毕业之后找到自己满意的工作，很多人也因此承受不住压力，甚至有人轻易地就结束了自己宝贵的生命。难道是我们在学校里学到的知识太多，以至于连为生命奋斗的精神都被湮没了？李大钊在引领革命志士为祖国的前程奋斗时就曾经激励青年人，他说："青年之文明，奋斗之文明，也与境遇奋斗，与时代奋斗，与经验奋斗。故青年者，人生之玉，人生之春，人生之华也。"

1930 年是美国历史上经济最为恶劣的时候，工厂倒闭、商店关门、处处减薪、成千上万的人失业，有免费发放面包的地方一定有排成长龙的队伍，整个国家都陷入了恐慌之中。

一个秋色正浓的下午，寂寥的第五大街上，皮尔遇到了他的老朋友佛雷德，两人相互寒暄。佛雷德身着深蓝色的西装，旧西装上磨出了一层油光，可见这衣服穿得已经过于长久了。然而佛雷德却没有改变往日的口吻，他对皮尔说："老朋友，我过得挺不错的，千万不要为我担心。虽然还处于失业当中，但是我每天也都在寻找工作，总有一天我会找到的，只要有耐心！"皮尔看着眼前笑嘻嘻的佛雷德，他问到："你总是这么乐观吗？"佛雷德回答他："我好像听说过，绷起脸来要用上六十条肌肉，但是笑的时候只需要十四条就够了！我可不想使用过多的肌肉啊。诗人约翰·巴罗不是说过吗：属于你的一定会归你所有。我的信念都是虔诚坚定的父母给予我的，虽然家境贫寒，然而我的母亲却并不在意，她常说上帝会赐予我们食物，真的，一点没错，上帝从来没有忘记我的母亲，我想上帝也不会将我遗忘吧！"

佛雷德的乐观感染了皮尔，他也不再像以前一样那么消沉了。后来，佛雷德和一个极具发明才干的人一同创立了自己的事业，最终获得了成功。

失业的时候不但没有让佛雷德丧失对于生活的信念，相反，佛雷德的内心仍旧充满了奋斗的激情以及对于未来生活的热情与向往，他的精神正验证了赫胥黎的那句至理名言："充满着欢乐与奋斗精神的人们，永远带着欢乐，欢迎雷霆与阳光！"

生活的旅途不会一帆风顺，它的上空可能是阳光的滋养，但也有可能雷霆的敲击，我们应该是享受得起幸福，更应该经受得起考验。心若在，梦就在。因为那颗对生活坚定的心，让处于逆境中的佛雷德找到了目标，最终，他经过自己的努力并实现了这个目标。

上千次的错误积淀最后的成功

"一个人要做一番非凡的事业，就应具备不折不挠的意志。"在实现自己的人生价值的过程中，我们每个人都想一帆风顺，谁都不想错误百出。于是越来越多的人恐惧错误，事实上，错误远没有我们想象的那么可怕，相反，成功还是由无数个错误堆积而成的。

曾经有人做过了分析后指出，成功就是无数个错误的堆积。没错，成功者成功的原因，其中一条很重要就是"随时矫正自己的错误"。很多人害怕犯错误，比如学生怕答错卷子，业务员怕填错单子，但错误并不总是坏事，它能让我们从中吸取经验教训，再一步步走向成功。

倪萍曾是中国中央电视台著名主持人之一，但是，倪萍在刚刚出道时，犯过一次重大的错误。

在电视台举办的各种现场直播节目过程中，主持人遇到的最大困难是很多情况无法预料。因此，就会出现各种束手无策的情况。

1993年9月，中央电视台专门为几对金婚的老年朋友举办一期《综艺大观》，他们都是我国各行各业卓有成就的科学家，其中有一位是我国第一代气象专家。

在直播现场，当主持人倪萍把话筒递到这位老科学家面前时，她顺势就接了过去。对于直播中的主持人来说，如果把手中的话筒交给采访对象，就意味着失职，因为你手中没有了话筒，现场的局面你就无法控制，无法掌握了。更严重的是，对方如果说了不应该说的话，你就更加被动。但那时众目睽睽，倪萍根本无法把话筒再要回来。

"我首先感谢今天能来到你们中央气象台！"这位老专家第一句话就说错了。全场观众大笑。倪萍伸出手去，想把话筒接回来，但老专家躲开了。后来倪萍又两次伸出手去，但老专家还是没给。于是，舞台上出现了倪萍和老专家来回夺话筒的情况。台下的导演急得老打手势，倪萍更是浑身出汗。

那时候，《综艺大观》是中央电视台的王牌节目之一，节目的收视率很高。直播结束后，不少观众来信批评倪萍："你不应该和老科学家抢话筒，要懂得尊重别人……"倪萍认真地检讨了自己，她知道这是她作为节目主持人的失职。面对上亿观众，她绝对不应该抢话筒，也不应该随便打断别人的讲话，更何况是年轻人对长者。但观众们可能并不知道，直播节目的时间一分一秒都是事先经过周密安排的。如果这位长者占了太长的时间，后面的节目就没法连接了。

事情发生后，倪萍没有刻意去推脱责任，反而主动承担了这次失误。这对于刚进台不久的她来说，该需要怎样的勇气啊！接着，她仔细回忆了当时的情景，试图从中找出犯错的原因。人不怕犯错误，就怕接连犯相同的错误。经过反复的思考和总结，倪萍得出了这样的体会：如果自己在直播前，能和这位长者多交流交流，了解她的个性，掌握她的说话方式，那天就不会出现尴尬的场面。

随着电视的迅速普及，观众对电视节目主持人的要求和批评也随之增多，倪萍对此都能正确地对待。她知道，只有接受批评，然后再丰富自己、勇于突破，她的艺术生命才会越来越长。相反，害怕批评，裹足不前，那么作为主持人，在失去观众的同时，最终也失去了自己，也就不会是一个成功者。

错误既然已经发生了，就不要再斤斤计较，你需要做的，就是从错误中吸取教训，更加努力。一个渴望成功、渴望改变现状的人，绝对不会因一个错误而停止前进的脚步，他必定会找出成功的契机，继续前进。

出现错误时，我们应该像有创造力的思考者一样了解错误的潜在价值，然后把这个错误当作垫脚石，仰望更加广阔的天空。事实上，人类的发明史、发现史到处充满了错误的假设和失败观念：为了证明地球是圆的，哥伦布曾走错了很多路；开普勒偶然间得到行星间引力的概念，他这个正确假设正是从错误中得到的；爱迪生为了制造灯泡，做了上千次失败的尝试。

错误还有一个好用途，它能告诉我们什么时候该转变方向。当你不小心撞到错误时，它就是在提醒你，抬头看看吧，你的方向是错的。这时，我们就应该需要改变方向，寻找人生正确的道路。

逆境到了极点就会向顺境转化

四时有更替，季节有轮回，严冬过后必是暖春，这符合大自然的发展规律。在我们人类眼中，事物的发展似乎也遵循着这一条规律。否极泰来、苦尽甘来、时来运转等成语无不反映了人们的一种美好愿望：逆境达到极点就会向顺境转化，坏运到了尽头好运就会来到。所以，我们坚信，没有一个冬天不可逾越，没有一个春天不会来临。这是对生活的信心，也是对生活的希望，有了信心与希望，无论事情多么糟糕，我们也会有面对现实的勇气和决心。

约翰是一个汽车推销商的儿子，他活泼、健康，热衷于篮球、网球、垒球等运动，是中学里一个众所周知的优秀学生。后来约翰应征入伍，在一次军事行动中他所在部队被派遣驻守一个山头。激战中，一颗炸弹飞入他们的阵地，眼看即将爆炸，他果断地扑向炸弹，试图将它扔开。可是炸弹却爆炸了，他被重重地炸倒在地上，当他向后看时，发现自己的右腿右手全部炸掉了，左腿变得血肉模糊，也必须截掉了。一瞬间他想哭，却哭不出来，因为弹片穿过了他的喉咙。人们都以为约翰再也不能生还，但他却奇迹般地活了下来。

是什么力量使他活了下来？是格言的力量。在生命垂危的时候，他反复诵读贤人先哲的这句格言："如果你懂得苦难磨炼出坚韧，坚韧孕育出骨气，骨气萌发不懈的希望，那么苦难会最终给你带来幸福。"约翰一次又一次默念着这段话，心中始终保持着不灭的希望。然而，对于一个三截肢（双腿、右臂）的年轻人来说，这个打击实在太大了！在深深的绝望中，他又看到了一句先哲格言："当你被命运击倒在最底层之后，再能高高跃起就是成功。"

回国后，他从事了政治活动。他先在州议会中工作了两届。然后，他竞选副州长失败。这是一次沉重的打击，但他用这样一句格言鼓励自己："经验不等于经历，经验是一个人经过经历所获得的感受。"这指导他更自觉地去尝试。紧接着，他学会驾驶一辆特制的汽车并跑遍全国，发动了一场支持退伍军人的事业。总统命他担任全国复员军人委员会负责人，那时他34岁，是在这个机构中担任此职务最年轻的一个人。约翰卸任后，回到自己的家乡。1982 年，他被选为州议会部长，1986 年再次当选。

后来，约翰成为亚特兰城一个传奇式人物。人们可以经常在篮球场上看到他摇着轮椅打篮球。他经常邀请年轻人与他做投篮比赛。他曾经用左手一连投进了 18 个空心篮。

一个只剩一条手臂的人能成为一名议会部长，能被总统赏识担任一个全国机构的要职，是这些格言给了他力量。同时，他的成功也成了这些格言的有力佐证。

天无绝人之路，生活有难题，同时也会给我们解决问题的能力与方法。约翰之所以能够生存下来并创造事业的辉煌，是因为他坚信人生没有过不去的坎儿，坚信冬天之后春天会来临。他在困难面前没有低头，昂首挺进，直至迎来了生命的春天。

生活并非总是艳阳高照，狂风暴雨随时都有可能来临。但是每一个人都需要将自己重新打理一下，以一种勇敢的人生姿态去迎接命运的挑战。请记住，冬天总会过去，春天总会来到，太阳也总要出来的。度过寒冬，我们一定会生活得更好。

创伤带来彻底改变人生的机遇

没有人喜欢创伤，因为创伤的本质包含着痛苦。事实上，即便是有创伤，我们的创伤依然能愈合，我们的未来依然有希望。

顶尖的心理学家证明：创伤能带来彻底改变人生的独特机遇，即人类所受到的创伤会带来更好的机会。恰如很多心理学家说的那样：创伤一方面包含着痛苦；另一方面，它能带给人们崭新的成长机遇。

心理学家研究发现，遭受过严重意外、致命的疾病、严重的攻击，甚至是自然灾害等创伤的人们，至少经历以下几种情况中的一种，会让他们产生正面的改变。

人际关系更加和谐

经历了创伤之后，不管是受创者还是其家人、朋友一般都会更加明白人与人之间情的可贵，受创者与其家人、朋友等之间相较以前更容易建立起紧密的关系。他们会意识到自己的生活质量与人际关系息息相关。因此，他们会花更多的时间来建立和发展良好的人际关系。另外，他们会给予遭遇同样创伤或挫折的人更多的关怀和同情，这样在自己的周围自然能够形成一个和谐的气场。

个人的力量不断提升

受过创伤并有幸存活下来的人，通常会在以后的生活中变得更加自强、自主，他们会以更加乐观自信的态度去面对生活中的一切困难。

更懂得感激

伴随着创伤的到来，人们会失去某些东西，而很多东西一旦失去之后，人们方知珍贵，于是，人们才幡然觉醒：原来，那些还留在身边的人或者事才是自己最在乎的。受创者常会感激自己活下来，并且在别人眼里完全被忽略的人或者事，在他们眼里完全就是上天赐给自己的惊喜，受创者反而会更加珍惜。

拥有新的人生信念

如果一个人在46岁的时候，因意外事故被烧得不成人形，4年后又在一次坠机事故后腰部以下全部瘫痪，他会怎么办？你能想象他会变成百万富翁、受人爱戴的公共演说家、洋洋得意的新郎官及成功的企业家吗？你能想象他去泛舟、玩跳伞，在政坛角逐一席之地吗？

米契尔全做到了，甚至有过之而无不及。

在经历了两次可怕的意外事故后，他的脸因植皮而变成一块"彩色板"，手指没有了，双腿细小，无法行动，只能坐在轮椅上。

意外事故把他身上65%以上的皮肤都烧坏了，为此他动了16次手术。手术后，他无法拿起叉子，无法拨电话，也无法一个人上厕所。但以前曾是海军陆战队员的米契尔从不认为他被打败了，他说："我完全可以掌握我自己的人生之船，我可以选择把目前的状况看成倒退或是一个起点。"6个月之后，他又能开飞机了！

米契尔为自己在科罗拉多州买了一幢维多利亚式的房子，另外也买了一架飞机及一家酒吧。后来他和两个朋友合资开了一家公司，专门生产以木材为燃料的炉子，这家公司后来变成佛蒙特州第二大私人公司。坠机意外发生后4年，米契尔所开的飞机在起飞时又摔回跑道，导致腰部以下永远瘫痪！"我不解的是为何这些事老是发生在我身上，我到底是造了什么孽，要遭到这样的报应？"

但米契尔仍不屈不挠，日夜努力，使自己能达到最高限度的独立自主。他被选为科罗拉多州孤峰顶镇的镇长，以保护小镇的美景及环境，使之不因矿产的开采而遭受破坏。米契尔后来也竞选国会议员，他用一句"不只是另一张小白脸"的口号，将自己难看的脸转化成一项有利的资产。

尽管面貌骇人、行动不便，米契尔却坠入爱河，且完成终身大事，同时拿到了公共行政硕士学位，并持续他的飞行活动、环保运动及公共演说。

米契尔说："我瘫痪之前可以做1万件事，现在我只能做9000件，我可以把注意力放在我无法再做好的1000件事上，或是把目光放在我还能做的9000件事上。告诉大家说，我的人生曾遭受过两次重大的挫折，如果我能选择不把挫折拿来当成放弃努力的借口，那么，或许你们可以从一个新的角度来看待一些一直让你们裹足不前的经历。你们可以退一步，想开一点，然后你们就有机会说：'或许那也没什么大不了的！'"

"或许那也没什么大不了的"，它透着对创伤、对苦难的积极信念。确实，在经历创伤的过程中，多数幸存者会对人生产生和别人不一样的理解，他们能够根据自己的实际遭遇，寻求新的生活目标，重新去诠释生活的意义，并能全新看待自我存在的意义，因而在他们以后的生活中，他们会保持着更强的精神意志或者是信念。

开拓崭新的人生道路

虽然创伤能粉碎一个人的生活，但一个人如果能将创伤的碎片——拾起来，——缝合，那么，在重组的过程中，他就能找到新的机会、新的选择，就像上面故事中的米契尔，在一次次创伤后勇敢缝合自己，创造了一次次奇迹。

创伤能够为受创者带来更好的转机，这证明了挫折衍生的力量并不是偶然的，而是真实存在的。但是，我们也必须要明白，要找到这个转机，与创伤的类别或者是来源没有关系，而在于我们自己的心态。

乐观者掌握了找到转机的关键

连遭厄运的人应当牢记：不论在生活中碰到怎样的厄运，都不意味着你命里注定永无出头之日。只要你顺势而为，运气时时都会光临。不间断地连遭厄运毕竟比较少见。生活中的机遇并非一成不变地向我们走来，它们像脉冲一样有起有伏，有得有失。每当人们坐在一起相互安慰时总是说黑暗过后必有黎明，这才是隐匿在生活中的真谛。一个生命的乐观者，会把各种挫折和厄运当作另一个起点。

生活记录一次又一次表明，只要一个人全力以赴奋斗不息，与背运的屠刀拼死相搏，时运终究会逆转，他终究会抵达安全境地。莎士比亚说："与其责难机遇，不如责难自己。"这就是人生的基本课程。我们只要仔细回顾一下生活中坏运变为好运的大量实例，就会发现挫折和厄运仅仅是乐观者成功的起点罢了。

有一家很大的农户，其户主被称为附近最慈善的农夫。每年拉比都会到他家访问，而每次他都毫不吝惜地捐献财物。

这个农夫经营着一块很大的农田。可是有一年，先是受到风暴的袭击，整个果园被破坏了。随后，又遇上一阵传染病，他饲养的牛、羊、马全部死光了。债主们蜂拥而至，把他所有的财产扣押了起来。最后，他只剩下一块小小的土地。

这位农夫的太太却对丈夫说："我们时常为教师建造学校，维持教堂，为穷人和老人捐献钱，今年拿不出钱来捐献，实在遗憾。"

夫妇俩觉得让拉比们空跑一趟，于心不安，便决定把最后剩下的那块地卖掉一半，捐献给拉比。拉比非常惊讶在这样的状况下，还能收到他们的捐款。

有一天，农夫在剩下的半块土地上犁地，耕牛突然滑倒了，他手忙脚乱地扶起耕牛时，却在牛脚下发现了宝物。他把宝物卖了之后，又可以和过去一样经营果园农田了。

第二年，拉比们再次来到这里，他们以为这个农夫还和以前一样贫穷，所以又找到这块地上来。附近的人告诉他们："他已经不住在这里了，前面那所高大的房子，就是他的家。"

拉比们走进大房子，农夫向他们说明了自己在这一年所发生的事，并总结道：只要不惧怕困难，并保持感恩的心，必定会赢得一切的。

人生如行船，有顺风顺水的时候，自然也有逆风大浪的时候。这就要看掌舵的船夫是不是高明了。高明的船夫会巧妙地利用逆风，将逆风也作为行船的动力。

人生、事业的发展也一样。如果你能始终以一种积极的心态去对待人生中可能遇到的逆风大浪，并对其加以合理的利用，将被动转化为主动，那么，你就是人生征途上高明的舵手。

危机也能带来机会

失败可以毁灭一个人，可是也能够成就一个人。对一个意志坚定的人来说，失败恰好提供他最需要的意志。就因为失败的刺激，才能把他推向成功。

有一个年轻的电台播音员在崭露头角的时候，突然被电台解雇。他当然懊恼万分，可是他回家时，却兴高采烈地对他的妻子宣布："亲爱的，这下子我有机会开创自己的事业了。"

生命中最大的危机常常就是最大的转机。年轻的电台播音员一开始就有正确的心态，而他也的确开始了他个人的事业。他自己做了一个节目，后来证明是一个成功的决定，终于，他成为20世纪五六十年代美国家喻户晓的电视红星——亚特·林克勒特。

林克勒特认为，任何伟人、任何成功的企业家，大都有过失败的经历。他甚至认为，有没有这样的经历，是一个人能否有所成就、有多大成就的试金石。在艰难困苦的场合，精神的力量是重要的，能否踏过坎坷、迈向光明，往往就在一念之间。在和年轻人谈论这类问题时，松下幸之助曾经对年轻人鼓励说："面对挫折，不要失望，要拿出勇气来！扎扎实实地坚持向既定的目标前进，自然会有办法出现的。一个人如果能够心不旁骛、专心致志，此时此地，即可聆听到福音自九天而降。我劝大家保持精神的沉静和坚定，不可因一时的小挫折而丧失斗志。如此，世间再没有什么事情是办不成的了。"

日本战国时代的著名英雄中山鹿之助，每向神明祈祷，总是说："请给我七难八苦！"对于这位先贤的不可思议的祈祷，松下分析说："一般人对神明祈祷的内容虽有不同，大致说起来，不外乎是利益方便，有些人祈祷幸福，有些人祈祷健康，有些人祈祷幸运，却没有人会祈求神明赐予更多的困难和劳苦。因此，当时的人对鹿之助这种祈求七难八苦的行为觉得不可思议，这是很自然的。鹿之助祈求七难八苦，用意是想通过种种困境来考验自己，激励自己。"

成功者与失败者最大的不同，就在于前者珍惜失败的经验，他们善于从失败中挖掘机遇，寻找新的方法，反败为胜，获得更大的胜利；而后者一旦遭遇失败的打击就坠入痛苦的深渊中不能自拔，每天自怨自艾，直至绝望。

俗话说：东方不亮西方亮，旱路不通水路通。人生之中，困境常与机遇并存，任何问题都隐含着创造的可能，问题的产生是成功的开端和动力。当你明白这一点，你将会发觉：世界如此广阔，可供翱翔的天空竟这般高，只要你心态乐观，你想飞多高就可以飞多高。

世上有问题、困难，却没有绝境。机遇到处都有，只要你心态阳光、乐观，有足够灵活的头脑，足够敏锐的慧眼和及时把握机遇的意识，走到哪儿都能发现机遇。所以，下次当我们遇到困难时，一定要学会转个弯，把它作为机遇的宝藏。

唯有痛苦才能带来真正的教益

生命是一次次的蜕变过程。唯有经历各种各样的苦难，才能拓展生命的宽度。通过一次又一次与各种苦难握手，历经反反复复的较量，人生的阅历就在这个过程中日积月累、不断丰富。

蝴蝶的幼虫是在一个洞口极其狭小的茧中度过的。当它的生命要发生质的飞跃时，这个狭小的通道对它来讲无疑成了"鬼门关"，那娇嫩的身躯必须竭尽全力才可以破茧而出。

有人怀着悲悯之心，企图将那幼虫的生命通道修得宽阔一些。他们用剪刀把茧的洞口剪大，这样一来，所有受到帮助而见到天日的蝴蝶都不是真正的精灵——它们无论如何也飞不起来，只能拖着丧失了飞翔功能的双翅在地上笨拙地爬行！原来，那"鬼门关"般的狭小茧洞恰恰是帮助蝴蝶幼虫两翼成长的关键所在。穿越的时候，通过用力挤压，血液才能被顺利输送到蝶翼的组织中去；唯有两翼充血，蝴蝶才能振翅飞翔。人为地将茧洞剪大，蝴蝶的双翅就没有了充血的机会，爬出来的蝴蝶便永远与飞翔绝缘。

人成长的过程恰似蝴蝶的破茧过程，在痛苦的挣扎中，意志得到磨炼，力量得到加强，心智得到提高，生命在痛苦中得到升华。当你从痛苦中走出来时，就会发现，你已经拥有了飞翔的力量。如果你不曾经受挫折，也许你就会像那些受到"帮助"的蝴蝶一样，萎缩了双翼，平庸一生。

有个渔夫有着一流的捕鱼技术，被人们尊称为"渔王"。依靠捕鱼所得的钱，"渔王"积累了一大笔财富。然而，年老的"渔王"一点儿也不快活，因为他三个儿子的捕鱼技术都极其一般。

于是他经常向人倾诉心中的苦恼："我真想不明白，我捕鱼的技术这么好，我的儿子们为什么这么差？我从他们懂事起就传授捕鱼技术给他们，从最基本的东西教起，告诉他们怎样织网最容易捕捉到鱼，怎样划船最不会惊动鱼，怎样下网最容易'请鱼入瓮'。他们长大了，我又教他们怎样识潮汐、辨鱼汛……凡是我多年辛辛苦苦总结出来的经验，我都毫无保留地传授给他们，可是他们的捕鱼技术竟然赶不上技术比我差的其他渔民的儿子！"

一位路人听了他的诉说后，问："你一直手把手地教他们吗？"

"是的，为了让他们学会一流的捕鱼技术，我教得很仔细、很有耐心。"

"他们一直跟随着你吗？"

"是的，为了让他们少走弯路，我一直让他们跟着我学。"

路人说："这样说来，你的错误就很明显了。你只是传授给了他们技术，却没有传授给他们教训，对于才能来说，没有教训与没有经验一样，都不能使人成大器。"

教训是什么？对于教训的解释是这样的：教训是指把事情做错了，结果是痛苦和失败，所以说得到了教训。故事中的路人说没有教训便不能使人成器，进一步说就是没有痛苦和失败的历练，一个人便不能成大器。

诚如美国开国先哲本杰明·富兰克林所言："唯有痛苦才会带来教益。"一个成熟的人一定经历过许许多多痛苦，没承受过太多痛苦的人一定不会成熟。承受痛苦是一个人走向成熟的必经之路，任何人都回避不了。如果一路都是坦途，那只能像渔夫的儿子那样，沦为平庸之人。

你还在遭受工作的折磨吗？

你还在遭受老板和上司的折磨吗？

你还在遭受失恋的折磨吗？

你还在遭受家人和师长的折磨吗？

你还在遭受病痛的折磨吗？

……

如果你现在还在遭受这样那样的折磨，你就该庆幸，因为命运给了你战胜自我、升华自我的机会。换一种眼光来看待这些折磨吧，感谢那些在工作和生活上折磨你的人，你就会获得幸福。唯有以这种态度面对人生，才能获得真正的成功。

打碎的镜子中也藏着机会

镜子碎了，你还有机会吗？很多人也许就此悲观失落下去，一蹶不振，破碎的镜子已成一堆废品，再无利用的价值。其实，镜子碎了，也隐藏着机会，关键在于你能不能利用好这个机会，化腐朽为神奇。也就是说，危机有时就是奇迹的开端。因此，遇到危机时，不要太慌乱，也不能气馁。

很久以前，波斯王沙阿很想按照法国模式建一个宫殿，其中要造一个镜子大厅，像凡尔赛宫中在壁上嵌满镜子的大厅一样。

当装满镜子的箱子运到时，建筑师亲手打开了第一个箱子，发现那些非常高大的大镜子全打碎了；他又打开第二只箱子，也是碎的；第三只，第四只……所有箱子里的玻璃镜都碎掉了！沙阿国王的愿望似乎实现不了了。

看到这种情况，建筑师起先也感到绝望。他思索了再思索，想尽一切可能弥补的方法，似乎一切都不可能。突然，他灵机一动，破碎的镜子也有再利用的价值的。他振作起来，拿起锤子把所有的镜子都敲碎成更小的碎片，这样就可以连柱子也嵌上玻璃镜子了。当宫殿完工后，这个镜子大厅甚至比凡尔赛宫的样子还更漂亮，沙阿国王高兴极了。

"山重水复疑无路，柳暗花明又一村"，看似绝路的逆境，说不定一个转身，我们就能发现通往希望的一线生机，主要在于我们有没有强大的意志经受住多次失望的打击，有没有发现生机的眼睛。

西方有一种说法，上帝关上了一扇门，定会为你留下一扇窗户。当门被关上的瞬间，孤立无援、失望无助的心情会充斥我们的心，这是正常的。有些人或许会因此崩溃，有些人或许会怨天尤人，控诉上帝为何如此不公，怨恨命运为何如此捉弄人，有些人或许在悲伤过后，背上行囊，收拾心情，主动寻找那扇小窗。是的，我们并不是没有出路，上帝还为我们留了一扇窗户。逆境只是暂时的，它只是人生的一段插曲，它可以在我们的坚强意志下，演奏成一段惊心动魄，余音绕梁的乐章，它或许会演变成我们人生最珍贵的一次经历。我们何不借此机会，勇敢地在逆境中站起来，化悲伤为动力，寻找人生的另一种境遇呢？

人生在世，谁能不经历挫折？谁没有陷入逆境？谁没有错失机会？我们不能保证一生都走平坦大道，但我们有把曲折小道走成平坦大路的勇气。

我们要学会审时度势，并且因势利导，在把握了时势环境后蓄势待发，逆境而动，最终扭转时势。人生之路，总是在人与环境的相生相斥的过程中不断前进，相生则为顺境，相斥则为逆境。真正的强者能居安思危，在顺境中发现阴影，在逆境中发现光亮。不因幸运而故步自封，不因厄运而一蹶不振。

须知道，逆境是绝对的，顺境是相对的。别跟自己过不去，在逆境中微笑一下，打碎的镜子中也藏着机会。

苦难是对生命的体验

苦难是人生的常态，它往往是伴随着我们的一生。如果能理解了这一点，那么我们就不会对人生的苦难耿耿于怀，就能实现人生的超越。

大部分人都不愿正视苦难。遇到苦难的时候，他们要么是怨天尤人，要么抱怨自己的不幸。他们总是抱怨为什么有这么多的麻烦、压力、困难与其为伴，并认为自己是世界上最不幸的人。其实，之所以会抱怨苦难，是因为他们还不曾明白苦难也是我们寻找观察世界的方式，痛苦是人的一种本质体验。

苦难连接着生活与命运，是孕育灵魂和生命的土壤，缺乏苦难的人生便失去了光彩。苦难让我们对生命的体验不在浮于表面，而是触到了本质，体验到更深邃的人生境界。

人的灵魂也和麦子的灵魂一样，如果没有任何苦难考验，人也只能是一个空壳而已。每一个人，从出生以后，就开始面对各种考验，并开始收获——各种考验所带来的宝贵的人生特质。那些普通的麦子尚能昭示不普通的生物延续哲学，一个人若能经受苦难的考验，经历某些可贵的坚持，能不孕育一些珍贵的人生积淀吗？

因此，只要我们敢于正视人生是苦难的这一事实，并且以一种积极乐观的态度面对它，就再不会被它困扰，反而会将它看成是人生的瑰宝。

苦难，作为人生的消极面，人人唯恐躲之不及。然而它在人生中的意义并不是完全消极的。苦难常常能够唤醒我们的灵魂。在通常情况下，我们的灵魂是沉睡着的，一旦我们感到幸福或遭到苦难时，它便醒来了。如果说幸福是灵魂的叹息和歌唱，那么苦难便是灵魂的呻吟和抗议，在两者中凸现的都是对生命意义的强烈体验。

多数时候，我们总是在为生活忙忙碌碌，无暇顾及生命的本质与内在的心灵。苦难能打断我们所习惯的生活，使我们忙碌的身子停了下来，同时也提供了一个机会，迫使我们与外界事物拉开了一个距离。只要我们善于利用这个机会，肯于思考，就会获得一种新眼光。因此，苦难中一定蕴含着人生的珍宝。

痛苦是有助于我们心灵成长的养分

要想让自己坦然地面对人生的种种痛苦，并竭尽全力去克服它，就必须先改变对待痛苦的态度。一旦我们领悟到了，我们所遭遇的每一件事，都是有助于我们心灵成长的精心设计，都是用来指导我们的生命旅程的，我们注定会成为赢家。

一群少年非常喜欢捕鱼，他们常常结伴在一泓深潭边钓鱼。但是，每次忙活大半天，都只能捕到一些小鱼。可他们却看到集市上的一位中年渔夫天天卖大鱼，于是很好奇地问："你这些大鱼是从哪里来的？"中年人说："当然是从河里得来的！"

少年好奇地问："我们也是经常在河里捕鱼，为什么半天钓的鱼加起来还没有你的一条鱼重呢？"渔夫神秘地说道："我有门道！不是谁想弄到大鱼就能够弄到大鱼的！"

少年们央求中年人说："那你教教我们吧！我们只是喜欢捕鱼，保证不会在这集市上来卖鱼抢你的生意！我们只是想感受一下捕到大鱼的感觉。"在少年们的再三请求下，渔夫终于答应等集市散了，到河边为少年们传授秘诀。

集市散了，渔夫收拾好自己的鱼篓，带着少年们来到了河边。

"你一般都在哪里捕鱼？"中年人问。少年们指一指河面比较平静的那一段，说："当然是那里了，水流比较缓，鱼肯定比较多！"

渔夫哈哈大笑，说："你知道我在哪里捕鱼？"渔夫指一指向潭上边不远的河段里，那是一个水流湍急的河段，雪白的浪花哗哗地翻卷着。

少年们都觉得这渔夫很可笑，在浪大又湍急的河段里，怎么会捕到鱼呢？

渔夫笑笑说："潭里风平浪静，所以那些经不起大风大浪的小鱼就自由自在地游荡在潭里，潭水里那些微薄的氧气就足够它们呼吸了。而这些大鱼就不行了，它们需要水里有更多的氧气，没办法，它们只有拼命游到有浪花的地方，浪越大，水里的氧气就越多，大鱼也越多。"渔夫又得意地说："许多人都以为风大浪大的地方是不适合鱼生存的，所以他们捕鱼就选择风平浪静的深潭。他们想错了，一条没风没浪的小河里是不会有大鱼的，而大风大浪恰恰是鱼长大长肥的唯一条件。大风大浪看似是鱼儿们的苦难，但这些苦难却是鱼儿们的天然给氧器啊！"

水流平静的河流是不会有大鱼的，只有风大浪急的河流，才有大鱼出现。这就像一个人不经历苦难，永远成不了大气候，只有经历一定的挫折和失败，才能够真正让一个人取得成功。所以每个人需要做的，就是要正视生活中的风浪，把每一次遭遇都当成是心灵成长的精彩设计。

李嘉诚说过："苦难的生活，是我人生的最好锻炼。"因为正视了苦难对自己的作用，所以，他获得了巨大的成功。这也是为什么比尔·盖茨选择把自己财产的大部分捐出去的原因，因为他知道，如果不让孩子吃苦，那就是另一种对孩子的不负责。

正视苦难，也就正视自己的人生。苦难是最好的老师，它会让你逐渐由幼稚走向成熟，在不断地拼搏中获得成功。如果用积极的心态去面对苦难，苦难将是一笔不菲的财富。

第二篇
不生气的活法

第一章

生气只会让事情变得更糟糕

经常发怒很可能把自己搞垮

不管什么情况下，我们都不能沉浸在怒火之中，这会使你的人际关系变得恶劣，家庭生活变得不安宁，工作上不顺心……一系列由于发怒带来的负面后果，使你更不开心，然后形成一个恶性循环的怪现象——越不开心越发脾气，越发脾气越不开心。

焦躁不安的生活使你想通过一些手段去改善目前的状况，睡眠不稳借助安眠药，情绪激动服用镇静定剂，或者夜深人静的时候借助酒精来放松自己。糟糕的情绪使你过度依赖这些不利于身体健康的物质，从而造成对身体的伤害。有事实证明强烈的怒火会导致诸如中风、高血压、心脏病等严重的疾病，长期旺盛的怒火最终会击溃你的身体。

我们总有些时候无缘无故地想发脾气，事后你很抱歉，而被你大呼小叫的人也感到很委屈。中医里讲莫生气或者少生气，才能有利身体健康，才能长命百岁。可是我们都是凡夫俗子，有些事情发生时真的控制不了自己的脾气，那么这些怒气是毫不控制地释放还是努力地去抑制呢?

也许我们应该学习一些方法，把大的怒火化小，让小的怒火直接消失掉。相关专家的研究表明，在你生气时是无法与人沟通的。在这种情况下，我们应学会调节情绪，放松自己，让自己恢复到理智状况下。

1. 想说话前深吸几口气。

2. 暂且抛弃坏东西，想想开心的事情。

3. 外出旅行放松自己。

4. 做一件自己感兴趣的事情转移注意力。

5. 看看书籍，在书中找到解决问题的灵丹妙药。

6. 写日记记录自己遇到的糟糕事情，即书写抒泄。

7. 躲在没人的角落里大哭一场，或者大喊，喊出心中的闷气。

8. 约几个知心好友聊聊天，讲讲自己不高兴的事情……

不开心是一天，开心也是过一天，那么为什么不开开心心地过每一天呢？快点抛弃你的怒火吧！它真的是一个妨碍你开心生活的坏东西！

用愤怒困扰心灵，是一种严重的自戕

托尔斯泰曾经说过："愤怒对别人有害，但愤怒时受害最深者乃是本人。"

心态不平和的人经常不能控制自己的怒气，为了生活中大大小小的事情勃然大怒。表面上看，愤怒是由于自己的利益受到侵害或者被人攻击而激发的自尊行为，其实，用愤怒的情绪困扰心灵，实际上是一种最不明智的自我伤害。

正如思想家蒲柏所说："愤怒是由于别人的过错而惩罚自己。"我们愤怒于别人的言行，让愤怒占据了大部分的灵魂空间，灵魂负载着重担，再无法关照自身，更不能得到任何形式的提升，反而在愤怒情绪的支配下更加容易丧失理智，甚至于越来越远离人的高贵，接近于动物的蒙昧和愚蠢。

让我们愤怒的人与事依然故我，他们继续做着自己的事，享受着愉悦的心情；而我们自己却因为愤怒无法专注于眼前的工作，不能很好地履行自己的职责。更可惜的是，我们只顾着愤怒，而无暇体验生命中原本存在的其他美和善。

别人的一些行为真的就那么不可原谅吗？不是，折磨我们的是自己的愤怒情绪，而非别人的一些行为。不管面对别人怎样的行为，控制自己的愤怒情绪，从而避免让灵魂受到伤害，完全是在我们的力量范围之内的。

有一位得道高人曾在山中生活三十年之久，他平静淡泊，兴趣高雅，不但喜欢参禅悟道，而且也喜爱花草树木，尤其喜爱兰花。他的家中前庭后院栽满了各种各样的兰花，这些兰花来自四面八方，全是年复一年地积聚所得。大家都说，兰花就是高人的命根子。

这天高人有事要下山去，临行前当然忘不了嘱托弟子照看他的兰花。弟子也乐得其事，上午他一盆一盆地认认真真浇水，等到最后轮到那盆兰花中的珍品——君子兰了，弟子更加小心翼翼了，这可是师父的最爱啊！他也许浇了一上午有些累了，越是小心翼翼，手就越不听使唤，水壶滑下来砸在了花盆上，连花盆架也碰倒了，整盆兰花都摔在了地上。这回可把弟子给吓坏了，愣在那里不知该怎么办才好，心想：师父回来看到这番景象，肯定会大发雷霆！他越想越害怕。

下午师父回来了，他知道了这件事后一点儿也没生气，而是平心静气地对弟子说了一句话："我并不是为了生气才种兰花的。"

弟子听了这句话，不仅放心了，也明白了。

不管经历什么事情，我们都要制怒，在脉搏加快跳动之前，凭借理智平静自己。想一想，如果惹你生气的人犯的错误是由于某种他们不可控的原因，你为什么还要愤怒呢？

有人说生气是拿别人的错误惩罚自己，实际上，我们完全可以享受不生气的活法。著名的心理学家威廉姆斯夫妇曾经研究出一套快速评估自己的愤怒情绪然后采取对策的方法。这套方法可以帮助我们有效地克服愤怒情绪，让我们过不生气的日子。

1. 重要吗？"如果罗莎·帕克斯当时没有发火（1955 年，黑人女性帕克斯在公共汽车上拒绝让座，最终导致美国最高法院裁决种族隔离不符合宪法），她就会退到车厢后部的黑人区去。"威廉姆斯教授说，"她是因为一件重要的事而发火的。如果你觉得难以判断问题是否重要，就想象一下这是你生命中的最后一天，你还会觉得这事值得发火吗？"

2. 合适吗？想想你会怎样向朋友描述这件事。他或其他任何理智的人会做同样的反应吗？

3. 可以改变吗？坏天气、糟糕的交通、停电的确叫人恼火，但这些是你无法控制的。如果情况可以改变，要拿出具体的合理要求来进行改进。

4.值得吗？威廉姆斯教授指出："如果你的答案是值得，那么现在就该决定你要的到底是什么。"但是，即使你肯定你发火是有道理的，是值得的，也不要气势汹汹，而应该采取解决问题的态度，找到解决问题的方法。

发怒只能让事情变得越来越糟

如果你很容易发怒的话，那么就说明你可能有一些还难以解决的问题压在心头。你就需要找出这些问题，然后设法摆脱它们，继续前进。

有一次，有位管理员为了显示他对富兰克林一个人在排版间工作的不满，把屋里的蜡烛全部收了起来。有一天，富兰克林到库房里赶排一篇准备发表的稿子，却怎么也找不到蜡烛了。

富兰克林知道是那个人干的，忍不住跳起来，奔向地下室，去找那个管理员。当他到那儿时，发现管理员正忙着烧锅炉，他吹着口哨，仿佛什么事情也没发生。

富兰克林抑制不住愤怒，对着管理员就破口大骂。5分钟后，他实在想不出什么骂人的语句了，只好停了下来。这时，管理员转过头来，脸上露出开朗的微笑，并以一种充满镇静与自制的声调说："呀，你今天有些激动，是吗？"

他的话就像一把锐利的短剑，一下子刺进了富兰克林的心里。

富兰克林的做法不但没有为自己挽回面子，反而增加了他的羞辱。他开始反省自己，认识到了自己的错误。

富兰克林知道，只有向那个人道歉，内心才能平静。他下定决心，来到地下室，把那位管理员叫到门边，说："我回来为我的行为向你道歉，如果你愿意接受的话。"

管理员笑了，说："你不用向我道歉，没有别人听见你刚才说的话，我不会把它说出去的，我们就把它忘了吧。"

这段话对富兰克林的影响更甚于他先前所说的话。他向管理员走去，抓住他的手，使劲握了握。他明白，自己不是用手和他握手，而是用心和他握手。

在走回库房的路上，富兰克林的心情十分愉快，因为他鼓足了勇气，化解了自己做错的事。

从此以后，富兰克林下定了决心，以后决不再失去自制，因为凡事以愤怒开始，必以耻辱告终。你一旦失去自制之后，另一个人——不管是一名目不识丁的管理员，还是有教养的绅士，都能轻易地将你打败。

在找回自制之后，富兰克林身上发生了显著的变化，他的笔开始发挥更大的力量，他的话也更有分量，并且结交了许多朋友。这件事成为富兰克林一生当中最重要的一个转折点。成功后的富兰克林回忆说："一个人除非先控制自己，否则他将无法成功。"

愤怒是一种情绪状态，按照强度不同可分为轻微的愤怒、强烈的愤怒，甚至暴怒。

在日常生活中，引起愤怒的原因很多，每个人都不可避免地会产生愤怒的情绪体验。愤怒是一种有害的情绪状态，常常会给人带来意想不到的麻烦，如导致同学关系疏远、师生关系紧张，而且长期、持续的愤怒对个体的健康损害也是极大的。因此，控制愤怒的情绪十分重要。

事实上，学会舒缓愤怒，也是一个人高情商的表现。养身贵在戒怒，戒怒就是养怡身心，尽量做到不生气、少生气，性情开朗，心胸开阔，宽厚待人，谦虚处世。这样不仅有益于身心健康，也利于提高自己的道德修养和思想水平，于人于己都有益。

以下几种方法，可以帮助你平息愤怒的火焰。

深呼吸

深呼吸后，氧气的补充会使你的躯体处于一种平衡的状态，情绪会得到一定程度的控制。虽然你仍然处于兴奋状态，但你已有了一定的自控能力，数次深呼吸可使你逐渐平静下来。

幽自己一默又何妨

在愤怒情绪一触即发的危险关头，你可以用自嘲的方法，从自己多疑的性情中寻找乐趣，幽默是制怒的最好手段。

转移视线

用其他方法也可消除心中愤怒，如通过一些活动来转移愤怒的情绪，做运动、听音乐、与人倾诉等都不失为好的方法。

学习忍耐及宽容

遇事持宽宏大量的态度，可止息心中的怒火，化怒火为祥和。学会宽容，放弃怨恨和惩罚，你会发现，将愤怒的包袱从双肩卸下来，你会轻松很多，心中一片明朗、平静无波，生活自然会变得无限美好。

多点雅量面对嘲笑

很多人在面对别人的嘲笑时，会生气，会发怒，甚至会做出一些冲动的行为，来打击别人对自己的嘲笑。事实上，面对别人的嘲笑，与其生气，我们还不如保持宽广的胸襟，让自己有点雅量，这不仅是一种做人智慧，更能让自己享受不生气的活法。

曾任美国总统的福特在大学里是一名橄榄球运动员，体质非常好，在62岁入主白宫时，他的体质仍然非常挺拔结实。当了总统以后，他仍继续滑雪、打高尔夫球和网球。

在1975年5月，他到奥地利访问，当飞机抵达萨尔茨堡，他走下舷梯时，他的皮鞋碰到一个隆起的地方，脚一滑就跌倒在跑道上。他跳了起来，没有受伤，但使他惊奇的是，记者们竟把他这次跌倒当成一项大新闻，大肆渲染起来。在同一天里，他又在丽希丹宫的长梯上滑倒了两次，险些跌下来。随即一个奇妙的传说散播开了：福特总统笨手笨脚，行动不灵敏。自萨尔茨堡以后，福特每次跌倒，记者们总是添油加醋地把消息向全世界报道。后来，竟然反过来，他不跌跤也变成新闻了。哥伦比亚广播公司曾这样报道说："我一直在等待着总统撞伤头部，或者扭伤胫骨，或者受点轻伤之类的来吸引读者。"记者如此的渲染似乎想给人形成一种印象：福特总统是个行动笨拙的人。电视节目主持人还在电视中和福特总统开玩笑，喜剧演员切维·蔡斯甚至在"星期六现场直播"节目里模仿总统滑倒和跌跤的动作。

福特的新闻秘书朗·聂森对此提出抗议，他对记者们说："总统是健康而且优雅的，他可以说是我们能记得起的总统中身体最为健壮的一位。"

"我是一个活动家，"福特抗议道，"活动家比任何人都容易跌跤。"

他对别人的玩笑总是一笑了之。1976年3月，他还在华盛顿广播电视记者协会年会上和切维·蔡斯同台表演过。节目开始，蔡斯先出场。当乐队奏起"向总统致敬"的乐曲时，他"绊"了一脚，跌倒在地板上，从一端滑到另一端，头部撞到讲台上。此时，每个到场的人都捧腹大笑，福特也跟着笑了。

当轮到福特出场时，蔡斯站了起来，佯装被餐桌布缠住了，弄得碟子和银餐具纷纷落地。蔡斯装出要把演讲稿放在乐队指挥台上，可一不留心，稿纸掉了，撒得满地都是。众人哄堂大笑，福特却满不在乎地说道："蔡斯先生，你是个非常、非常滑稽的演员。"

生活是需要睿智的。如果你不够睿智，那至少可以豁达。以乐观、豁达、体谅的心态看问题，就会看出事物美好的一面；以悲观、狭隘、苛刻的心态去看问题，你会觉得世界一片灰暗。两个被关在同一间牢房里的人，透过铁窗看外面的世界，一个看到的是美丽神秘的星空，一个看到的是地上的垃圾和烂泥，这就是区别。

面对嘲笑，一种好的方法是用努力和实力去说话，用自己的成绩和作为赢得敬重。这的确是一种不错的方法，另外，一些心理学家，也给出了几点比较实际的应对嘲笑的方法。

心理学家指出，嘲笑分为两种，一种是善意的嘲笑，一种是恶意的嘲笑。

对待善意的嘲笑，我们可以一笑而过，完全没有必要计较。

对待那些恶意的嘲笑，我们要灵活对待：

首先，要弄明白嘲笑自己的人是有什么意图，如果对方是有口无心的人，我们可以适当反驳一下，但是千万不要激动。

其次，如果对方企图攻击你，我们不妨先想想是不是自己某些地方冒犯了对方，如果是我们冒犯对方在前，我们就要适当改正自己的行为。

总之，面对嘲笑，一定不要急。要知道，面对嘲笑，最忌讳的做法就是勃然大怒，大骂一通，其结果只会让嘲笑之声越来越炽。其实，要让嘲笑自然平息，最好的办法是一笑了之。一个满怀目标的人，不会去考虑别人多余的想法，而是有风度、有气概地接受一切非难与嘲笑。伟大的心灵多是海底之下的暗流，唯有小丑式的人物，才会像一只烦人的青蛙一样，整天聒噪不休。

工作中的折磨使我们不断超越自我

很多人都埋怨自己工作辛苦，埋怨老板和上司对自己的折磨，殊不知，唯有折磨才能使你不断超越自我、不断进步。

一个人不但要接受他所希望发生的事情，而且还要学会接受他所不希望发生的事情。要适应现实，接受任何不可改变的事实，心平气和，以平常心面对周围所发生的一切，而不是唉声叹气，自寻烦恼，更不要企求社会来适应你，奢望世界为你一人而改变，这是不可能实现的空想。在困难面前，如果你能承受折磨，你将会赢得长足发展；如果你不能忍受，那么等待你的也许就是被社会淘汰。

一位年轻人毕业后被分配到北京某研究所，终日做些整理资料的工作，时间一久，觉得这样的工作索然无味。恰好机会来了，一个海上油田钻井队来他们研究所要人，到海上工作是他从小就有的梦想。领导也觉得他这样的专业人才待在研究所光整理资料太可惜，所以批准他去海上油田钻井队工作。在海上工作的第一天，领班要求他在限定的时间内登上几十米高的钻井架，把一个包装好的漂亮盒子送到最顶层的主管手里。他拿着盒子快步登上高高的、狭窄的舷梯，最后气喘吁吁、满头是汗地登上顶层，把盒子交给主管。主管只在上面签下自己的名字，就让他送回去。他又快跑下舷梯，把盒子交给领班，领班也同样在上面签下自己的名字，让他再送给主管。

他看了看领班，犹豫了一下，又转身登上舷梯。当他第二次登上顶层把盒子交给主管时，浑身是汗，两腿发颤，主管却和上次一样，在盒子上签下名字，让他把盒子再送回去。他擦擦脸上的汗水，转身走向舷梯，把盒子送下来，领班签完字，让他再送上去。

这时他有些愤怒了，他看看领班平静的脸，尽力忍着不发作，又拿起盒子艰难地一个台阶一个台阶地往上爬。当他上到最顶层时，浑身上下都湿透了，他第三次把盒子递给主管，主管看着他，傲慢地说："把盒子打开。"他撕开外面的包装纸，打开盒子，里面是两个玻璃罐，一罐咖啡，一罐咖啡伴侣。他愤怒地抬起头，双眼喷着怒火，射向主管。

主管又对他说："把咖啡冲上。"年轻人再也忍不住了，叭的一下把盒子扔在地上："我不干了！"说完，他看看倒在地上的盒子，感到心里痛快了许多，刚才的愤怒全释放出来了。

这时，这位傲慢的主管站起身来，直视着他说："刚才让你做的这些，叫作承受极限训练，因为我们在海上作业，随时会遇到危险，要求队员身上一定要有极强的承受力，承受各种危险的考验，才能完成海上作业任务。可惜，前面三次你都通过了，只差最后一点点，你没有喝到自己冲的甜咖啡。现在，你可以走了。"

这位年轻人可能自己也没有想到，领导和主管对自己的折磨是一种考验，更是一种锻炼，经过这些考验之后，他的能力和意志力都会得到极大的提高。

的确，在工作中，每个人都渴望肯定，但现实是，工作中不可能只有肯定，更多的是否定。肯定对于每个人的成长很重要，但是一个人不光要成长，还要成熟，而成熟，往往就来自于折磨。

当别人对我们提出在你看来不合理的要求时，当别人对我们否定时，当我们做了自己并不愿意做的事情时……如果我们能够忍受这些折磨，甚至珍惜这份折磨，也就意味着成功的开始。

一个长期在公司底层挣扎、时刻面临失业危险的中年人被老板叫到办公室。他回来后向同事抱怨："老板居然派我去海外营销部，像我这样一大把年纪的人，怎么能受这样的折磨呢？"他神情激动，抱怨老板给他的任务。

同事小杨回答道："为什么你会认为这是折磨，而不认为是公司锻炼你的一个机会呢？"

中年人回答道："你难道没看出来，老板纯粹就是整我。公司本部有那么多的职位，为什么不提升我，而让我这么一大把年纪的人去受那份罪呢？"

最后，他放弃了老板给他的机会，而小杨却主动向老板请缨，说自己愿意去海外营销部接受锻炼。

一年后，小杨回国，他已经完全能胜任自己的工作，受到了老板的倚重。

和故事中的中年人一样，职场上，有很多员工老是一味地要求单位和领导肯定自己，却害怕别人折磨自己。在他们眼里，只有迁就自己，肯定自己，才算是有人情味。如果单位对自己要求多一点，甚至是合理的锻炼多一点，他们就会认为这些锻炼就是折磨，而领导就是不人道。

其实，很多的时候，领导愿意敲打你，愿意折磨你，说明他觉得你还是个可造之才，敲打敲打培养培养，你会更有前途。如果你是一块不可雕的朽木，领导只会觉得你无足轻重，他才懒得下功夫敲打你，因为那只是在浪费他的时间。

所以，请记住，在职场上，千万不要害怕领导的"折磨"。不要害怕那双敲打你的手，因为有人愿意敲打你，是一种幸运，就怕你连挨批评挨敲打的资格都没有。

愤怒暴露的正是你的软弱

一般来说，生活中大多数人的情绪都比较稳定，面对某些突发事件，可以适当调整自己的情绪，控制自己过于激动的心情。但有些人则不具有这种能力，平日里脾气就很火爆，遇事更为冲动。

无论对他人还是自己，愤怒都不是一件好事，因为人们在愤怒时往往会铸下大错。愤怒伴随而来的是神经过于激动，神经激动是在突然刺激下血液加速循环产生的紧张、焦虑、愤怒等情绪。很多人也是在这种情绪下犯下难以弥补的错误。

有一对新婚夫妇，刚结婚没几天，丈夫就被领导派到外地去出差，剩下妻子一人在家形影相吊，很是孤单。妻子心里很是不悦，这幸福的生活还没开始，就尝尽了相思的苦，一个人独守空房，更别提蜜月旅行了。

刚开始，妻子试着去理解丈夫。可丈夫实在是太忙了，每天只能通个电话，由于工作繁重，疲惫得话都不想说，妻子感觉丈夫对自己不关心。特别委屈。整整半个月，妻子的心情就不好，莫名地心烦。

终于，妻子等到了丈夫的归期，丈夫决定好好陪陪妻子过个周末，妻子也满心欢喜。两人约好一起过周末，谁都不能谈工作。可到了周末的晚上，丈夫却因为临时有应酬没能按时回家。

妻子做好饭，在久等之下打电话寻找却无人接听。妻子当时就气不打一处来，想想婚后这些日子，丈夫对自己再也不像以前。于是，晚上丈夫回来后，妻子说出了一些过激的言语，丈夫也不相让。两人发生争执，甚至大打出手。

妻子受不了丈夫动手打她的行为，当晚离家出走。第二天就向丈夫提出离婚，这使丈夫更加愤怒，离就离，谁离了谁还不能过？立即签字同意离婚。于是，两人三年的感情就这样结束了。

在这件事情中，丈夫未归属于突发事件，而最重要的就是认知过程，在长久的等待下产生的焦虑、担心、猜疑，种种情绪加在一起使妻子在丈夫回来后失去了理智沟通的能力，从而使一件很小的事情上升为一场战争，最后竟然导致婚姻的失败。

愤怒会让你贬低对方，愤怒也会让你在情感的天平上占据上风。当你愤怒的时候，你会感到自己强大而充满力量。你会觉得，与发泄对象相比，你无疑是一个"更好"的人，你比发泄对象甚至要好上上千倍，因为你认为自己是完全正确的，而对方则是错误的甚至是一无是处的。

战胜了你的对手，或许在别人看来你是一个强大的统治者。看起来，你似乎希望通过表明你现在的正确性毋庸置疑，以弥补先前的错误和虚弱。然而事实上，愤怒所显露的正是你的软弱，正是你的缺点，它会让你固执、冲动，让你完全失去控制。它会促使你过分贬低对方，做出愚蠢的决定，这样不仅会使你浪费时间和精力，还会让你被你所恨的人困扰，失去朋友，与你所爱的人对立，去做一些疯狂的、具有破坏性的，甚至是犯罪的事情。

心理专家指出，生气是一种正常的情绪反应，但是我们要学会如何转化愤怒的情绪，不让自己因为愤怒情绪而受到伤害。但有人处理愤怒情绪的方式却往往是不健康的。下面为大家列出处理愤怒的几种常见的错误，并提供解决方法。希望大家可以找到合理的发泄方法，保持好心情。

压抑情绪

有人是明明生气，却刻意压抑，不让坏情绪发泄出来。生气是正常的，不要刻意压抑怒气。如果你觉得内心压抑，又不想把这种感受随便讲给他人，那就将这种感觉写到日记上。

误会别人

有人之所以觉得委屈，是因为觉得自己是对的。其实你根本不了解别人的真实感受，为何不试着换个角度看待问题。当然，矛盾与冲突不是单方面的原因，接受自己和他人不完美的事实，不要过度挑剔。

迁怒于别人

有的人生气时，总是习惯把这种怨气撒到亲近的人身上，哪怕这些人与他生气的原因不相干。这种方式最不可取，不仅解决不了问题，还会伤害爱你的人。这时，你最好问问自己究竟是对谁生气。与其到处撒气不如寻求其他人的力量支持，直接面对引起愤怒的来源。

因生气而冲动，只会让自己后悔不已

冲动是一种过度的情绪反应，是强烈愿望的一种表达形式。

最新的研究表明，冲动与抽烟、酗酒和吸毒有关。自杀倾向高的人和饮食有问题的青少年比较冲动。好斗、好赌、严重病态人格和注意力不集中的人冲动倾向高。

冲动是一种极其不良的情绪。一个人在气头上很容易冲动，因生气而冲动只会让一个人的生活一团糟。

早晨八点是上班的高峰期，章名开车去上班，由于车流量很大，眼看就要迟到了。车龙好不容易向前移动了一点，可前面的司机偏偏像睡着了一样，丝毫不动弹。章名开始冒火了，拼命地按喇叭，可前面的司机依然不为所动。章名气极了，他握住方向盘的手开始发白，仿佛紧紧地卡住前面司机的脖子，额头开始冒汗，心跳加快，满脸怒容，真想冲上去把那个司机从车里扔出来！

又过了一会儿，车还是停滞不前，他实在无法控制自己了，终于冲上前去，猛敲车门。前面的司机也不甘示弱，打开车门，冲了出来。就这样，一场恶斗在大街上开始了，结果章名打碎了那个人的鼻梁骨，犯了故意伤人罪，等待他的将是法律的严惩。这下不仅没赶上上班的时间，反而连工作也彻底丢了。

冲动的情绪其实是最无力的情绪，也是最具破坏性的情绪。许多人都会在情绪冲动时做出使自己后悔不已的事情来，因此，应该采取一些积极有效的措施来控制自己冲动的情绪。

用沉默来对抗心中的冲动

当你被别人无聊地讽刺、嘲笑时，如果你顿时暴怒，反唇相讥，则很可能引起双方争执不下，怒火越烧越旺，自然于事无补。但如果此时你能提醒自己冷静一下，采取理智的对策，如用沉默作为武器以示抗议，或只用寥寥数语正面表达自己受到的伤害，指责对方的无聊，对方反而会感到尴尬。

进行自我暗示和激励

自制力在很大程度上就表现在自我暗示和激励等意念控制上。意念控制的方法有：在你从事紧张的活动之前，反复默念一些建立信心、给人以力量的话，或随身携带座右铭，时时提醒激励自己。在面临困境或身临危险时，利用口头命令，如"要沉着、冷静"，以组织自身的心理活动，获得精神力量。

进行放松训练

研究表明，失去自我控制或自制力减弱的情况，往往发生在紧张心理状态中。当你感到紧张、难以自控时，可以进行些放松活动或按摩等，可以提高自控水平。

培养兴趣，怡养性情

你平时可进行一些有针对性的训练，培养自己的耐性。可以结合自己的业余兴趣、爱好，选择几项需要静心、细心和耐心的事情做做，如练字、绘画、制作精细的手工艺品等，不仅陶冶性情，还可丰富你的业余生活。

不拿不相干的人当出气筒

"人有悲欢离合，月有阴晴圆缺，此事古难全。"生活中总免不了磕磕绊绊，不顺心的时候，很多人在自己受气或不如意时会不自觉地拿别人出气。倘若某个同伴有些缺点这时暴露出来，就更可能成被迁怒的对象。你可知道同伴是你朝夕相处、陪你欢乐悲伤的人，你们一路并进、一起承担，甚至利害攸关。无论自己的境遇如何，我们都不应该迁怒于对方。迁怒，是用伤害别人为自己找出口，是对别人的苛责，是无自制不成熟的表现；迁怒，是阻碍成长的绊脚石，是冲动魔鬼的助手，它永远不会为你赢得摆脱不顺心的方法。

一只狐狸在跨越篱笆时，不小心被篱笆上蔷薇刺扎伤了，流了许多血。受伤的狐狸见到自己流血了，就非常生气，便埋怨蔷薇说：我本是翻篱笆墙，你为何要刺伤我？蔷薇回答道：狐狸！我的本性就带刺，是你自己不小心，才被我刺到的啊！怎么会反过来埋怨我呢？

在现实生活中，有很多类似于狐狸这样的人，遭遇挫折时不反躬自省，反而责怪或迁怒别人。他们抱怨老板太苛刻、抱怨公交车太挤、抱怨菜市场上的秩序太乱，他们迁怒于家人、迁怒于同事、迁怒于朋友，甚至连孩子都成了他们迁怒的对象。

事实上，迁怒于人不仅不能解决任何问题，反而会让你的生活更糟。你在迁怒于别人的时候，伤害了别人的感情，这样无疑是对自己人际关系的一种破坏。事实上，迁怒只会让自己显得更无修养外，没有任何积极作用，我们有时间迁怒别人，还不如把时间花在自省上，也好让自己做到"不贰过"。

不要迁怒于任何人。金无足赤，人无完人，你的迁怒，只会给别人留下不好的印象。聪明的人，不会拿别人的缺点发泄自己情绪，他们会以他人为镜提醒自己改正缺点，最终趋近完美。

不要让小事情牵着鼻子走

为小事而抓狂，是很多人都有的情绪，也正是因为这样，往往会因小而生大。学会控制自己的情绪，你才能成为胜利者。

在非洲草原上，有一种不起眼的动物叫吸血蝙蝠，它的身体极小，却是野马的天敌。这种蝙蝠靠吸动物的血生存。在攻击野马时，它常附在野马腿上，用锋利的牙齿迅速、敏捷地刺入野马腿，然后用尖尖的嘴吸食血液。无论野马怎么狂奔、暴跳，都无法驱逐这种蝙蝠，蝙蝠可以从容地吸附在野马身上，直到吸饱才满意而去。野马往往是在暴怒、狂奔、流血中无奈地死去。

动物学家们百思不得其解，小小的吸血蝙蝠怎么会让庞大的野马毙命呢？于是，他们进行了一次试验，观察野马死亡的整个过程。结果发现，吸血蝙蝠所吸的血量是微不足道的，远远不会使野马毙命。动物学家一致认为野马的死亡是它暴躁的习性和狂奔所致，而不是因为蝙蝠吸血。

一个心智成熟的人，必定能控制住自己所有的情绪与行为，不会像野马那样为一点小事抓狂。当你在镜子前仔细地审视自己时，你会发现自己既是你最好的朋友，也是你最大的敌人。

上班时堵车堵得厉害，交通指挥灯仍然亮着红灯，而时间很紧，你烦躁地看着手表的秒针。终于亮起了绿灯，可是你前面的车子迟迟不启动，因为开车的人思想不集中。你愤怒地按响了喇叭，那个似乎在打瞌睡的人终于惊醒了，仓促地挂上了档，而你却在几秒钟里把自己置于紧张而不愉快的情绪之中。

美国研究应激反应的专家理查德·卡尔森说："我们的恼怒有80%是自己造成的。"卡尔森把防止激动的方法归结为这样的话："请冷静下来！要承认生活是不公正的。任何人都不是完美的，任何事情都不会按计划进行。"

理查德·卡尔森的一条黄金法则是："不要让小事情牵着鼻子走。"他说："要冷静，要理解别人。"他的建议是：表现出感激之情，别人会感觉到高兴，你的自我感觉会更好。

学会倾听别人的意见，这样不仅会使你的生活更加有意思，而且别人也会更喜欢你。每天至少对一个人说你为什么赏识他，不要试图把一切都弄得滴水不漏；不要顽固地坚持自己的权利，这会花费不必要的精力；不要老是纠正别人，常给陌生人一个微笑；不要打断别人的讲话；不要让别人为你的不顺利负责；要接受事情不成功的事实，天不会因此而塌下来；请忘记事事都必须完美的想法，你自己也不是完美的……这样生活会突然变得轻松得多。

制怒是化解不必要麻烦的良方

人生最不能缺少的技能之一就是要学会制怒，要能够战胜自己的情绪，才能走稳、走好人生之路。

孔子说："仲由，你听说过六个字的德行，会有六种弊病吗？"子路起身回答："没有。"孔子说："坐下！我告诉你。爱好仁德却不好学习，其弊病是愚蠢；爱好聪明却不好学习，其弊病是放荡；爱好诚实却不好学习，其弊病是伤害自己和亲人；爱好直率却不好学习，其弊病是说话尖刻刺人；爱好勇敢却不好学习，其弊病是容易闹乱子闯祸；爱好刚强却不好学习，其弊病是狂妄。"

这里我们重点讲解下面两句："好直不好学，其蔽也绞。"像绳子绞起来一样，太紧了会绷断的。一个人太直了，直到没有涵养，一点不能保留，就是没有修养，它的弊病是要绷断、要偾事。

做人做事，不能太直，也不能太急躁，这样有损个人形象。除此之外，如果这些负面情绪在一个团队、群体中散发，它还有传染性，会给整个链条带来极为不利的影响。

张强是一位经理，一天早晨他起床有些晚，便急急忙忙地开了车往公司奔。为了赶时间，他连闯了几个红灯，最后在一个路口被警察拦了下来，警察给他开了罚单。到了办公室之后，他看到桌上放着几封前一天下班前便已交代秘书寄出的信件，便把秘书叫了进来，劈头就是一阵痛骂。秘书则拿着未寄出的信件，走到总机小姐的面前，又是一阵狠批。总机小姐被骂得也很委屈，便借题对公司内职位最低的清洁工进行了一番指责。清洁工只得憋着一肚子闷气。下班回到家，清洁工见到读小学的儿子趴在地上看电视，衣服、书包、零食丢得满地都是，当下把儿子好好地修理了一顿。儿子愤愤地回到自己的卧房，见到家里那只大懒猫正盘踞在房门口，就狠狠地一脚把猫给踢得远远的。正巧这时张强从猫身边走过，谨慎的猫为防止再被人踢，迅速抓了一下张强就溜了，可怜的张强被猫抓破了腿。

这就是"踢猫效应"，是人们在受到挫折后的典型消极心理反应之一。"踢猫效应"告诉我们：发脾气就等于在人类进步的阶梯上倒退了一步。

有人遭受挫折以后容易产生攻击行为，包括直接攻击对方；也有人攻击自己，这实际上是一种自虐行为；还有人攻击不相关的人。这种攻击性行为常常会影响工作气氛和合作质量。

古人说："自行本忍者为上。"沉不住气，轻易动怒，既伤身又损财。性情暴躁之人，遇事不要轻易发火，要学会自制，否则，不利于自己日后的发展。贝多芬曾说过：几只苍蝇咬几口，绝不能羁留一匹英勇的奔马。每一位优秀人物的身旁总会萦绕着各种纷扰，沉住气，对它们保持沉默要比寻根究底明智得多。对人对事，多一分平常之心，少一分戾气和怨气，将使我们的人生更加轻松、如意、和谐与美丽。

生活中，谁都难免遇上难堪的误解，遭到他人不公正的批评甚至辱骂。不论是卑鄙的、恶毒的、残酷的，千万不要被对方一句不公正的批评或难听的辱骂而变得像对方一样失去理智。获胜的唯一战术，就是保持沉默，不和别人发生正面冲突，就连多余的解释也没必要。因为在这种情况下，相互争吵、辱骂既不会给任何一方带来快乐，也不会给任何一方带来胜利，只会带来更大的烦恼、更大的怨恨、更大的伤害。退一步讲，在对骂中没有占上风的一方，当众出丑，带来的只是对自己鲁莽行为的悔恨。而占了上风的一方，虽然把对方骂得体无完肤，又能怎么样？只能加深对立情绪，加深对方的怨恨。

"他人气我我不气，我本无心他来气。倘若生气中他计，气出病来无人替。请来大夫将病医，他说气病治非易。气之为害太可惧，不气不气真不气。"这首歌通俗易懂，寓意深刻。其中虽然有消极的一面，但仍不失为有益的养身之道。对那些脾气暴躁的人来说，制怒可算是化解不必要麻烦的一剂良方。

第二章

往好处想，终结无休止的抱怨

抱怨只是推卸责任

不管走到哪里，你都能发现许多才华横溢的失业者。当你和这些失业者交流时，你会发现，这些人对原有工作充满了抱怨、不满和谴责。要么就怪环境条件不够好，要么就怪老板有眼无珠，不识才，总之，牢骚一大堆，积怨满天飞。殊不知，这就是问题的关键所在——抱怨的恶习使他们丢失了责任感和使命感。他们只寻找不利因素、寻找借口，与实干相比，他们更愿意花大把的时间推卸责任。可他们不明白，抱怨只能使自己发展的道路越走越窄，一个人只能在自己的抱怨声中不断退步。

我们可以发现，几乎在每一个公司里，都有"牢骚族"或"抱怨族"。他们每天轮流把"枪口"指向公司里的任何一个角落，埋怨这个、批评那个，而且从上到下，很少有人能幸免。他们的眼中处处都能看到毛病，因而处处都能看到或听到他们的批评、发怒或生气。

本来他们可能只是想发泄一下，但后来却一发而不可收。他们理直气壮地数落别人如何对不起他们，自己如何受到不公平待遇等，牢骚越讲越多，使得他们也越来越相信，自己完全是遭受别人践踏的牺牲品。不停抱怨的"牢骚族"，只会妨碍和干扰自己的阵脚，终究受害最大的还是自己。

事实上，你很难找到一个成功人士会经常大发牢骚、抱怨不停，因为成功人士都明白这样的道理：抱怨如同诅咒，越抱怨越退步。

　　于强在一家电器公司担任市场总监，他原本是公司的生产工人。那时，公司的规模不大，只有30多人，有许多市场等待开发，而公司又没有足够的财力和人力，每个市场只能派去一个人，于强被派往西部的一个市场。

　　于强在那个城市里举目无亲，吃住都成问题。没有钱坐车，他就步行去拜访客户，向客户介绍公司的电器产品。为了等待约好见面的客户，他常常顾不上吃饭。他租了一间破旧的地下室居住，晚上只要电灯一关，就有老鼠在那里载歌载舞。

　　那个城市的气候不好，春天沙尘暴频繁，夏天时常暴雨，冬天天气寒冷，这对于于强来说简直就是一个巨大的考验。公司提供的条件太差，远不如于强想象的那样。有一段时间，公司连产品宣传资料都供应不上，好在于强写得一手好字，自己花钱买来复印纸，用手写宣传资料。在这样艰苦的条件下，不抱怨几乎是不可能的，但每次抱怨时，于强都会对自己说："开拓市场是我的责任，抱怨不能帮助我解决任何问题。"他选择了坚持下来。

　　一年后，派往各地的营销人员都回到公司，其中有很多人早已不堪忍受工作的艰辛而离职了。而于强凭着自己过硬的业绩当上了公司的市场总监。

　　即使在恶劣的环境下，于强也没有选择抱怨，对自己工作的坚持，使他在进步的阶梯上得到了飞速发展。一名员工，无论从事什么工作都应当选择不抱怨的态度，应该尽自己的最大努力去争取进步。把不抱怨的态度融入自己的本职工作中，你才能不断地进步，才能得到社会的认可，受到老板的青睐。

　　你能否让自己在公司中不断得到进步，完全取决于你自己。如果你永远对现状不满，以抱怨的态度去做事，那你在公司的地位永远都不能变得更加重要，因为你根本就不能做出重要的成绩。

　　抱怨的人很少积极想办法去解决问题，不认为主动独立完成工作是自己的责任，却将诉苦和抱怨视为理所当然。任何一个聪明的员工都应该明白这样的道理：一个人一旦被抱怨束缚，不尽心尽力，在任何单位里都会自毁前程。如果希望改变一下自己的处境，希望自己能够取得不断地进步，那么首先从不抱怨自己的工作开始吧。

抱怨往往来自心理暗示

暗示是一种奇妙的心理现象,暗示又可分为他暗示与自我暗示两种形式。他暗示从某种意义上说可以称之为预言,虽然它对我们的生活也起一定作用,但却不及自我暗示的力量大。

自我暗示就是自己对自己的暗示。所有为自我提供的刺激,一旦进入了人的内心世界,都可称之为自我暗示。自我暗示是思想意识与外部行动两者之间沟通的媒介。它还是一种启示、提醒和指令,它会告诉你注意什么、追求什么、致力于什么和怎样行动,因而它能支配影响你的行为。这是每个人都拥有的一个看不见的法宝。

自有人类以来,不知有多少思想家、传教士和教育者都已经一再强调不抱怨的重要性,但他们都没有明确指出:不抱怨其实也是一种心理状态,是一种可以用自我暗示诱导和修炼出来的积极心理状态。

成功始于觉醒,心态决定命运。这是当今时代的伟大发现,是成功心理学的卓越贡献。成功心理、积极心态的核心就是自我主动意识,或者称积极的自我意识,而这种意识的来源和成果就是经常在心理上进行积极的自我暗示。反之也一样。不同的心理暗示是形成不同的意识与心态的根源。

不同的心理暗示,会给你带来两种不同的情绪和行为。

我们多数人的生活境遇,既不是一无所有、一切糟糕,也不是什么都好、事事如意。这种一般的境遇相当于"半杯咖啡"。你面对这半杯咖啡,心里会产生什么念头呢?消极的自我暗示是为少了半杯而不高兴,情绪消沉;而积极的自我暗示是庆幸自己已经获得了半杯咖啡,那就好好享用,因而情绪振作、行动积极。

由此可见,心理暗示这个法宝有积极的一面和消极的一面,不同的心理暗示必然会有不同的选择与行为,而不同的选择与行为必然会有不同的结果。有人曾说过,一个人一切的成就,都是始于一个意念而已。我们还可以再说得浅显全面一些:你习惯于在心理上进行什么样的自我暗示,就是你贫与富、成与败的根本原因。因而,我们一直强调,发展积极心态、取得成功的主要途径是坚持在心理上进行积极的自我暗示,去做那些你想做而又怕做的事情,尤其要把羞于自我表现、惧于与人交际改变为敢于自我表现、乐于与人交际。

如前所述，每个人都带着一个看不见的法宝。这个法宝具有两种不同的作用，这两种不同的力量都很神奇。它会让你鼓起信心勇气，抓住机遇，采取行动，去获得财富、成就、健康和幸福；也会让你排斥和失去这些极为宝贵的东西。

这个法宝的两面就是两种截然不同的心理上的自我暗示，关键就在于你选择哪一面，经常使用哪一面了。

一个人的心理暗示是怎样的，他就会真的变成那样。如果经常给自己一些对现状不满的心理暗示，自然会产生抱怨。所以，我们要调整自己的情绪心理，充分利用积极的心理暗示。让自己从内心中剔除抱怨，不断地给自己激励与鼓舞的正面暗示宣言，你才能感受到精神与行动的统一，才能感受到在不抱怨的世界里，那股来自宇宙间的神奇力量。

悦纳生活中的不公平

生活中充满着很多不公：你干的很多，拿的却比那些会拍马屁的人少；明明晋升的机会是你的，公司却把职位给了老板的侄子；你加班加点，想把工作更细致一些，老板却说你不充分利用上班时间……这时，如果你一味地强调公平，甚至去和老板理论，你只会让自己碰得头破血流。

要知道，生活不是一场辩论，在这里，没有公平的法官出席。也许，它给别人的全是玫瑰花，而给你的则是刺人的荆棘。这时候，如果你一味强调公平，甚至用仇视的眼光看这些刺人的荆棘，那么你眼里看到的永远是失望。而能够理解并热爱生活的人却绝不会强求生活给自己玫瑰，而是把自己手中的荆棘变成玫瑰。

某国一位著名的女高音歌唱家，仅30多岁就已经很红，誉满全球，而且郎君如意，家庭美满。

一次她到邻国开独唱音乐会，入场券早在一年以前就被抢购一空。当晚的演出也受到极为热烈的欢迎。演出结束之后，歌唱家和丈夫、儿子从剧场里走出来的时候，一下子被早已等在那里的观众团团围住。人们七嘴八舌地与歌唱家攀谈着，其中不乏赞美和美慕之语。有的人恭维歌唱家大学刚刚毕业就开始走红进入了国家级的歌剧院，成为扮演主要角色的演员；有的人恭维歌唱家有个腰缠万贯的老板丈夫，而膝下又有个活泼可爱、脸上总带着微笑的儿子……

在人们议论的时候，歌唱家只是在听，并没有表示什么。等人们把话说完，她才缓缓地说："我首先要谢谢大家对我和我的家人的赞美，我希望在这些方面能够和你们共享快乐。但是，你们看到的只是一面，还有另外的一个方面没有看到。那就是你们夸奖的活泼可爱、脸上总带着微笑的这个小男孩，其实是一个不会说话的哑巴，而且，他还有一个姐姐，是需要长年关在装有铁窗房间里的精神分裂症患者。"

歌唱家的一席话使人们震惊得说不出话来，你看看我，我看看你，似乎很难接受这样的事实。

这时，歌唱家又心平气和地对人们说："这一切说明什么呢？恐怕只能说明一个道理：上帝是公平的。那就是上帝给谁的都不会太多，也不会太少。"

上帝究竟是不是公平的？有些人穷其一生都在质问这个问题，他们埋怨着生活对自己的不公，慨叹着自己生不逢时，慨叹着生活的不公正。这一生就在怨天尤人中蹉跎而过。其实，不管生活对你是不是公正的，你都别无选择地要面对它，不管生活给你的是什么，你都有权利打破它，你不能控制生活，但是你能够和它斗争。

在我们这个世界上，许多人都认为公平合理是生活中应有的现象。我们经常听人说："这不公平！"或者"因为我没有那样做，你也没有权利那样做。"我们整天要求公平合理，每当发现公平不存在时，心里便不高兴。应当说，要求公平并不是错误的心理，但是，如果因为不能获得公平，就产生一种消极的情绪，这个问题就要注意了。

实际上绝对的公平并不存在，这着实让人不愉快，却是我们不得不接受的真实处境。

但是，我们承认生活是不平等的客观事实，并不意味着一切消极的开始，正因为我们接受了这个事实，才能放平心态，找到属于自己的人生定位。命运中总是充满了不可捉摸的变数，如果它给我们带来了快乐，当然是很好的，我们也很容易接受。但事情却往往并非如此，有时，它带给我们的会是可怕的灾难，这时如果我们不能学会接受它，反而让灾难主宰了我们的心灵，那生活就会永远地失去阳光。

威廉·詹姆士曾说："心甘情愿地接受吧！接受事实是克服任何不幸的第一步。"

成功学大师卡耐基也说："有一次我拒不接受我遇到的一种不可改变的情况。我像个蠢蛋，不断作无谓的反抗，结果带来无眠的夜晚，我把自己整得很惨。后来，经过一年的自我折磨，我不得不接受我无法改变的事实。"

面对现实，并不等于束手接受所有的不幸。只要有任何可以挽救的机会，我们就应该奋斗！但是，当我们发现情势已不能挽回时，我们最好就不要再思前想后，更不要拒绝面对，要接受不可避免的事实，唯有如此，才能在人生的道路上掌握好平衡。

明白了这些，你就会善于利用不公正来培养你的耐心、希望和勇气。缺少时间的时候，可以利用这个机会学习怎样安排一点一滴珍贵的时间，培养自己行动迅速、思维灵敏的能力。就像野草丛生的地上能长出美丽的花朵，在满是不幸的土地上，也能绽开出美丽的人性之花。

不给负面想法留有任何的余地

要想赢得人生，就不能总把目光停留在那些消极的东西上，那只会使你沮丧、自卑，徒增烦恼，还会影响你的身心健康。结果，你的人生就可能被失败的阴影遮蔽去它本该有的光辉。悲观失望的人在挫折面前，会陷入不能自拔的困境。乐观向上的人即使在绝境之中，也能看到一线生机，并为此释然。

尤利乌斯是一个画家，而且是一个很不错的画家。他画快乐的世界，因为他自己就是一个快乐的人。不过没人买他的画，因此他想起来会有点伤感，但只是一会儿。

他的朋友们劝他："玩玩足球彩票吧！只花两马克便可赢很多钱！"

于是尤利乌斯花两马克买了一张彩票，并真的中了彩！他赚了50万马克。

他的朋友都对他说："你瞧！你多走运啊！现在你还经常画画吗？"

"我现在就只画支票上的数字！"尤利乌斯笑道。

尤利乌斯买了一幢别墅并对它进行了一番装饰。他很有品位，买了许多好东西：阿富汗地毯、维也纳柜橱、佛罗伦萨小桌、迈森瓷器，还有古老的威尼斯吊灯。

尤利乌斯很满足地坐下来，他点燃一支香烟静静地享受他的幸福。突然他感到好孤单，便想去看看朋友。他把烟往地上一扔，在原来那个石头做的画室里他经常这样做，然后他就出去了。

燃烧着的香烟躺在地上，躺在华丽的阿富汗地毯上……一个小时以后，别墅变成一片火的海洋，它完全烧没了。

朋友们很快就知道了这个消息，他们都来安慰尤利乌斯。

"尤利乌斯，真是不幸呀！"他们说。

"怎么不幸了？"他问。

"损失呀！尤利乌斯，你现在什么都没有了。"

"没什么，我不过是损失了两个马克。"

朋友们为了失去的别墅而惋惜，可是尤利乌斯却不在意，正如他所说的，不过是两马克，怎么能够影响他正常的生活，让他陷入悲伤之中呢？由此可见，事情本身并不重要，重要的是面对事情的态度。只要有一双能够发现美好事物的眼睛，有一颗保持乐观的心，那么即使是再悲惨的事情，也不会让我们悲伤。

我们都有这样的感受：快乐开心的人在我们的记忆里会留存很长的时间，因为我们更愿意留下快乐的而不是悲伤的记忆。每当我们回想起那些勇敢且愉快的人们时，我们总能感受到一种柔和的亲切感。

19世纪英国较有影响的诗人胡德曾说过："即使到了我生命的最后一天，我也要像太阳一样，总是面对着事物光明的一面。"到处都有明媚宜人的阳光，勇敢的人一路纵情歌唱。即使在乌云的笼罩之下，他也会充满对美好未来的期待，跳动的心灵一刻都不曾沮丧悲观；不管他从事什么行业，他都会觉得工作很重要、很体面；即使他穿的衣服褴褛不堪，也无碍于他的尊严；他不仅自己感到快乐，也给别人带来快乐。

千万不要让消沉的思想主宰了自己的生活，一旦发现有这种倾向就要马上避免。我们应该养成乐观的个性，面对所有的打击我们都要坚韧地承受，面对生活的阴影我们也要勇敢地克服。要知道，任何事物总有光明的一面，我们应该去发现光明、美好的一面。垂头丧气和心情沮丧是非常危险的，这种情绪会减少我们生活的乐趣，甚至会毁灭我们的生活。

用不着抱怨，第二名同样幸福

赛场上，第一名只有一个，只有他能够享受荣耀，享受别人的欢呼，可是生活中，并不是只有第一名才能获得幸福。所以，赚钱没有别人多，业绩没有别人好，都用不着抱怨，只要我们的心是快乐的，谁也阻挡不了我们幸福。

1968年，第一位踏上月球的航天员阿姆斯特朗，以"这是我个人的一小步，却是全人类的一大步"而名留青史，成为全世界人民心目中的大英雄。

然而，当时登陆月球的，除了阿姆斯特朗之外，还有他的队友奥德伦。

当时，两人只有一步之差，结果却隔了千里之远。阿姆斯特朗以踏上地外星球的第一人闻名于世，奥德伦却默默无名，知道他的人可说是寥寥无几。

在庆功宴上，当人们为这项前所未有的创举感到骄傲不已时，一名记者却突然问奥德伦："阿姆斯特朗先下了太空舱，成为登陆月球的第一人，你会不会觉得有些遗憾？"

众人纷纷把目光投向奥德伦，看他怎么接下突如其来的烫手山芋。

此时，气氛一下子降到了冰点，连太空英雄阿姆斯特朗都显得有些尴尬，然而奥德伦却神情自若，微微一笑："各位，千万别忘了，回到地面时，我可是最先走出太空舱的，所以，我是别的星球来到地球的第一人。"

话音刚落，人群中响起了一阵笑声，同时也化解了尴尬的场面，热烈的掌声持续了一分钟之久。

一位思想家曾说："不要为自己所没有的东西感到苦恼，能享受自己现在所拥有的，才是最聪明的人。"

法国哲学家孟德斯鸠也说过："假如一个人只是希望幸福，这很容易达到；然而，我们总是希望比其他人幸福，这就是困难所在，因为一般人坚信其他人比自己实际上更幸福。

拥有幸福是一件很简单的事，但是懂得珍惜幸福，却一点儿也不简单。

我们都有一个惯性，觉得得不到的就一定是好的。可是，等到尝试过的时候，就会知道，很多我们一直向往的东西并不是最适合我们的，所以得不到的，并不一定是好的。面对错过的东西，心中多一点豁达，多一点释然，往往能获得更多的快乐。

已经得不到了，即使浪费了再多抱怨的口水，也无法更改事实。所以，与其在痛苦中抱怨，不如换个心态去对待。对于豁达者而言，第二名、第三名同样幸福。生活，需要的是一种睿智，要拿得起，还要能放得下。

随时都有选择快乐的权利

如果你遇到了挫折，遭遇了失败，心情低落到了极点，情绪坏到了不能再坏的地步，那么请先让自己冷静下来，哪怕打一针镇静剂。铺开一张纸，就好像铺开自己的心情一样，把自己的不快乐都列在这张清单上。当然，你还要找出一张纸，在上面写上可能让你感到幸福的事情，不要放过任何一个快乐的源泉：比如你长得漂亮、你的身体很健康、你的家人对你很好等。紧接着，你就可以对比了。这个时候，你就会发现，让你快乐的理由远远大于悲伤和难过的，既然如此，你就不该再将自己放置在悲伤痛苦的阴影当中了。

多年以前，有一个女孩因为失手伤了人而坐牢了，尽管后来被释放，她仍然很痛苦，就到教堂祷告，希望上帝能够分担她的痛苦。看到女孩一脸悲伤，一位牧师问她发生了什么事。这个女孩哭了，她泣不成声地说："我好惨啊，我多么的不幸啊，我这一辈子都忘不了这件事情了……"

听罢她的陈述，牧师对她说："这位小姐，你是自愿坐牢的。"

这个女孩被牧师的这句话吓了一跳，说："你说什么？我怎么可能自愿坐牢？"

牧师对她说："你尽管已经从监狱里出来了，但在你的内心，天天被关在牢里，你不是自愿坐在心中的牢狱里吗？"

"这是什么意思呢？"女孩不解地问。

"在你身边发生了一件不好的事情，你好像看了一场不好的电影一样，天天在回想，这不是很笨的事情吗？这与重蹈覆辙有什么区别呢？你改变不了环境，但你可以改变自己；你改变不了事实，但你可以改变态度；你改变不了过去，但你可以改变现在；你不能控制他人，但你可以掌握自己；你不能预知明天，但你可以把握今天；你不可能样样顺利，但你可以事事尽心；你不能延伸生命的长度，但你可以决定生命的宽度；你不能左右天气，但你可以改变心情……"

生活本身已经制造那么多问题了，如果我们又进一步在脑子里提炼出那么多不快乐，那只能是继续增加心理负荷。除了每天要面对那么多无法预测的事情，我们还要承受自己给自己制造的不快乐，这难道不是一种愚蠢的行为吗？事实上，我们完全可以摆脱这些自制的烦恼，只要有希望和梦想，我们随时都有选择快乐的权利。

一名身患绝症的女人在生命随时都可能消失的情况下，快乐地与丈夫举行了一场以电影《爱莉丝梦游仙境》为主题的婚礼。

这名女子名叫保拉·布伦南，42岁。她身患无法治愈的红细胞增多症，医生告诉她，随时都有去世的危险。

尽管罹患绝症，但乐观的保拉还是决定和丈夫举办一场梦幻般的婚礼：她把自己打扮成电影中"红心女王"，而她的丈夫则扮成"疯帽子"，她的两个女儿则分别扮成了"爱丽丝"和"柴郡猫"。在她的要求下，就连主持他俩婚礼的牧师也入乡随俗，装扮成电影中"大毛虫"的样子。

保拉说，自己虽然不久于人世，但并不代表她没有权利选择快乐。

一个随时都有生命危险的人都能乐观地看待痛苦，随时选择快乐，作为一个比她更幸运的健康人来说，我们又有什么不能释怀的呢？

认真地过好那些难过的日子

经济不景气，大学生刚毕业就待业；裁员、下岗、减薪……这些词汇每天都充斥在工薪阶层的耳旁，扰得人们寝食难安；消费水平提高、物价上涨、孩子上学问题、户口问题……面对如此艰难的处境，人们不禁感叹："这日子真的是没法过了。"

艰难的日子虽然让人焦头烂额，可是我们却没有办法选择别样的生活。既然改变不了，那么不如我们就冷静地接受，并认真地把每一天都过好，这样也许我们就会有很多意外的收获，我们再也不会觉得生活痛苦了。

王宝强曾经在少林寺里生活了6年，因为克制不住内心梦想之火的燃烧，就决定出少林"闯荡江湖"了。他从少林寺伙房师傅的口中得知很多师兄弟都去了北京做武打替身，可以拍电影，还可以和很多大明星接触……被外面五彩缤纷的生活所吸引，也被心中的梦想所牵引，于是王宝强来到北京，开始了所谓的"北漂生活"。

实际上，我们可以想象得到，像王宝强这样没有什么学历和文凭的人，在"北漂"中注定是不能气定神闲的。他曾经自己回忆："那个时候住排房，屋子很小，夏天非常拥挤，五六个师兄弟挤在一个炕上。不过房租很便宜，一个月一百块，每个人每月也就二十块钱的租金。"可是，就算你有一身好武功，也要有戏演才能维持生活。而实际上，只凭当替身的那点拳脚费，几乎无法维持生活。于是，那个时候的王宝强，几乎是"替身和民工"并存。

生活的艰难并没有打击和毁灭王宝强，不管生活多难，他都咬紧牙关坚持着。接下去的两年里，他忽然和家里失去了联系。又一次访谈中，王宝强的哥哥说："他到了北京忽然和家里失去了联系，信也没有，电话也没有。差不多将近两年的时间。我妈妈想他都快得病了。他忽然有一天打电话回来，说自己得了大奖，开始我们都还不信呢……"

王宝强的确曾经和家里失去联系，他说："那个时候没有钱，就是没钱打电话。""而且也不想打，没混出来个人样，觉得没法跟家里交代，没脸和家里人说。"就在那样孤独、艰难的岁月里，王宝强一面做"武替"，一面做民工，才勉强维持了自己的生活。有时候"武替"一天有几十块钱，有时候就只有一顿盒饭，可是即便这样，王宝强也觉得挺好的，来了北京，能吃饱，还能长见识。

很多师兄都劝他："宝强，咱回去吧。你说咱们武功也一般，长得也不好，还没什么文化，哪有导演愿意要咱们这样的呀。不是每个人都有李连杰那样的好运气的。"可是，倔强的王宝强就是不肯认输，抱定了"再难也要坚持下去"的观点，坚决要留在北京打拼。

不知道是不是因为他"愚公移山"的精神感动了上帝，好运终于飘然降临了。

李扬导演相中了他，电影《盲井》中的优秀表演让他一举成名，并荣获了当年金马奖最佳新人奖。随后，冯小刚导演找到了他，他和中国最优秀的几个影视演员一同出演了《天下无贼》。那个憨厚的"傻根"让人们一下子记住了他的名字。王宝强的星途从此一帆风顺。

很多人认为王宝强之所以能越来越好，是因为他太幸运了。可是王宝强却说："我并不是幸运的一个，能够有今天的成绩，是因为我一直没有放弃，尽管日子很难过，但是我一直在认真地把每一天过好。"

在生活中，我们每个人都会遇到各种各样的磨难和考验，只有能够认真过日子的人，才能在最后的关头突破自己，创造生活的奇迹。其实，生活给予我们每个人的机会都是相同的，越是艰难的岁月，就越能提供给我们进步的空间。所以，不要总是抱怨日子不好过，只要我们坚持，认真地过好每一天，我们就能抓住希望。

抱怨和指责是家庭悲剧之源

对于一个家庭而言，彼此间的抱怨、指责可谓悲剧之源。

据说，俄国大文豪托尔斯泰的夫人在临死前曾向女儿忏悔说："你父亲的去世，是我的过错。"她的女儿们没有回答，而是失声痛哭起来。

列夫·托尔斯泰是历史上最著名的文学家之一，备受人们爱戴，他的赞赏者甚至于终日追随在他身边，将他所说的每一句话都记录下来。即使他说了一句"我想我该去睡了"这样的话，也都被记录下来。

不仅是美好的声誉，托尔斯泰和夫人还有财产、有地位、有孩子。他们的结合，似乎是太美满、太热烈了，所以他们跪在地上，祷告上帝，希望能够继续赐给他们这样的快乐。

然而，托尔斯泰渐渐地改变了。他变成了另外一个人，他对自己过去的作品竟然感到羞愧。就从那时候开始，他把剩余的生命贡献于写宣传和平、消弭战争和解除贫困的小册子。

他曾经替自己忏悔，要真实地遵从耶稣基督的教训。他把所有的田地给了别人，自己过着贫苦的生活。他去田间工作、砍木、堆草，自己做鞋、自己扫屋，用木碗盛饭，而且尝试尽量去爱他的仇敌。

他的妻子喜爱奢侈、虚荣，可是他却轻视、鄙弃这些。她渴望着显赫、名誉和社会上的赞美，可是托尔斯泰对这些却不屑一顾。她希望有金钱和财产，而他却认为财富和私产是一种罪恶。

好多年里，她吵闹、谩骂、哭叫，因为他坚持放弃所有作品的出版权，不收任何的稿费、版税。可是，她却希望得到那方面带来的财富。

当他反对她时，她就会像疯了似的哭闹，倒在地板上打滚。她手里拿了一瓶鸦片烟膏，要吞服自杀，同时还恫吓丈夫，说要跳井。

他们的婚姻开始时是非常美满的，可是经过48年后，他已无法忍受再看到自己妻子一眼。

82岁的时候，托尔斯泰再也忍受不住家庭折磨的痛苦，在一个大雪纷飞的夜晚，脱离他的妻子而逃出家门。

11天后，托尔斯泰患肺炎，倒在一个车站里。他临死前的请求是，不允许他的妻子来看他。这是托尔斯泰夫人抱怨、吵闹和歇斯底里所付出的代价。

地狱中的魔鬼所发明的种种毁灭爱情的利器中，吵闹是最可怕的一种。面对自己的婚姻，我们每一个人都希望它美满，幸福，可是，很多人却不知道抱怨和指责是美好婚姻的杀手。当自己的丈夫或者是妻子不能按照自己的愿望去生活时，他们往往会埋怨不断，最后的结果是：自己的丈夫或者是妻子或许按照你要求的那样做了，但是自己却不高兴不开心，时间一长，甚至对你产生厌恶心理；如果对方坚决不按照你的说法去做，结果你郁闷不堪，继续抱怨指责，就这样，你让自己的婚姻永远陷入了抱怨的恶性循环圈中。

可是，这样的抱怨又有什么意义呢？其实，仔细想想你的生活并不是很糟糕，只是你的欲望太多，期望太多，所以常常抱怨。生活是自己的，我们面对的人是将要拉着自己的手走一辈子的人，何不多一些宽容和谅解，每天快快乐乐地过幸福的日子呢？

走进不抱怨的世界，成为"阳光使者"

据说，在法国一个偏僻的小镇上有很灵验的泉水可以医治百病。有一天，一个少了一条腿、挂着拐杖的退伍军人很吃力地走过镇上的马路，旁边的人看到他，不禁说道："可怜的人啊，他一定在抱怨上帝，为什么不再给他一条腿？"

恰巧这句话让退伍军人听到了，他说："我没有抱怨上帝为什么不能再给我一条腿，只是想请他帮助我，让我知道在没有了一条腿的情况下应该如何更好地生活。"

生活总是现实的。这个军人之所以没有抱怨、没有绝望，是因为他知道自己并没有失去一切，他怀有一颗感恩的心。心怀感恩，生活中才会少一些怨恨和烦恼。其实，只要我们愿意扭转思维方向，地狱也能变成天堂。

在我们身边总是有抱怨的声音，怀着抱怨态度的人对所有的事物极尽挑剔：工作时间太长、午休时间太短、上司太啰唆、假期太短、福利太差，甚至是无关紧要的事也让他们抱怨连天。

为什么有人抱怨自己活得很累，而有的人觉得很轻松？为什么有的人觉得这个世界很丑恶，又有的人觉得这个世界很美好？这都源于不同的心态。

1972 年，新加坡旅游局给当时的总理李光耀打了一份报告。大意是说，我们新加坡不像埃及有金字塔，不像中国有长城，不像日本有富士山，不像夏威夷有十几米高的海浪。我们除了一年四季直射的阳光，什么名胜古迹都没有，要发展旅游事业，实在是巧妇难为无米之炊。

李光耀看过报告，非常气愤。据说，他在报告上批了这么一行字：你想让上帝给我们多少东西？阳光，阳光就够了！后来，新加坡利用那一年四季直射的阳光种花植草，在很短的时间里，发展成为世界上著名的"花园城市"，连续多年，旅游收入列亚洲第三位。

与旅游局局长心存抱怨形成鲜明对照的是，李光耀总理心存感恩。即使是一缕阳光，那也是上天的恩赐，新加坡正是抓住了阳光，做大了阳光产业，从而发展成为亚洲"四小龙"之一。

一个国家如此，一个员工也应如此，一定要心怀感恩：对自己的工作环境充满感激，对自己的老板充满感激，对自己的同事充满感激。

有的人会抱怨工作，诸如今天遇到比较烦的事务，比较难沟通的客户，但如果你换个角度想想，假如你把比较烦的事情都做好了，比较难沟通的客户都协调好了，那说明你的业务水平又提高了，你又有进步了。如果始终用积极乐观的心态去做事，相信从此你会变得多几分快乐，少几分抱怨。

让我们走进一个不抱怨的世界，每天抽出一点时间，为自己目前所拥有的一切而感恩，做一个名副其实的"阳光使者"吧。

接受已发生的事，是克服不幸的第一步

喜怒哀乐，乃人之常情，无可非议，但如果不能很好地加以控制，听之任之，则会成为人生成功的一大障碍。

生活之中，我们感受周围的事物，形成我们的观念，做出我们的判断，无一不是由我们的心灵来进行。然而，不好的情绪常常折磨我们的心灵，使我们出现种种偏差。因此，成功的人能成功地驾驭情绪，而失败的人让情绪驾驭，把许多稍纵即逝的机会白白浪费。

一位很有名气的心理学教师，一天给学生上课时拿出一只十分精美的咖啡杯。当学生们正在赞美这只杯子的独特造型时，教师故意装出失手的样子，咖啡杯掉在水泥地上成了碎片，学生中不断发出惋惜声。教师指着咖啡杯的碎片说："你们一定对这只杯子感到惋惜，可是这种惋惜也无法使咖啡杯再恢复原形。如果今后在你们生活中发生了无可挽回的事时，请记住这破碎的咖啡杯。"

这是一堂很成功的素质教育课，学生们通过摔碎的咖啡杯懂得了：覆水难收，徒悔无益。人在无法改变失败和厄运时，与其沉沦抱怨，不如接受它、适应它。

被称为世界剧坛女王的拉莎·贝纳尔在一次横渡大西洋途中，突遇风暴，不幸从甲板上滚落，足部受了重伤。当她被推进手术室，面临锯腿的厄运时，突然念起自己所演过的一段台词。记者们以为她是为了缓和一下自己的紧张情绪，可她说："不是的！是为了给医生和护士们打气。你瞧，他们不是太正儿八经的了吗？"

威廉·詹姆斯说："完全接受已经发生的事，这是克服不幸的第一步。"接受无法抗拒的事实，既然是第一步，那么有没有第二步？有。拉莎手术圆满成功后，她虽然不能再演戏了，但她还能讲演。她的讲演，使她的戏迷再

次为她而鼓掌。

拉莎·贝纳尔在面对无法抗拒的灾难时，能跳出抱怨的圈子，又跨上一个新的里程，这就是她的情绪转换器在起作用。

任何人遇上灾难，情绪都会受到影响，这时一定要操纵好情绪的转换器。面对无法改变的不幸或无能为力的事，就抬起头来，对天大喊："这没有什么了不起，它不可能打败我。"或者耸耸肩，默默地告诉自己："忘掉它吧，这一切都会过去！"

情绪是可以调适的，只要你操纵好情绪的转换器，随时提醒自己，鼓励自己，你就能让自己常常有好情绪。那么，当坏情绪突然来临时，如何操纵好情绪的转换器呢？下面的方法可以供你参考：

散散步，把不满的情绪发泄在散步上，尽量使心境平和，在平和的心境下，情绪就会慢慢缓和而轻松。

最好的办法是用繁忙的工作去补充、转换，也可以通过参加有兴趣的活动去补充、去转换。如果这时有新的思想、新的意识突然冒出来，那些就是最佳的补充和最佳的转换。

一个能控制自己情绪的人，就是一个能够把握自己命运的人。这种巨大的力量可以实现他的期待，达到他的目标。如果一个人能够掌握好情绪的转移，并引导自己朝着目标前进，那么所要面对的一切困难，都会迎刃而解。

经得起责骂，不断修正自己的工作

无论是在工作中，还是在生活中，如果被人责骂，我们一定会生气，甚至会怨恨对方。其实，很多责骂是因为对我们寄托了希望，如果不想让你有更好的进步，干脆不管你就好了，何必跟你多费口舌得罪你呢？

俗话说：不挨骂，长不大。如果没有一番内心上的刺激，我们往往会变得懈怠，容易随波逐流。只有在经受了心灵上的打击之后，我们才会奋起直追，超越原来的自己。

福富做服务生的时候，经常被老板毛利先生责骂。开始的时候他心里很不舒服，常常会暗地里抱怨，可是时间长了，他发现自己每次挨了责骂后都会得到一些启示，学会一些事情，所以福富当时总是"主动地"寻找挨骂。

只要遇见了毛利先生，福富绝不会像其他怕麻烦的服务生一样逃之夭夭，他会掌握机会，立刻趋身向前，向毛利先生打招呼，并请教说："早安！请问我有什么地方需要改进？"

这时，毛利先生便会对他指出许多需要注意的地方，福富在聆听训话之后，必定马上遵照他的指示改正缺点。

福富之所以殷勤主动到毛利先生面前请教，是因为他深知年轻资浅的服务生很难有机会和老板交谈，只有如此把握机会，别无他法。而且向老板请教，通常正是老板在视察自己工作的时候，这就是向老板推销自己的最佳时机。所以，毛利先生对福富的印象就深刻，对福富有所指示时，也总是亲切直呼他的名字，告诉福富什么地方需要注意。

福富就这样每天主动又虚心地向毛利请教，持续了两年。有一天，毛利先生对福富说："我长期观察，发现你工作相当勤勉，值得鼓励，所以明天开始我请你担任经理。"就这样，19岁的服务生一下子便晋升为经理，在待遇方面也提高很多。被人指责训诲，就是在接受另一种形式的教育。

在被指责或训诲时，尤其是被自己的上级或者比自己尊贵的人指责或训诲，不但要认真地听，听完之后，更要面带笑容，以愉悦的口吻回应："是的，我已经知道了，您说得很中肯，我一定严格要求自己。"

相反，如果遇到这种情况，你只是一味抱怨甚至不断辩解，会让对方认为你心存反抗，而感到不舒服。换言之，静静地接受指责或聆听训诲，并保持不失礼的态度来和对方亲近，就是在尊崇对方，是留给对方良好印象的窍门。

如果你由于在众人面前被责骂而感到非常丢脸，因此而怨恨的话，那就大错特错，这时，你要换个正确的角度来想，认为他在培养自己、教育自己、帮助自己、在给自己面子。你要认为在众人当中，只有自己才值得特别地被责骂，是最有前途的一个，更可以因为"他对我充满期待"而感到骄傲。

因此，我们要勇于接受上司的批评，要知道，批评对我们是有益而无害的。脸皮厚点不吃亏，更不会受到伤害。忍一忍就过来了，没有什么大不了的，不就是挨一顿批评吗？更何况，正是因着上司的批评，我们才能不断修正自己的工作，不断修正自己的人生道路。

停止抱怨，拿出解决方案

当我们的生活或工作中出现问题时，你首先要想到如何去解决，而不是简单地推给他人。通过听取他人的意见，通过研究分析，考虑过可能解决的办法，提出解决问题的方案，这样的做事态度才能解决问题。

有的人看见了问题，只知道抱怨，结果自己也成为这个问题的一部分，而有的人看见了问题便想方设法寻找解决之道。让自己成为问题的主人，还是向问题妥协、让自己成为问题的一部分，其决定权完全在你手中。

1861 年，当美国内战开始时，林肯总统还没有为联邦军队找到一名合适的总指挥官。

林肯先后任用了 4 名总指挥官，而他们都能在失败后，说出种种己方不得利的情况，却没有一个人真正找出解决问题的方案。直到格兰特的出现，他总是办法挽救不利的局面，并向敌人进攻，打败他们。格兰特赢得了林肯总统的器重。

从一名西点军校的毕业生，到一名总指挥官，格兰特升迁的速度几乎是直线的。在战争中，那些能圆满完成任务的人最终会被发现、被任命、被委以重任，因为战场是检验一个士兵、一个将军到底能不能出色完成任务的最佳场所。

在格兰特将军担任联邦军队总指挥官的期间，纽约方向派了一个牧师代表团到白宫求见林肯，要求撤换格兰特。林肯耐心地听他们讲了一个小时。然后林肯说："诸位还有话要说吗？"代表们说："没有了。"

于是，林肯问道："诸位先生，你们讲得很好，我想请你们告诉我，格兰特将军喝的酒是什么牌子的？"大家回答说："不知道。"林肯说："这太令人遗憾了。如果你们能告诉我是什么牌子，我将派人购买该牌子的酒10吨，送给那些没有打过胜仗的将军们，好让他们也像格兰特一样打几场胜仗！"为什么林肯总统这么器重格兰特？

在当时的局势下，联邦军队大部分的将领一直在打败仗，他们甚至差点被南方军队打到华盛顿。他们中间没有一个人敢于主动进攻，更没有一个人能像格兰特那样：当他还是上校时，他就开始打胜仗；当他升为陆军准将时，他还是在打胜仗；当他升为少将时，他仍然在打胜仗。他打胜仗越来越多，规模也越来越大。他总是能利用手中的有限的军队、有限的武器，创造战场上的最大胜利。

在后来格兰特升为联邦军队的总指挥后，他更创造了战争史上一个又一个的奇迹。他本人也被称为"战场上的医生"。而格兰特以他非凡的执行力赢得了林肯的信任。林肯在后来的评价也曾说道："格兰特将军是我遇见的一个最善于完成任务的人。"

在林肯心中，格兰特将军是一个善于找方法，克服困难的人，而不是一个只会找借口、提困难的下属。我们中的一些人，太注重描述碰到的问题，以至于忽视了自己还可以想出解决办法。

第三章

不宽恕只能让愤怒持续下去

停止报复，就可避免更多悲剧的发生

释迦牟尼说过，以恨对恨，恨永远存在；以爱对恨，恨自然消失。

有个姑娘与男友相恋了 4 年，可以说将自己的一切都献给了男友。有一天，她发现男友另有所爱，而且还爱得很认真，于是大为恼怒。在悲愤和绝望之下，她决定报复自己的男友。她忍气吞声，假装对男友好，并做了很多令他家人很感动的事。当这个男人大张旗鼓请好客，并到酒店交了婚宴款，准备与她结婚时，她却突然宣布要与另外一个男人结婚，让所有的人不知所措。

故事中的这位姑娘存在着典型的报复心理。

报复是一种不健康的心理状态，它不仅会对报复对象造成威胁，而且有害自己的心理健康。

当我们恨仇人时，就等于给了他们制胜的力量。这种力量会让我们自己寝食难安、魂不守舍、心烦意乱，最终会导致疾病和死亡。这样看来，报复让我们对别人的打击不能实现，反倒对自己的内心是一种摧残。

世上最大的伤害莫过于我们对曾经有过的伤害牢记不忘。当我们再一次记起曾经遇到过的伤害或磨难，等于又受到了一次伤害。倘若我们用积极的记忆去替代那些消极的记忆，这样的伤害就会逐渐痊愈。

每一个人都有他值得人同情和原谅的地方，宽恕别人所不能宽恕的，是一种大智慧，只有领悟了宽恕之道，你才能真正地不被烦恼所侵扰，不为仇恨所伤害。

"冤冤相报何时了"，报复别人不但于事无补，也必将在自己的心上留下污点和阴影，那是良心和善良的本性提出的警告。如果你的报复不成功，那么害人害己；即便成功了，你所感受到的也将是悲凉。因此，试着从以下两个方面来调适你的报复心理吧。

宽容是个人修养的表现

化干戈为玉帛者是机智坦荡的人，化仇恨为友情者是胸怀博大的人。化解一时的怨恨，最终能得到他人的理解、尊重和信任。我们生活在一个集体中，相互之间难免出现一些磕磕碰碰，对此，应努力从自己做起，以自己的宽容大度去影响他人。要学会加强自身修养，开阔心胸，提高自制能力，能容人、能容事、能容批评、能容误解。多一点宽容，根除报复心理，我们将赢得更多的朋友。

理智地分析和思考

在人际交往中，不可能没有利害冲突，当你受挫折时，不妨进行一下心理换位，将自己置身于对方的境遇中，想想自己会怎么办。通过这样的换位，你也许能理解对方的许多苦衷，正确看待他人给自己带来的伤害，从而消除报复心理。

也许你曾经遭受过别人对你的恶意诽谤或者是深深的伤害，这些伤痛在你的心底一直未曾被抚平，你可能至今还在怨恨他，不能原谅他。其实，怨恨是一种具有侵袭性的东西，它像一个不断长大的肿瘤，使我们失去欢笑，损害我们的健康。

哲人说，宽容和忍让的痛苦，能换来甜蜜的结果。这句话说得诚恳而有深度。宽容是痛苦的，它意味着放弃心中的愤懑不平，将往日的种种侮辱和痛苦生生咽进肚里。这位哲人能体会到宽容者内心的矛盾和波动，是从人的内心出发，十分诚恳。同时，他又指出了宽容的必然性，因为宽容最终会换来甜蜜，而不宽容则只能给人带来更多的痛苦。即使是从追逐快乐甜蜜、远离痛苦这一"趋利避害"的简单本性出发，我们也应该在伤害面前选择宽容。确实，宽容是我们面对伤害应有的心态。

宽容才是消除矛盾的有效方法，冤冤相报抚平不了心中的伤痕，它只会将伤害者和被伤害者捆绑在无休止的争吵战车上。印度"圣雄"甘地说得好，如果我们对任何事情都采取"以牙还牙"的方式来解决，那么整个世界将会失去色彩。

宽容是一种高贵的品质、崇高的境界，是精神的成熟、心灵的丰盈。有了这种境界和心态，人就会变得豁达，变得成熟。宽容是一种仁爱的光，是对别人的释怀，也是对自己的善待。有了宽容之心，就会远离仇恨，避免灾难。宽容是一种生存的智慧、生活的艺术，是看透了社会人生以后所获得的那份从容、自信和超然。有了这种智慧、这种艺术，我们面对人生，就会从容不迫。

不宽恕的人只能活在不幸中

乔治·赫伯特说："不能宽容的人损坏了他自己必须去过的桥。"这句话的智慧在于，宽容使给予者和接受者都受益，一个人不懂得宽恕，那么，他只能活在不幸当中。相反，当真正的宽容产生时，一个人的心里就没有疮疤留下，没有伤害，没有复仇的念头，只有愈合。宽容不仅能医治被宽容者的缺陷，还可以挖掘出宽容者身上的伟大之处，正如美国作家哈伯德所说："宽容和受宽容是难以言喻的快乐，是连神明都会羡慕的极大乐事。"

有位老师发现一位学生上课时常常低着头画些什么。有一天，他走过去拿起学生的画，发现画中的人物正是龇牙咧嘴的自己。老师没有发火，只是微微一笑，要学生课后再加工一下，画得更神似一些。自此，那位学生上课时再没有画画，各门功课都学得不错。后来，这位学生成为颇有造诣的漫画家，直到现在，当谈起这位老师时，这位学生还充满感激和尊敬。

这位老师面淘气的学生，他没有去批评，而是给学生上了一堂宽容的课，结果不仅改变了学生，也赢得了学生的尊重。同样，当我们面对别人的批评时，如果我们也能报以宽容，不仅会减少不必要的麻烦，同时也能赢得别人的尊重。

汉尔斯在维也纳当了很多年教师，但是在第二次世界大战期间，他逃到瑞典，身无分文，需要找份工作。因为他能说并能写好几国语言，所以希望在一家进出口公司里谋到一份秘书工作，但绝大多数公司都回绝了他。有一个人甚至在写给汉尔斯的信上说："你对我生意的了解完全错误。你既蠢又笨，我根本不需要任何替我写信的秘书。即使我需要，也不会请你，因为你甚至连瑞典文也写不好，信里全是错字。"

当汉尔斯看到这封信的时候，简直气得发疯。

汉尔斯当时就写了一封回信，目的是使那个人大发脾气。后来，他停下来对自己说："等一等，我怎么知道他说的不是对的？也许我确实犯了很多我并不知道的错误。如果是那样的话，那么我想要得到一份工作，就必须继续努力学习。这个人可能帮了我一个大忙，我应该写封信给他，在信上感谢他一番。"汉尔斯撕掉了他刚刚写过的那封骂人的信。

汉尔斯另外写了一封信说："很感谢您不辞辛苦地写信告诉我我的错误。对于我把贵公司的业务弄错的事我觉得非常抱歉，我之所以写信给你，是因为我向别人打听，而别人把你介绍给我，说你是这一行的领导人物。我并不知道我的信上有很多文法上的错误，我觉得很惭愧，也很难过。我现在打算更努力地去学习瑞典文，以改正我的错误，谢谢你帮助我走上改进之路。"

没过几天，汉尔斯收到了那个人的回信，他为汉尔斯提供了一份工作。

不能生气的人是笨蛋，而不去生气的人是聪明人。

要做到宽容，必须具有豁达的胸怀，为人处世、待人接物时，不能对他人要求过于苛刻，应学会宽容，谅解别人的缺点和过失。要做到这一点，就要有气量，要宽宏大度。生活在凡尘俗世，难免与人磕磕碰碰，难免遭别人误会猜疑。你的一念之差，你的一时之言，也许别人会加以放大和责难，你的认真、你的真诚，也许会被别人误解和中伤。如果非得斤斤计较，睚眦必报，难免两败俱伤，没完没了。不如多些度量，少些计较，这样才能避免事态的恶化，避免让自己生活在不幸当中，还自己一个开阔的人生。

持续不断的自我折磨全因为不宽恕

俗话说："生气是拿别人的错误来惩罚自己。"当一件妨害自己的事情发生时，我们与其去生气，声嘶力竭地斥责，不如莞尔一笑，学会宽容。

高山因为承受着土石树木，所以才变得雄伟；大海正是容纳了百川，所以方显得辽阔。"大肚能容，容天下难容之事；开口便笑，笑天下可笑之人。"

如果能对任何不顺心的事情都能一笑了之，生活中不开心的事就会减少。任何事情退一步都是海阔天空。学会宽容地对待这个世界，也是我们爱自己的一种方式。

莎士比亚忠告人们说："不要因为你的敌人而燃起一把怒火，灼热得烧伤你自己。"富兰克林说："对于所受的伤害，宽容比复仇更高尚。因为宽容所产生的心理震动，比责备所产生的心理震动要强大得多。"如果自己能够宽容别人，不但自己能够及时释放心理垃圾，而且别人也能够因此而宽容自己，同时与自己友好相处。假如别人伤害了你，千万不要只会怨恨，关键是要学会宽容，并避免被别人再次伤害。心胸太狭窄，绝对是一件坏事。宽容别人不仅是一种美德，更是让自己健康长寿的秘诀。一个人如果不懂的宽恕，实际上就是在对自己进行继续不断的自我折磨。

所以，我们应该学会宽容，因为这不仅是对他人的理解容纳，更是我们爱自己的一种方式。拥有宽容之心的人是智慧而大气的，他们不仅自己生活得更从容，也会让身边的人感觉到轻松自在。

学会宽容能使自己保持一种恬淡、安静的心态，去做自己应该做的事情。一个人要成为一个生活的强者，就应豁达大度，笑对人生。有时一个微笑、一句幽默，也许就能化解人与人之间的怨恨和矛盾，填平感情的沟壑。

同时，学会宽容也是一个人成熟的标志。宽容的人常常表现出勇于承担责任的作风，如果肯自我反省，就可以从失败和差错中找到自己所应负的责任。当一个人心平气和的时候，才可能保持清醒的头脑，找出失败的原因，采取克服差错的有效措施，以便使自己的工作和生活更加顺风顺水。

胸襟广阔，能容人容物是我们追求的境界，因为大度和宽容能给你带来太多的好处。在短暂的生命里程中，学会宽容，意味着你的心情更加快乐，宽容可谓人一生中最有魅力的财富。

对很多人来说，宽容是件很困难的事，这里教大家几种保持宽容之心的方法：

1. 设身处地地站在对方的立场上想想，你会发现也许自己也有50％的责任。强迫自己同情对方，这样有助于你理解对方所持的那些观点。命令自己停止那些无休止的烦恼和抱怨，别再去想它。

2. 不要自我失望，因为没有一个人和你是受过完全相同的教育和有着完全相同的生活经历的，每个人都会以自己的方式去行事或以自己的观念去考虑和评价问题。

3. 没人会想故意伤害你，所以当你觉得自己受到了怠慢时，你就要说出来，让别人知道你的想法。当你遭到对方的拒绝时，你也要礼貌而又温和亲切地再说一遍，让对方知道你的希望。

4. 要做到理解别人，这样你就不会感到失望。要时不时地对自己的要求进行一下判断性的检查，因为这种要求不一定总是恰当的。

5. 当别人正被他自己的问题所困扰时，很可能会忽视你的感情，你要时刻提醒自己，没人要故意为难你，也许他们没留心或是无意中怠慢了你。

6. 在你赠送别人礼物时，不要指望别人给你等量的回赠，送别人礼物是因为能使自己感到愉快，因此无论收到什么礼物都应高兴地接受。

7. 不要等别人来道歉。在现实生活中，我们往往都认为自己是十分正确的，而过错则都在他人身上。有时出于面子的考虑，我们会想：除非他来道歉，否则我才不会原谅他呢。这样一种心态显然无助于人际交往。

理解冒犯者

在日常生活中，经常会发生让自己不快的事情，我们往往会因为别人对自己的伤害心中满是惆怅，闷闷不乐，甚至气急败坏。其实，当我们在怨恨别人的同时，自己也沉浸在不快的情绪当中。受到伤害的，除了别人，还有我们自己。要让自己快乐、充实，就要忘掉别人对自己的伤害，将心中的不满、愤恨统统抛弃掉，试着去理解冒犯者，宽恕才能真正得以实现。

有一对感情甜蜜的恋人经过长达 5 年的爱情长跑，跨越了多种障碍，终于登记结婚了。婚后的生活，虽然每月领着微薄的薪水，住着租来的房子，但两人仍然生活过得非常温馨。婚后不久，妻子发现自己怀孕了，两个人早就想要一个孩子了，得知这一消息简直欣喜若狂。在妻子怀孕三个月后，在上班的途中遭遇车祸。可怜的女人送紧急送往医院抢救，经过医生的奋力抢救，她的命保住了，但是孩子没了。医生告诉她这次伤及她的子宫，她很有可能以后不会再怀孕了。夫妻二人被这一晴天霹雳震惊了。

　　此后，这个家庭的生活彻底改变了。丈夫不再像以前那样心疼妻子，就像换了个人一样，对妻子不管不问。妻子心中对丈夫满是愧疚，自认为很对不起丈夫，尽管他对自己不再像从前那样，她还是尽心尽力照顾他的生活。不久，妻子就发现丈夫的行动越来越诡异。同事的一席话果然证实了她的猜想，丈夫发生了婚外情。她终日以泪洗面，苦苦哀求丈夫珍惜他们的幸福。但是，沉湎于另一段感情的男人，哪里能听得进去，反倒告诉她说："你不能生孩子，总不能让我绝了后吧，对方已经怀孕了，你必须马上去和我办离婚手续！"妻子听后，心如刀割，此刻她也彻底明白昔日他们的感情已经荡然无存，于是决定离婚，成全他们。

　　在还没来得及领取结婚证之前，她的丈夫竟然意外遭遇了车祸，当场死亡。妻子得知这一消息后，非常悲痛，甚至后悔自己没有早一点离婚成全他们。正当她躲在家里流泪的时候，一个大肚子的女人敲开了她的家门。打开门后，看到这个女人同样红肿的双眼，她明白了对方的身份。不错，这位身怀六甲的女人正是前夫的情人。她来的目的，是恳求女人在孩子出生后，收养这个孩子。这个昔日自己恨得咬牙切齿的女人竟然提出了如此过分的想法。她断然拒绝。但是，丈夫的情人下跪来求她，他们尚没有领取结婚证，无法抚养这个孩子。这时，她的心动了，无论如何，这个孩子是无辜的，并且，孩子的身上流淌的毕竟还是丈夫的血。她终于答应了这个请求。孩子出生后，她收养了这个孩子，将其视如己出。

　　妻子在丈夫背叛自己的情况下，仍然在他死后替他承担了责任。她站在丈夫的角度去理解丈夫，想着去成全自己的丈夫，她用自己的宽容、大度化解了昔日的仇恨。她的宽容不仅给这个孩子敞开了一扇大门的同时，也为自己打开了一条心灵的通道。

　　以恨对恨，恨永远存在。在无尽的怨恨、愤怒当中，自己也无法做到心平气和，生活中看不到阳光和鲜花。怨恨、报复曾经伤害过自己的人，却没有意识到那也是在伤害自己，自己的内心完全被烦恼、痛苦、仇恨所占据。越恨别人，越是要处心积虑地报复别人，自己就越不开心、心灵也就越扭曲。在报复别人的时候，自己的内心是无法做到释然的。不能饶恕别人，也就不能饶恕自己。

能忍辱，就是与痛苦拉开了距离

随着时光的流转，太阳一次次沉入地平线重又升起，草木一次次凋落了重又生发，人类社会也有了长足的发展。可是人们并没有因物质的丰富而减少痛苦，相反，焦虑和苦闷与日俱增。

谁都有辱。世界是不圆满的，不圆满就会有不如意，不如意就会有辱。

受辱的后果是什么？是嗔心。当一个人的嗔恨心出现的时候，他的无明怒火就会把自己烧得心焦如焚，坐立不安，口中说出的话做出的事，都像一把把锋利的小刀子，狠狠伤害到别人。

有位青年脾气很暴躁，经常和别人打架，大家都不喜欢他。

有一天，这位青年无意中游荡到了大德寺，碰巧听到一位禅师在说法。他听完后发誓痛改前非，于是对禅师说："师父，我以后再也不跟人家打架了，免得人见人烦，就算是别人朝我脸上吐口水，我也只是忍耐地擦去，默默地承受！"

禅师听了青年的话，笑着说："就让口水自己干了吧，何必擦掉呢？"

青年听后，有些惊讶，于是问禅师："那怎么可能呢？为什么要这样忍受呢？"

禅师说："这没有什么能不能忍受的，你就把它当作蚊虫之类地停在脸上，不值得与它打架，虽然被吐了口水，但并不是什么侮辱，就微笑地接受吧！"

青年又问："如果对方不是吐口水，而是用拳头打过来，那可怎么办呢？"

禅师回答："这不一样吗！不要太在意！这只不过一拳而已。"

青年听了，认为禅师实在是岂有此理，终于忍耐不住，忽然举起拳头，向禅师的头上打去，并问："和尚，现在怎么办？"

禅师非常关切地说："我的头硬得像石头，并没有什么感觉，但是你的手大概打痛了吧？"

青年愣在那里，火气消了，心有大悟。

禅师是心中无一辱，青年的心头火伤不到他半根毫毛。这就叫忍辱。

禅师教导青年如何忍辱,并身体力行。大家都觉得忍受侮辱是很痛苦的事情,需要很大的精神力量才能压制住火气。其实,我们都把"辱"看得过于严重了。

忍辱并不难。既然不能轻易地忍辱,就把辱拿回去,慢慢研究研究,看看这个辱是什么东西。很多时候,在你想探究辱的真相的时候,你根本就找不到辱了。

忍辱不仅能改善人际关系,使人与人之间减少摩擦,还能提升人生的境界。

龙虎寺一位擅长描绘丹青的学僧在院墙上画了一幅画,表现龙争虎斗的场面,画好后几次修改,总是觉得不满意,没有斗气,于是学僧请来无德禅师评鉴。

无德禅师看后说道:"龙和虎的外形画得不错,但没有把握住龙与虎的特性。龙在攻击之前,头必须向后退缩;虎要上扑时,头必然向下压低。龙头向后的曲度愈大,虎头愈贴近地面,它们也就能冲得更快、跳得更高。"

"老师真是一语道破,难怪我们觉得动态不足。"学僧们非常佩服,纷纷说道。

"为人处世、参禅修道的道理也是一样。"无德禅师借机开示道,"退一步,才能冲得更远;谦卑的反省,才能爬得更高。"

有学僧不解地问道:"老师!退步的人怎能向前?谦卑的人怎能更高?"

无德禅师严肃地说道:"你们且听我的禅诗:手把青秧插满田,低头便见水中天;身心清净方为道,退步原来是向前。诸仁者能会意吗?"

学僧们听后,均有省悟!

无德禅师通过讲解龙虎的姿态,向弟子们揭示了进退之间并没有本质的区别。龙头后屈是为了有更大的向前攻击的力量,虎头贴地是为了跳起来更为威猛有力。一时的忍耐并不意味着软弱退让,反而是在酝酿着更为有力的攻击。

退一步海阔天空。遇到屈辱的事情,后退几步给自己回旋的余地,也是让自己与痛苦拉开距离,不让嗔怒伤害到自己。

给爱一个容器，婚姻才会安全

爱需要一个容器，用这个容器装烦恼，装忧愁，装矛盾。如果缺少了这个容器，婚姻就会出现危机。

力和菲结婚10年了，力常年在边疆驻防，菲则在后方辛苦持家，尽管相隔遥远，他们却一直是互敬互爱的模范夫妻。可是，有一段时间，这对模范夫妻却闹了很大的矛盾，甚至闹到了法院。

在法庭上，菲哭诉："结婚10年，他一直驻扎边防，我独自一人在家，既要侍奉老人，又要教育孩子，样样为他做得周到、圆满，让他没有后顾之忧。他归家探亲期间，我特意向单位请了假，在家陪他，给他做他最喜欢吃的菜，给他按摩，家务活一样也不让他沾，只是一心让他得到最多的休息和快乐。他归队时，我把家里的全部积蓄给他带上，生怕他出门在外受罪。然而我就一句话没顺他的心，他就扇了我一个耳光……他没有人性，我要和他离婚！"

力则申辩道："我远在边防时，常常想家，尤其想她。她对我的好，如电影般一幕幕掠过眼前。只有想到她时，我才能在寒冷、没有人烟的边防站不觉得冷，不觉得孤独。那时，她在我心目中是最完美的女人，她没有一点点缺陷，真是怎么想怎么好！可没想到，在我回家探亲期间，有一个已经转业的战友从郊区专程来看我时，只是在我家喝酒时间长了点儿，她就当着我的面，摔盆砸碗，满脸不高兴。我小声提醒她，她反而大声批评我的战友没文化，闹到最后，大家不欢而散。没想到她这么庸俗，没教养，不宽容别人，和她这样过下去，还有什么意思？"

其实，这完全是一个可以调解的纠纷，双方都有错误在身。一方面，丈夫的错误就在于没有包容妻子的感受。仅有的几天相聚，对深爱他的妻子来说，是十分珍贵的。在妻子看来，她已经尽到妻子的责任了，热情款待了他的战友，只是他这个战友实在不知趣，没完没了地喝酒畅谈，把本应属于妻子的时间夺走，她自然不会高兴。另一方面，妻子的错误在于没有包容丈夫的感受。男人对女人最大的要求就是接受，接受他这个人，就必须接受他的一切，无论好的坏的。在丈夫看来，战友来看他，是对他的重视，是男人间友谊的体现，无论战友做了什么，都是应当接受的。所以当妻子发泄不满当众反对他时，便惹恼了他，使他觉得自己在战友面前很没面子。

夫妻之间最重要的相处之道就在于要给爱一个容器，这个容器就是宽容。适当的迁就，合理的谦让绝对与"牺牲自己的面子和尊严"沾不上边。谁会从不犯错，谁又会没有疏忽的时候？不然，宽容的美德不就成了空中楼阁？夫妻双方要能认同一个事实：两人是截然不同的两个个体，在发生矛盾时要相互宽容忍让，多从对方的角度考虑问题，多沟通，相互关照，如此才会和睦相处。

谁都不完美，关键是要学会包容缺点

在家庭生活中，我们不光要看到对方优点和缺点，更要学会包容对方的缺点，而包容缺点则需要我们有一颗宽容的心。

婚姻中的许多风浪，并不是起于什么原则性的大事情，经常是鸡毛蒜皮的小事引起的不快。特别是丈夫或妻子身上有这样或那样的缺点，在要求完美的对方眼里，是半点也容不下的。

小张是一家餐馆的老板，这两年，占着黄金地段的优势，赚了不少钱。两口子的生活倒也过得甜蜜，口袋里有了几个钱后，小张就迷上了"砌长城"。

开始只是打点儿小麻将，输赢也不大，妻子虽有不满，也只是嘀咕两句就算了。但是，小张越来越迷恋麻将，经常一天一夜连着打，打完了就睡觉，对生意上的事情越来越不上心。小工经常买菜贪钱，收的营业款也不如数上交，餐馆弄得入不敷出，生意一天比一天差。小张的妻子开始不满意了，劝解无效，吵了几回，都不能将丈夫从麻将桌上拉回来，心里一气，也打起了麻将，还要和小张比高低，看哪个玩的大。

两口子于是没日没夜地在方城中捉对厮杀，回到家里，就互相指责对方。渐渐地，餐馆也转让出去了，家里的积蓄也在夫妻的十指间流到麻将桌上去了。再后来，一路打到了法院，经法院调解离婚。

这对夫妻在对待对方身上的缺点时，没有找到正确的方法。

两个人能够结成夫妻是一种缘分，每个人都应该珍惜这个缘分，当初你接纳对方为你的另一半时，就意味着接纳了他的全部，也包括缺点。

因此，你接受了婚姻，也必然是接纳了对方的缺点。在现实生活中，做到以下"三点"非常必要：

1. 忽略对方的缺点，可以消除婚姻的"阴影"。柴米夫妻，食的是人间烟火，谁也不可能完美无缺，只要不是原则性的大问题，就不要求全责备。对方无意间带给你的小小伤害或不悦，打个哈哈就过去了。

2. 宽容对方的特点，可以消除婚姻的"斑点"。夫妻就像两块拼在一起的木板，其接合并非天衣无缝，质地和纹路也不尽相同。任何一方都不能用自己的特点去消灭对方的特点，也不能按照自己的标准去雕刻对方。允许各自保留一块独具特色的"自留地"吧。

3. 赞美对方的优点，可以改善婚姻的"色彩"。只要用心，你会随时发现对方身上的亮点，然后赞其所长，赞其所好，赞其所想。赞美的方式既可以是"甜言蜜语"，也可以是拥抱、接吻之类的身体语言。如果你感叹自己的婚姻如同一潭死水，不妨轻轻地把赞美之语投进去，定会激起一串美丽的涟漪。

豁达是心灵的解药

我们一生中不可能永远都是风平浪静，人生遭际不是个人力量所能左右，而在诡谲多变的环境中，唯一能使我们不觉其拂过的办法，就是使自己变得豁达。以豁达之心去面对以前痛苦的遭遇，不幸便将会远离我们，要学会随遇而安。

德斯梅雷夫妇带着两个儿子在意大利旅游，不幸遭劫匪袭击。如一场无法醒过来的噩梦，7岁的长子霍夫曼死于劫匪的枪下，就在医生证实霍夫曼的大脑确实已经死亡的10个小时内，孩子的父亲德斯梅雷立即做出了决定，同意将儿子的器官捐出。4小时后，霍夫曼的心脏移植给了一个患先天性心脏病的孩子；一个19岁的濒危少女，获得了霍夫曼的肝；霍夫曼的眼角膜使两个意大利人重见光明。就连霍夫曼的胰腺，也被提取出来，用于治疗糖尿病……霍夫曼的脏器分别移植给了急需救治的6个意大利人。

"我不恨这个国家，不恨意大利人。我只希望凶手知道他们做了些什么。"德斯梅雷，这位来自美洲大陆的旅游者说，嘴角的一丝微笑掩不住内心的悲痛。而他的妻子玛格丽特的庄重、坚定、安详的面容，和他们4岁的幼子脸上小大人般的表情，尤令人灵魂震撼！他们失去了自己的亲人，但事件发生后他们所表现出来的自尊与豁达大度，令人们深感敬佩。

豁达不仅能让自己的心灵得到拯救，同时也能拯救别人的心灵。对自己身上发生的一切，如果都能以一种大度、坦然的态度去对待，那么我们与他人的关系将会是融洽和愉快的。美国第三任总统杰弗逊与第二任总统亚当斯从交恶到宽恕就是一个生动的例子。

杰弗逊在就任前夕，到白宫去想告诉亚当斯说，他希望针锋相对的竞选活动并没有破坏他们之间的友谊。但据说杰弗逊还来不及开口，亚当斯便咆哮起来："是你把我赶走的！是你把我赶走的！"

一气之下，两人没有交谈达数年之久，直到后来杰弗逊的几个邻居去探访亚当斯，这个坚强的老人仍在诉说那件难堪的事，但接着冲口说出："我一直都喜欢杰弗逊，现在仍然喜欢他。"邻居把这话传给了杰弗逊，杰弗逊便请了一个彼此皆熟悉的朋友传话，让亚当斯也知道他的深重友情。后来，亚当斯回了一封信给他，两人从此开始了美国历史上最伟大的书信往来。

这个例子告诉我们，豁达是一种多么可贵的精神、高尚的人格。在卡耐基身上也曾发生过类似的事，卡耐基的豁达也为他赢得了尊重。

生活是需要睿智的。如果你不够睿智，那至少可以豁达。以乐观、豁达、体谅的心态看问题，就会看出事物美好的一面；以悲观、狭隘、苛刻的心态去看问题，你会觉得世界一片灰暗。两个被关在同一间牢房里的人，透过铁窗看外面的世界，一个看到的是美丽神秘的星空，一个看到的是地上的垃圾和烂泥，这就是区别。

面对嘲笑，最忌讳的做法是勃然大怒，大骂一通，其结果只会让嘲笑之声越来越炽。要让嘲笑自然平息，最好的办法是一笑了之。一个目标坚定的人，不会去考虑别人多余的想法，而是有风度、有气概地接受一切非难与嘲笑。

我们说豁达是心灵的解药，是因为它是一种人生境界，是一种超脱与淡定。豁达的人不会为他物所牵绊，所以心自然是沉着从容的。

有一位禅师非常喜爱兰花，在庭院里栽植数百盆各品种的兰花，讲经说法之余，总是悉心照料。大家都说，兰花好像是禅师的生命。一天，禅师因事外出。有一个弟子接受师父的指示，为兰花浇水，但不小心将花架绊倒，整架的兰花都给打翻了。弟子心想：师父回来，看到心爱的兰花这番景象，不知要愤怒到什么程度？于是在忐忑不安之中，等着师父回来惩罚。禅师回来后，看到这事，却一点也不生气，反而心平气和地安慰弟子："我之所以喜爱兰花，为的是要用香花供佛，并且也为美化禅院环境，并不是想生气才种啊！凡是世上一切都是无常的，不要执着于心爱的事物而难以割舍，那不是禅者的行径！"

儒家强调一种"恕"的观念，豁达也要懂得"恕"。恕，即宽恕，豁达的人宽恕别人，由此也达到了对自己的宽恕，不让自己陷于愤怒与仇恨之中。

豁达是心灵的最佳解药，拥有一颗豁达的心，在工作和生活中我们将从根本上远离不幸。

知足者能享天人之福

在这个世界上，大多是那些懂得知足常乐的人们生活得更为幸福。这是因为，一个具有开朗热情性格的人，通常在生活中懂得知足常乐、平淡是福，能够笑看输赢得失、当放则放。

有了一颗知足的心，人才会有真正的宁静、真正的喜悦、真正的幸福。知足常乐，是一种与世无争而又安于平凡的心境，也是一种不经意间的幸福。人如果贪欲越多，就会陷入对名利的追逐，后来他们得到越多，就越去追逐，这就是所谓的"知足之人不知穷，不知足之人不知富"。

有一个失意的城里人对生活失去了信心，他走进一片原始森林，准备在那里了却残生。

失意人发现一只猴子正在目不转睛地看着他，便招手让猴子过来。

"先生，有何吩咐？"猴子有礼貌地打着招呼。

"求求你，找块石头把我砸死吧！"失意人央求猴子。

"为什么？阁下难道不想活了？"猴子瞪着眼睛问。

"我真是太不幸了……"失意人话一出口，泪水便哗哗地流了出来。

"能跟我谈谈吗？我也是灵长类呀！"猴子善解人意地说。

失意人泪流满面地说："跟你谈有什么用……当年我差了一分，没有考上牛津大学……呜……"

"你们人类不是还有别的大学吗？你是不是找不到异性？"猴子觉得上什么大学无所谓，有没有异性可是个原则问题。

"呜……"失意人又哭了起来，"当年有十几个美女追求我，最后我只得到其中一个……"

"这确实有点不公平！"猴子说，"不过，您毕竟还捞上了一个。工作上有什么不顺心吗？"

"工作了十来年，才评上一个副教授。你说说，这书还怎么教下去？"失意人转悲为愤，怒气冲冲地说。

"薪水够用吗？"这只猴子又问。

"够用什么！每个月除了吃、穿、用，只剩下800多块钱，什么事也干不了！"失意人满腹牢骚。

"那您真的不想活啦？"猴子紧紧盯着失意人的双眼，严肃地问。

"不想活了！你还等什么，快去找石头啊！"失意人不想再跟猴子啰唆。猴子犹豫了一下，终于抓起来一块石头。就在它即将砸向失意人脑袋的时候，突然问失意人："阁下，在您死之前能把您的地址告诉我吗？让我去顶替您算了。"

这看似一个笑话，但却反映出了我们身边的现实。其实，我们拥有的已太多，但我们总是不知足，不知道珍惜。但如果我们不懂得珍惜已经拥有的东西，得到得再多又有什么意义？

知足是什么呢？知足就是：别人的钱比自己多，我不嫉妒，钱少可以俭朴点、量入为出；别人吃山珍海味，我不眼馋，粗茶淡饭也照样吃得健康结实，并且同样香甜。别人有名牌时装、花园洋房，我不羡慕，房小可以安排得紧凑点，照样收拾得窗明几净，衣服穿不起名牌，青衣布衫也舒适……

什么又是常乐呢？常乐就是：有一份糊口的工作，虽然薪水不高，但能维持日常的生活，想想也欣慰。有一位爱自己的配偶，也许是一个最普通的人，没有权钱与容貌，但有一份真挚的爱情，还有一个活泼可爱孩子，也许学习成绩平平，但身体健康……

以上这些难道不是欢乐和幸福吗？实际上，如果你仔细想想，就会发现身边的欢乐数也数不清。这就是我们普通人的天人之福。

所以，真正的幸福不是每天都追求到了什么，而是每天都怀有一颗满足的心愉快地生活。满足的秘诀在于知道如何享受自己的所有，并能驱除自己能力之外的物欲。既然我们都是普通人，那么，那些超越我们能力的东西就显得无足轻重，而脚踏实地过平民百姓的生活，就能让知足者常乐！

能容人者容天下

人生在世，须得能够容人。能容人不仅能体现你的非凡气度，而且还能保持你与他人的良好关系，更重要的是：能容人的人才能得到他人的信任，赢得天下。

汉初名臣张良外出求学时曾遇到了一件改变他一生命运的事。一天，他走到下邳桥上遇到一个老人，穿着粗布衣服，在那里坐着，见张良过来，故意将鞋子掉到桥下，冲着张良说："小子，下去给我把鞋捡上来！"张良听了一愣，本想发怒，因为看他是个老年人，就强忍着到桥下把鞋子捡了上来。老人说："给我把鞋穿上。"张良想，既然已经捡了鞋，好事做到底吧，就跪下来给老人穿鞋。老人穿上后笑着离去了。一会儿又返回来，对张良说："孺子可教也。"于是约张良再见面。这个老人后来给张良传授了《太公兵法》，使张良最终成为一代良臣。

老人扔鞋旨在考察张良，看他有没有容人的修养。有了这种修养，今后才能担当容天下的大任，才能处理复杂的人际关系和艰巨的事情，才能遇事冷静，知道祸福所在，不意气用事。所以，我们在平时要保持一颗容人之心，处理好所遇到的人和事。

宋朝郭进任山西巡检时，有个军校到朝廷控告他，宋太祖召见了那个告状的人，审讯了一番，结果发现他在诬告郭进，就把他押送回山西，并给郭进处置。有不少人劝郭进杀了那个人，郭进没有这样做。当时正值北汉入侵，郭进就对诬告他的人说："你居然敢到皇帝面前去诬告我，也说明你确实有点胆量。现在我既往不咎，如果你能出其不意，消灭敌人，我将向朝廷保举你。如果你打败了，就自己去投河，别弄脏了我的剑。"那个诬告他的人深受感动，果然在战斗中奋不顾身，英勇杀敌，后来打了胜仗。郭进不记前仇，向朝廷推荐了他，使他得到提升。

所以，学会容人，学会容忍别人对自己所犯的过错，不去记仇，别人必然会以自己的一技之长来酬答你。宽容自己的仇人，仇人必会找机会以死相报。原因在于你不记他的过错，给他以希望，他把报恩的感情存于胸中，所以一旦他的能量、才能被发挥出来，就能干一番大事业，对己对人，对社会都是一大贡献。那些不能容人的人，往往会因此失去人心。释一人之怨，却可以给自己创造很多机会，结一人之怨，则可能给自己埋下许多地雷。

爱德华·利伯是一个精明老练的玻璃制造商，拥有一家新英格兰玻璃公司，与其他制造商一样，利伯也渴望使他的公司发展壮大，成为玻璃制造业的巨擘。而1888年的迈克尔·欧文斯则只是利伯制造厂内一名吹玻璃的工人，同时，他还是当地颇有名望的工会领导人，在当年的罢工运动中，他带头鼓动工人反对利伯，最后迫使利伯把工厂迁往另一城市。

但是，独具慧眼的利伯在同罢工领导人的谈判中发现，血气方刚的欧文斯还是一个在生产、技术的改进革新方面不可多得的天才。在谈判中，欧文斯不断地指责利伯在生产管理等方面存在的缺陷。利伯不仅没有震怒，而且还从他的指责中发现了他流露出的聪颖、对玻璃生产的谙熟和对一些问题的独到见解。

于是，最后利伯把工厂迁走，并带走了一些工人，欧文斯便是其中一员。利伯不计前嫌的宽容大度，感动了欧文斯，这奠定了日后他们成功的基础。

3个月后，欧文斯就向利伯提出了一连串改革的建议，几乎皆被采纳。利伯更加赏识他，派他担任吹玻璃部门的监工，两年内，欧文斯成为该厂的主管。

出色的工作和对玻璃生产中表现出浓厚兴趣，使利伯从欧文斯身上看到了更大的希望。1898年，他提供资金支持欧文斯试验一种生产玻璃瓶的机器。当然，欧文斯的研制并非一帆风顺，历经了一次次的失败和一次次的试验，利伯始终给予他支持和鼓励。1903年，在欧文斯手下诞生了使玻璃工业发生革命性变化的自动制瓶机，它改革了吹玻璃的古老工艺，使之从手工操作变为大规模的自动化生产。而且，自动制瓶机的发明取代了大批手工劳动者，带来了可互换的机器零件的大批生产，带来了特别的钻模和工具。

制瓶机获得成功之后，欧文斯把注意力又转移到平面玻璃的制造上。尽管欧文斯的古怪性格令许多同事与他疏远并惹来许多纠纷，并且利伯有时也卷入其中，但利伯总能很快冷静下来，力排众议，继续支持欧文斯。利伯还为欧文斯破天荒地拨出 400 万美元，作为他 20 年期间的实验费用。

最终，欧文斯在利伯的支持下，改善了平板玻璃的制造方法，发展了一套由炉中抽取板形玻璃的设备。1917 年，利伯和欧文斯及其他合伙人，在查尔斯顿兴建了一家全自动化的工厂——从输入原料到由自退火炉内不断输出待割切的玻璃板。

如果利伯没有容人之心，他成不了一位杰出的企业家，欧文斯也成不了发明家，而正是利伯的容人之心成就了他们的成功与辉煌。

所以，请学会包容别人吧，正所谓"能容人者容天下"，如果一个人无法包容另一个人，那么他又怎么会有大胸襟去容天下呢？

豁达可以赢得人心

法国 19 世纪的文学大师雨果曾说过这样一句话："世界上最宽阔的是海洋，比海洋宽阔的是天空，比天空更宽阔的是人的胸怀。"豁达之人便拥有这样宽广的胸怀。

豁达的人懂得宽恕，有权力责罚，却不去责罚；有能力报复，却不去报复。你对敌人豁达，敌人也就自然与你拉近了距离，成为你可以依靠的人，所以豁达可以赢得人心。

在唐代，以忠直敢谏著称的魏徵一开始时是辅佐太子李建成的。他见秦王李世民声望日隆，功业渐大，就劝李建成及早除掉李世民，以免除后患，但李建成却未采纳。

玄武门兵变后，李建成被杀，李世民召见魏徵，问他："你为何离间我们兄弟？"魏徵面无惧色，答曰："太子若早听我言，必无今日杀身之祸。"按理说，魏徵必死无疑，可胸襟豁达的李世民不仅没有杀魏徵，而且非常欣赏他耿直不屈的性格，器重他的才干，拜他为谏议大夫。而魏徵也深受李世民感动，竭力辅佐他，最终没有辜负李世民的重望，成了一代名臣。

可见，如果一个人能够做到豁达，就能大度容人、谦恭待人，这不仅会受到他人的敬重，而且能使有用之才充分发挥自己的才干，可谓利己而又利人。豁达的人，被人误解而不怨，遭人诽谤而不怒，虽然大权在握，却不倚仗权势排挤打击与自己意见不同，甚至反对自己的人。如果对方确为有用之才，他还会予以重用，或向上级举荐。

豁达的人就如华盛顿一样，并没有刻意去做什么笼络人心的事，有时仅仅是一杯酒、一个微笑或一次谅解，就足以让人对他心服口服、五体投地，即便为他出生入死、肝脑涂地也在所不辞。古今中外，莫不如此。

《史记·秦本纪》记载：秦穆公曾丢失一匹良马，几经找寻未果，结果发现是被生活在岐山下的三百多个乡下人捉到并分食了。官吏立刻逮捕了这些乡下人，准备将他们全部处死。穆公却说："君子不会仅仅因为一头牲畜就去伤害别人，更何况是三百多条人命。我听说吃了马肉不喝酒，对人的身体不好，所以应该再给他们些酒喝。"然后秦穆公便将他们全部赦免，并赐酒请他们喝。

后来，秦国与晋国发生战争，秦穆公亲自参战，却陷入晋军重围。穆公受伤，面临生命危险。此时，岐山之下那曾偷吃马肉的三百多人，飞驰冲向晋军，"皆推锋争死，以报食马之德"。结果，穆公不仅突出重围，反而还活捉了晋君。

中国有句古话，叫作"量小非君子"。我们之所以有时得不到别人的认可，得不到别人的认同，大多数是因为我们不够豁达，过去曾有什么地方做得不够好。

人活一世，免不了恩怨情仇，人在各种关系交织的社会中求生存、寻幸福，并不是为了要伤害别人，对于昔日的敌人，打击报复只能为自己埋下更多的怨恨，树立更多的敌人；而如果豁达以对，给敌人以平等的待遇，不但能够感化敌人，为我所用，更能够树立自己的威望，得到更多人的尊敬和拥戴，从而有利于巩固自己的地位，最终成就一番功业。

给别人铺个台阶，留条后路

在与人交往中，能适时地为陷入尴尬境地的对方提供一个恰当的台阶，使其不丢面子，是人的一种美德，也是做人做事的一大原则。这样，不仅能给对方留下好感，而且也有助于你树立良好的社交形象。

心理学的研究表明，谁都不愿在公众面前暴露出自己的错处或隐私，一旦被人曝光，就会感到难堪或恼怒。因此，在交际中我们应尽量避免触及对方所避讳的敏感区，避免使对方当众出丑，必要时还应为别人铺个台阶，让对方有路可退。

一家商场来了一位顾客，要求退换她给丈夫买的一套西装。虽然她已经把衣服带回家并且穿过了，但是她丈夫不喜欢，所以她坚持说"绝没穿过"。

售货员检查了衣服，发现有明显干洗过的痕迹。但是，她不能直截了当向顾客说明这一点，这样顾客是绝不会轻易承认的，因为她已经说"绝没穿过"，而且精心伪装了穿过的痕迹。如果双方都坚持，则可能会发生争执。于是，售货员这样说："我很想知道是否你们家的某位成员把这件衣服错送到干洗店去洗过了。我记得不久前我也有过同样的经历，我把一件刚买的衣服和其他衣服一起堆放在沙发上，结果我丈夫没注意，把这件新衣服和一大堆脏衣服一股脑儿地塞进洗衣机去了。我想你是否也会遇到这种情况？因为这件衣服的确有已经被洗过的明显痕迹。不信的话，你可以跟其他衣服比一比。"

顾客比较了一下后知道无可辩驳，而售货员又为她的错误准备好了借口，顾及了她的面子，给了她一个台阶，于是她顺水推舟，乖乖地收起衣服走了，一场可能的争吵就这样避免了。

所以，要解决争执，最好的办法绝不是赶尽杀绝，把对方驳得体无完肤，而是巧妙地给对方留条出路，让他自己退出。要知道，兔子急了也会咬人，更何况有着自尊心的人呢？

在北京一家著名的酒店里，一位外国客人吃完最后一道茶点后，顺手把精美的景泰蓝食筷悄悄装入自己的西装内口袋里。服务小姐看到之后，并没有当场去指出，而是不露声色地迎上前去，双手擎着一只装有一双景泰蓝食筷的小匣温和地对外国客人说："非常感谢您对这种精细工艺品的赏识。为了表达我们的感激之情，经餐厅主管批准，我代表本酒店，将这双图案最为精美并且经严格消毒处理的景泰蓝食筷送给你，并按照大酒家的优惠价格记在你的账簿上，你看好吗？"那位外国客人当然明白这些话的弦外之音，在表示了谢意之后，说自己"多喝了两杯白兰地"，头脑有点发晕，误将食筷子放到了衣袋里，并且聪明地借此台阶说："既然这种食筷不消毒就不好使用，我就以旧换新吧！"说着取出衣袋里的食筷恭敬地放回餐桌上，接过服务小姐给他的小匣，不失风度地向付账处走去。

在生活和工作中，谁都可能会犯错误，比如念了错别字，讲了外行话，记错了对方的姓名职务，礼节有些失当，等等。如果把别人的错误当成把柄，自己也会被别人抓住把柄。当我们发现对方出错误时，只要是无关大局，就不必对此大加张扬，故意搞得人人皆知，使本来已被忽视了的小过失，一下变得显眼起来。更不应抱着抓住了别人把柄或者讥讽的态度，来个小题大做，拿人家的失误在众人面前取乐。因为这样做不仅会使对方难堪，伤害他的自尊心，使他对你反感或报复，而且也不利于你自己的社交形象，容易使别人觉得你为人刻薄，在今后交往中对你敬而远之，产生戒心。

从前有一显宦，公余之暇，喜欢下棋，自负是棋艺第一。某甲在其门下做一名食客。有一天某甲与该显宦对弈，一出手便表现出咄咄逼人之势，该显宦知道今天遇到劲敌了。棋下到后来，某甲竟逼得该显宦心神大乱，汗涔涔而下。某甲见对方焦急的神情，格外高兴，故意留一个破绽，该显宦立刻发现了，立即进攻，满以为可以转败为胜。谁知某甲突然使出撒手锏，一子落盘，很得意地说道："你还想不死吗？"该显宦正杀得兴起，突遭此打击，心中大为恼火，立起身来就走。据说该显宦向来着意于修养，胸襟比普通人宽大，但此次也觉得颜面大失，颇为不快。因此对某甲始终耿耿于怀。

而在某甲呢，还是莫名其妙，他始终不懂得为什么该显宦不再与他下棋。该显宦本可以使某甲飞黄腾达，但就是因为这盘棋局，老是不肯提拔他，某甲只好郁郁不得志，以食客终其身。也许某甲会自叹命薄，谁知是忽略了对方的自尊心，抑制不住自己的好胜心，将对方赶尽杀绝，伤了对方面子，铸成了终身的大错。

我们要明白人人都有自尊心，伤害了别人的自尊，他会将之视为奇耻大辱，会一直耿耿于怀，随时找机会进行报复。这个故事旨在教训我们，凡事总要让对方一步，这当然不是为了博得对方的欢心，作升官发财的阶梯，而在于获得多方面的好感。

　　给别人留下余地，也是给自己留下余地，使自己不会因小事而受到不必要的损害。所以，在人际交往和做人做事中，我们要懂得为别人铺个台阶，留条后路，千万不要赶尽杀绝。

第四章

寻找解决问题的新方法

发怒不是处理困难的唯一选择

过去的人们，会为了吃不饱、穿不暖而感觉痛苦。现在我们很少会再为衣食而忧愁，让我们不快乐的，只有自己。愚蠢的人会深陷怒火不能自拔，而聪慧的人会巧妙地化解怒火，不让嗔怒之火烧伤自己。

有位妇人经常为一些琐碎的小事生气，她也知道这样不好，便去求一位高僧为自己谈禅说道，开阔心胸。

高僧听了她的讲述，一言不发，把她领到一座禅房中，上锁而去。妇人气得跳脚大骂。骂了许久，高僧也不理会。妇人转而开始哀求，高僧仍不听。妇人终于沉默了。高僧来到门外，问她："你还生气吗？"

妇人说："我只为我自己生气，我怎么会到这个地方来受罪呢？"

"连自己都不能原谅的人，怎么能心如止水？"高僧拂袖而去。

过了一会儿，高僧又问她："还生气吗？"

"不生气了。"妇人说。

"为什么？"

"生气也没有办法呀！"

"你的气并没有消，还压在心里，爆发后，将会更加剧烈。"高僧又离开了。

高僧第三次来到门前，妇人告诉他："我不生气了，因为不值得生气。"

"还知道不值得，可见心里还有衡量的标准，还是有'气根'。"高僧笑道。

当高僧的身影迎着夕阳立在门口时，妇人问他："大师，什么是气？"

高僧将手中的茶水倾洒到地上。

妇人看了一会儿，突然有所感悟。于是，她叩谢而去。

这位妇人之前总以为嗔怒是多么难以克制的事情，殊不知怒气因事而生，只要用一颗宽容、豁达的心去面对世间的人与事，那么生活中就会除却很多烦恼，将怒火消灭于无形。

其实很多时候，发怒不是处理生活困难的唯一选择，发怒对于解决问题没有任何帮助，只能火上浇油，使事情变得更糟糕。如果换一种淡定的心态或者是换一种更好的方法去解决问题，反而能收到更好的成效。

李叔同在教音乐课时遇到过这种情况：

学生们上课偶有出格之举，有一个人上音乐课时不唱歌而看别的书，并随地吐痰。他以为李先生看不见，其实老师都知道，但是他并不立刻责备。

下课后，李先生用很轻而严肃的声音郑重地对他说："等一等再出去。"等到别的同学都出去了，教室里就他们师生二人在，李先生再次用他那轻而严肃的声音向这位同学和气地说："下次上课时不要看别的书。下次痰不要吐在地板上。"说完之后，他还会微微一鞠躬，表示"你出去吧"。

被教育的学生心悦诚服。

对于学生上课出格的行为，弘一法师并没有发怒，而是在课后找捣乱的学生心平气和地谈话。这招确实挺管用的，比在课堂上发作效果好多了。

嗔怒是一把伤人利刃，刀刃朝向的是你自己。所以做人不要为嗔怒之火纠缠，要学会宽容和从容。

停止生气，用"给予"代替"怒气"

当别人让我们不高兴时，很多人的第一反应就是生气：你凭什么让让我不高兴啊，我得报复下来，让你也不高兴。事实上，这种报复的行为不仅会伤害别人，更会伤害自己，到最后，只能让人际关系越来越差。

可如果变换一种方法呢？比如，当别人惹你生气时，你却依然给予别人相应的尊重，甚至比以前更爱别人，更尊重别人，你会收获意想不到的惊喜。

很久以前，有一个名叫雪的女孩出嫁了，出嫁之后，雪跟丈夫和婆婆住在一起。婚后只过了极短的时间，雪就发现她根本无法与婆婆相处。她们的性格有天壤之别，雪经常被婆婆的一些习惯搞得很生气。不仅如此，婆婆还不断地苛责雪。

日子一天一天地过去。雪和她的婆婆没有一天能停止吵闹和争斗。但更糟的是，迫于舆论压力，雪不得不向她的婆婆"俯首称臣"，时时处处听命于婆婆。天长日久，家中所有的愤怒和不快越积越多，雪的丈夫夹在当中也痛苦不堪。

最终，雪再也受不了婆婆的坏脾气和颐指气使。她决定不能再这样忍气吞声下去了，她必须救自己。

于是雪去找她父亲的一位朋友，卖中药的郑先生。她将自己的处境告诉了他，并问他是否可以给她一些毒药，这样她就能一了百了，把所有的问题都解决掉。郑先生想了一会儿，最后说："我可以帮你解决问题，但你必须听我的话，按照我讲的去做。"雪说："好的，我会遵照你说的每一个字去做。"郑先生进了里屋。几分钟过后，他从里面出来，拿着一包草药。他告诉雪："你不能用见效快的毒药除掉你婆婆，因为那样会让人怀疑到你。因此，我给你的几种中药是慢性的，毒性将会在你婆婆体内慢慢起效。你最好天天都要给她做饭，并放少量的毒药在她的菜里面。还有，为了让别人在她死的时候不至于怀疑你，你必须对她恭恭敬敬、如履薄冰。不要同她争吵，对她言听计从，对待她像对待亲生母亲一样。"

雪答应下来。她谢过郑先生，急急赶回家，开始实施她谋杀婆婆的计划。

几个星期过去，几个月也过去了，每一天，雪都精心烹制有"毒药"的饭菜伺候婆婆。她记得郑先生说过的话，因此控制住自己的脾气，服从她的婆婆，对待她像对待自己的亲生母亲一样，就这样半年过去，整个家都变了样。雪将自己的情绪控制得很好，她甚至发现自己几乎不会动怒，更不会像以前那样被婆婆的言行气得发疯。半年里她没有跟婆婆发生过一次争执，婆婆在她的眼中，也比以前和善得多，容易相处得多了。

　　婆婆对雪的态度也改变了，她开始像爱自己的女儿一样爱雪。婆婆不住地向邻里街坊和亲戚朋友夸雪，说她是天底下能找得着的最好的儿媳妇。雪和婆婆真的像亲母女一样和睦相处了，看到这一切，雪的丈夫由衷的高兴。

　　一天，雪又去见郑先生，再次寻求他的帮助。她说："郑先生，请帮我制止那些毒药的毒性，别让它们杀死我的婆婆！她已经变成一个好女人，我爱她像爱自己的母亲一样。我不想她因为我下的毒药而死。"

　　郑先生颔首微笑："你尽管放心好了，我从来没给你什么毒药，我给你的药只不过是些滋补身体的草药，那只会增进她的健康。其实，唯一的毒药在你的心里，在你对待她的态度里。值得庆幸的是，那已经被你给她的爱冲洗得无影无踪了。"

　　事实就是如此，在家庭生活中，只要你肯多付出一点，多给予家人一份关爱，幸福就会来到你的身边。

　　你给予家人的幸福和快乐越多，你自己得到的幸福和快乐也就越多；反之，一遇上家人对自己的苛责，就生气甚至产生怨恨，那么你得到的快乐就越少。春播秋收，春华秋实，一分耕耘一分收获，让我们都来选择用爱来对待别人吧，我们将得到双倍的收获。

谅解才是痛苦的止损点

　　纵观各种人的痛苦，我们不难发现，很多时候，痛苦是自己对自己的束缚，如果我们能解开心结，和世界和解，我们就会发现原来人生并不注定是悲观的色彩。

　　如果你谅解他人，他人则不会给你带来痛苦；如果你谅解自己，自己也不会因情绪的纠结而痛苦；如果你用谅解目光看生活的一切，一切都不会给你带来痛苦。谅解是痛苦的止损点，你什么时候学了谅解，也就远离了痛苦。

　　在我国历史上，以少胜多的著名战例屡见不鲜，官渡之战就是其中之一。当时曹操仅有 7 万兵力，袁绍却有 70 多万兵力，兵力悬殊并非一般。为了避其锋芒，曹操采纳智者的谋略出奇兵火烧了袁绍的粮草重地，把袁绍打得落花流水。

由于仓皇出逃，袁绍竟没有来得及处理那些重要密件，密件全部落入曹操手中，其中还有曹操手下一些将领因惧怕袁绍强大而暗中写给袁绍的密信。许多忠将建议曹操把那些写密信的人全部杀掉，以除后患。聪明的曹操却说："大兵压境，袁绍那样强大，就连我也曾想过动摇，不能坚定自己的意志，何况他人？"他下令把所有的密信当众火烧掉了。

正当那些写密信的人心惊胆战地等待处罚时，没料到曹操竟如此宽宏大量，不单没有治罪于他们，还把他们通敌的证据全部烧毁。这件事让他们从内心深处对曹操感恩戴德，从此便死心塌地地为曹操卖力。一些敌对势力的谋臣勇将听说曹操如此大度不计前嫌，也都纷纷前去投奔，为他建立宏图大业创造了条件。

谅解不是语言上说说就算的事，真正的谅解是从内心里不计较。谅解，需要真诚地接受；谅解，需要坦然地忘却；谅解，需要有退一步海阔天空的胸怀。朋友间的谅解，是一笑泯恩仇的释然；亲人之间的谅解，是亲缘的无可割断；夫妻间的谅解，是吵过嘴后轻轻递给对方的那杯香茶；同事之间的谅解，是大家同心协力完成工作。学会了谅解，你才会真正明白什么叫"反观自己难全是，细论人家未尽非"。学会了谅解，你才能真正享受到"处处绿杨堪系马，家家有路到长安"的潇洒。

有一次，萧伯纳正在街上走着走，被一个冒失鬼骑车撞倒在地上，幸好并无大碍。肇事者急忙扶起他，连声抱歉，萧伯纳却为这个撞到他的冒失鬼解围："可惜你运气不好，如果把我撞死的话，你很快就会在四海扬名了。"有时候，谅解就是这样一剂良药，它赶走了痛苦，却带来轻松和快乐。

在生气之前，不妨先了解一下真相

有时，你眼睛所看到的事情往往与事实还有一段距离，因此，我们在了解事情的真相之前一定不要冲动。

有一对年轻的夫妇，妻子因为难产死去了，不过孩子倒是活了下来。丈夫一个人既工作又照顾孩子，有些忙不过来，可是找不到合适的保姆照看孩子，于是他训练了一只狗，那只狗既听话又聪明，可以帮他照看孩子。

有一天，丈夫要外出，像往日一样让狗照看孩子。他去了离家很远的地方，所以当晚没有赶回家。第二天一大早他急急忙忙往家里赶，狗听到主人的声音摇着尾巴出来迎接，可是他却发现狗满口是血，打开房门一看，屋里也到处是血，孩子居然不在床上……他全身的血一下子都涌到头上，心想一定是狗的兽性大发，把孩子吃掉了，盛怒之下，拿起刀把狗杀死了。

就在他悲愤交加的时候，突然听到孩子的声音，只见孩子从床下爬了出来，丈夫感到很奇怪。他再仔细看了看狗的尸体，这才发现狗后腿上有一块肉没有了，而屋门的后面还有一只狼的尸体。原来，是狗救了他的孩子，而狗却被他误杀了。

培根说："冲动就像地雷，碰到任何东西都一同毁灭。"如果你不注意培养自己冷静平和的性情，碰到不如意的事就暴跳如雷，情绪失控，就会让自己陷入自我戕害的囹圄之中。

滨生得高大魁梧，可心眼却小得像芝麻粒一样。他的妻子玲在工厂里做工，上夜班的时候滨送到厂门口，下班时早早就在门口等着，结婚3年从来如此，把玲的那帮姐妹们都羡慕得不得了，只有玲自己心里明白是怎么一回事。

总是这样也就罢了，可滨心里还是直犯嘀咕。为此滨心生一计，很认真地对玲说："这几天我们单位忙，不能去接你了。晚上你自己回家吧。千万要小心点。"

到了妻子快下班的时间，滨把自己全副武装起来，头上戴着棒球帽，一个大口罩把脸捂得严严实实的，还把风衣的领子竖了起来，躲在妻子厂子的大门旁边。

到了下班的时间，工人们一拨一拨地走了出来，可是就是没有玲，滨的心不由得揪了起来。人越来越少了，滨的心因为越来越急。在疏疏落落的人群快要走尽的时候，滨才看见玲和一个男子一起走出了厂门，两个人一边走还一边说着什么，显得很亲密的样子。

本来就一肚子连醋带火的滨再也忍不住了，一个箭步就冲到了俩人面前，一把把玲的头发抓住："老子稍微一放松，你就找野男人。"

其实，跟玲一起出来的男子是车间的党支部书记，因为第二天厂子里要组织积极分子搞活动，下班时找玲谈了谈。当听玲说丈夫不能来接她时，就决定送她一段。

一场疑心病引发的大闹，让玲在厂子里面抬不起头来，她与滨的姻缘也走到了尽头。

每个人都有冲动的时候，尽管它是一种很难控制的情绪，但不管怎样，我们一定要努力去做。否则，一点细小的疏忽，就可能给自己也给别人造成伤害。在了解真相之前，千万不要冲动。

第五章

扭转导致愤怒的错误思维

人往往会低估自己应对不幸的能力

面对困难和挫折，很多人往往觉得自己无能，没有足够的能量去应对接二连三的挫折。于是一方面怨恨上天对自己不公平，另一方面又因自己无能而生气。

一个农夫在谷仓前面注视着一辆轻型卡车快速开过他的土地。他14岁的儿子正在开着这辆车，由于年纪还小，他还不够资格考驾驶执照，但是他对汽车很着迷，而且似乎已能够操纵一辆车子。因此，农夫就准许他在农场里开这辆客货两用车，但是不准开到外面的道路上。

突然之间，车子翻到水沟里去了，他大为惊慌，急忙跑到出事地点。他看到沟里有水，而他的儿子给压在车子下面，躺在那里，只有头的一部分露在外面。

这位农夫并不很高大，他有170厘米高，70公斤重。但是他毫不犹豫地跳进水沟，把双手伸到车下，把车子抬了起来，高度足以让另一位跑来援助的工人把那失去知觉的孩子从下面拉出来。

当地的医生也很快赶来，给男孩检查了一遍，只有一点皮肉伤，其他毫无损伤。

这个时候，农夫觉得很奇怪，他去抬车子的时候根本没有停下来想一想自己是不是抬得动。由于好奇，他决定再试一次，结果根本就抬不动那车子。

当农夫看到自己的儿子快要淹死的时候，他的心智反应是要去救儿子，而再也没有其他的想法，他一心只要把压着儿子的卡车抬起来。可以说是精神上的肾上腺引发出潜在的力量。而如果情况需要更大的体力，心智就可以产生出更大的力量。

既然人们有足够的能量可以摆脱失败的困境，当我们遇到失败的时候就不要悲观绝望，更没有必要痛不欲生。

心理学研究认为，人们往往过分夸大了失败的严重性和不利因素。不少人往往过分夸大形势危机带来的潜在惩罚与失败，他们用自己的想象力来和自己作对，把事情小题大做，仿佛一次小小的失败就是生死攸关的大事。换句话说，当这些人面对困难的时候，他们往往不相信自己应对不幸的能力。

英国著名哲学家罗素说过："遇到不幸的威胁时，认真而仔细地考虑一下，最糟糕的情况可能是什么？正视这种不幸，找到充分的理由使自己相信，这毕竟不是那么可怕的灾难。这种理由总归是存在的，因为在最坏的情况下，在个人身上发生的一切决不会重要到影响世界的程度。你坚持面对最坏的可能性，怀着真诚的信心去对自己说：'不管怎样，这没有太大的关系。'这样，经过一段时间以后，你会发现你的忧虑减少到一个非常小的程度。也许你需要把这个过程重复几次，但是到最后，你面对最坏的情况也不退缩，你的忧虑已经完全消失，取而代之的是一种喜悦的心情。"

放弃你的苛刻要求

"吹毛求疵"的意思是故意挑毛病，寻找差错。这一癖好不但会使别人疏远你，它也会使你感觉很糟糕。它鼓励你去考虑每件事和某个人的不当之处——你不喜欢的地方。所以，"吹毛求疵"不是使我们欣赏生活，而是鼓动我们认为生活并不尽如人意，没有什么是尽善尽美的。

在我们的人际关系中，吹毛求疵的典型表现是这样的：你遇到某人且他一切都好，你被他的外表、个性、智慧、幽默感或这些品质的某种结合所吸引。开始时，你不但赞同此人与你的不同之处，甚至会被这个人所吸引。然而，过了一段时间，你开始注意到你的新搭档有些小缺陷，你认为应该能够有所改善。你使他注意到这一点，这时你也许会说："你知道，你确实有迟到的倾向。""我已注意到你不大看书。"关键是，你已开始不可避免地转入一种生活方式——寻找和考虑他身上你不喜欢的地方，或不十分正确的地方。

斯蒂夫不是个引人注目的人。他本可以悠闲自在、安安静静，然而，他偏要一刻不停地向人"介绍"自己。当斯蒂夫说约翰长得太高时，同事仔细地看了看斯蒂夫。虽然他们是抬头不见低头见的老相识，同事却突然发现，斯蒂夫实在太矮。

当斯蒂夫讲丹妮的眼睛看着让人恶心时，同事才注意了斯蒂夫的眼睛，并拿他的眼睛和丹妮的眼睛做了对比。相比之下，原来丹妮的眼睛是那么清澈，那么明亮。

斯蒂夫说史密斯有个难看的塌鼻子，却没有注意到他自己脸上的肉团也不怎么样。

斯蒂夫讲丹弗尔是"豁牙啃西瓜"，却忘了他自己的门牙间那条气魄、开阔的"巴拿马运河"。

爱丽斯讲兰迪风骚，裙子太短，衣服太露。同事了解到，那是因为爱丽斯没有兰迪那种风韵。爱丽斯曾在镜子前研究了自己的体形，不得已换上了一条尽可能把自己遮盖严实的连衣裙。

鲍波说鲁道夫命苦，整天忙碌，却不知道他活得多么幸福。他有爱，有妻子、有儿女、有工作，他怎能不忙碌？但他不怕忙碌，而且乐于忙碌。

马力说海伦……

噢，生活中有多少人在用挑剔的眼光批评别人哪！

是的，他五音不全，可他哼的小调，却充满了快乐的精神。

是的，她长得不算好看，可真挚的微笑，却使她显得动人。

是的，她已年近半百，可她童心未泯。

是的，他思维不够敏捷，可他从不算计别人。

你能说他们不美吗？

你看见小草绿了，杨柳树吐芽了吗？你注意到涓涓小溪的悠悠流动了吗？

你会因为秋天的萧条、冬日的寒冷而说这两个季节不好吗？除非你不曾踏过落叶、赏过雪景。

夕阳射出一抹金光，留在茸茸的草坪上；海风抚摸着大海；蓝天亲吻着大地；太阳依旧东升西落，星星依然闪烁在夜空。

宇宙依然这么壮丽。你为什么看不到这一切，只在别人身上吹毛求疵，寻找缺陷呢？

无论你是否对你的人际关系或生活的某些方面吹毛求疵，你所需要去做的只是将吹毛求疵当成一个坏习惯改掉。当这个习惯偷偷侵入你的思想，你要及时管住自己并封上你的嘴，你越不常去挑剔你的伙伴或朋友，你就越能注意到你的生活确实十分美好。

变通一下，放弃你的苛刻和吹毛求疵，试着用欣赏的眼光看待同事和朋友，你就会从他们身上找到很多优点。

接受自己的失误，但不要全盘否定自己

每个人都想会犯错，都会失败，失败之后，谴责自己是这很正常的，起码这说明你已经意识到了问题的错误，而不是逃避责任。但是如果老是抓着自己的失误不放，只会让你越想越生气。适度的自责是好的，但是过了度，只会引爆你的愤怒情绪。特别是当这件事情意义重大的时候，如果这件事失败了，在以后的生活中，一个人想起来更容易生气。

那么，到底会成为助力还是成为阻力呢？这并不取决于你的缺点本身，而是决定于你如何看待它们。是正视，还是掩饰？是积极面对，还是消极悲观？是扬长避短，还是破罐破摔？不同的心态，不同的看待，将是你人生成败的关键因素。

我们所有的人都会犯错，而且将来还会继续犯错。放下过去的错误，向前看，才能有更多的收获。我们一生当中会犯很多错误，如果每一次都抓住不放，甚至开始否定自己，那么我们的人生恐怕只能在懊悔中度过。很多事情，既然已经没有办法挽回，就没有必要再去惋惜悔恨了。与其在痛苦挣扎

中浪费时间，还不如重新找到一个目标，再一次奋发努力。所以，一旦你失败了之后，请务必注意以下几点：

接受失败

我们要把已经发生的一切都看成是正常的，要勇敢地承认现实，接受现实。如果失败已成定局，不要因此后悔不已。切记，世上没有卖后悔药的，我们谁也不能再改变过去。

学会原谅自己

不要因犯错误而痛责自己，一定要学会原谅自己，为自己找出失败的原因，在接受教训的同时开脱自己。更不要因此否定自己。失败者往往放大自身的不足，把自己看得一无是处。你越是在失败时，就越应当从自己身上找出更多的优点才是。

总结教训，引以为戒

总结经验教训，避免再犯类似的错误，使失败对你变得更加有价值。就像卡耐基所说的："唯一可使过去错误有价值的方法，是很平静地分析我们过去的错误，而由错误中得到教训。"

正视自己的缺陷

"金无足赤，人无完人"，每个人都存在缺点，而解决缺点的最佳途径便是敢于变通思维，寻找出路而不是堵上绝路；正视缺点，听取别人的意见，这样，我们才能把事情做好。

无数条经线和纬线构成了我们这个地球。同样，优点和缺点构成了一个人。在这个世界上，每个人都存在着这样或那样的缺点，但如果你能了解并正视自己的缺点，那么就可以在很大程度上明白这些优点和缺点在不同时段所代表的不同意义，那么也就差不多接近完美了。

人的缺点有的是与生俱来的，无法加以改变的；有的则是被后天环境诱发而成的；有的则与品性无关，纯粹是一种外在的客观条件，例如美与丑、胖与瘦。而不管你愿不愿意，这些优缺点都会伴你一段时间，甚至是你的一生，对你产生重要影响，并且影响别人对你的态度，成为你在社会上求生存的助力或阻力。

愤怒时不要做任何决定

一个人如果在愤怒的时候做出决定,那么他做出的决定一般都是错误的,这样一来,他会更加愤怒,甚至开始悔恨,而他自己也只能生活在由愤怒继续引发愤怒的恶性循环中,所以,为了避免让自己日后更后悔,在愤怒的时候,千万不要做出任何决定。

有一次,成吉思汗带着一群人出去打猎。他们一大早便出发了,可是到了中午仍没有收获,只好意兴阑珊地返回帐篷。成吉思汗心有不甘,便又带着皮袋、弓箭以及心爱的飞鹰,独自一人走回山上。

烈日当空,他沿着羊肠小道向山上走去,一直走了很长时间,口渴的感觉越来越重,但他找不到任何水源。良久,他来到了一个山谷,见有细水从上面一滴一滴地流下来。成吉思汗非常高兴,就从皮袋里取出一只金属杯子,耐着性子用杯去接一滴一滴流下来的水。当水接到七八分满时,他高兴地把杯子拿到嘴边,想把水喝下去。就在这时,一股疾风猛然把杯子从他手里打落在地。

将到口边的水被弄洒了,成吉思汗不禁又急又怒。他抬头看见自己的爱鹰在头顶上盘旋,才知道是它捣的鬼。尽管他非常生气,却又无可奈何,只好拿起杯子重新接水喝。当水再次接到七八分满时,又有一股疾风把水杯弄翻了。又是他的爱鹰干的好事!成吉思汗顿生报复心:"好!你这只老鹰既然不识好歹,专给我找麻烦,那我就好好整治一下你这家伙!"

于是,成吉思汗一声不响地拾起水杯,再从头接着一滴滴的水。当水接到七八分满时,他悄悄取出尖刀,拿在手中,然后把杯子慢慢地移近嘴边。老鹰再次向他飞来,成吉思汗迅速拿出尖刀,把鹰杀死了。

不过,由于他的注意力过分集中在杀死老鹰上面,却疏忽了手中的杯子,因此杯子掉进了山谷里。成吉思汗无法再接水喝了,他转念想:既然有水从山上滴下来,那么上面也许有蓄水的地方,很可能是湖泊或山泉。于是他拼尽气力向上爬。他终于攀上了山顶,发现那里果然有一个蓄水的池塘。

成吉思汗兴奋极了,立即弯下身子想要喝个饱。忽然,他看见池边有一条大毒蛇的尸体，这时才恍然大悟："原来飞鹰救了我一命，正因它刚才屡屡打翻我杯子里的水，才使我没有喝下被毒蛇污染了的水。"

成吉思汗在盛怒之下杀死了心爱的飞鹰，他在明白了事情的真相后追悔莫及。如果他能忍住一时的怒气……但是没有如果，事情发生了就要承受结果，正因为世上没有后悔药，所以在考虑好后果前，不要在盛怒中做出决定。

愤怒会让人失去理智。做任何事我们都需要思路的高度清晰，但总有一些不顺利的事情甚至让人无法接受的事情发生，这时候，愤怒会不期而至，而愤怒恰恰是冷静思考的天敌。所以，我们必须学会制怒，在怒气爆发之前利用自我的控制力，在内心将这种恶性的情绪转移到良性的轨道上来。

不要将痛苦和压抑毫无理性地释放

暴躁是一种特殊情况下，将痛苦和压抑毫无理性地释放。暴躁的人听不得不顺耳的话，更不能应付不如意的事。一旦听见不顺耳的话或者是遇上不如意的事情，他们的火气就会不加克制地喷放。

脾气暴躁，经常发火，不仅是诱发心脏病的致病因素，而且会增加患其他病的可能性，它是一种典型的慢性自杀。因此，为了确保自己的身心健康，必须学会控制自己，克服爱发脾气的坏毛病。

暴躁就像一颗炸弹，一旦爆炸，不仅会炸伤自己，还会危害到与其他人的关系。因此，改变暴躁的性格，让自己心态平和，是十分必要的。

下面的几条措施将帮助你完成这一心理、生理转变过程，使你的性格臻于完善。

保持头脑清醒并寻找别人支持

当愤愤不平的情绪在你脑海中翻腾时，要立刻提醒自己保持理性，同时请求你的配偶或者亲朋好友提醒，帮助你改掉暴躁的毛病。

换位思维

把自己摆到别人的位置上，也许就容易理解对方的观点与举动。大多数场合，一旦将心比心，你的满腔怒气就会烟消云散，至少觉得没有理由迁怒于人。

诙谐自嘲

在那种很可能一触即发的危险关头，你还可以用自嘲让自己从多疑的性情中解脱出来。"我怎么啦？像个 3 岁小孩，这么小肚鸡肠！"幽默是抖落猜疑的尘埃、改掉发脾气毛病的最好手段。

反应得体

受到不公正的对待时，任何正常的人都会怒火中烧。但是，无论发生了什么事，都不可放肆地大骂出口，而该心平气和、不抱成见地让对方明白，他的言行错在哪儿，为何错了。这种办法给对方提供了一个机会——在不受伤害的情况下改正错误。

贵在宽容

学会宽容，放弃怨恨和报复，你随后就会发现，愤怒的包袱从双肩卸下来，显然会帮助你放弃错误的冲动。

愤怒往往是因为思绪控制了行为

现实生活中，有的人很容易发怒，一件芝麻大的小事可能会令其大发雷霆，周围的人常常为其定性为"臭脾气"。

或许这些人本质并不坏，甚至还可能是非常善良、热心肠，但往往因为他们这种易怒的"臭脾气"，很伤朋友之间的感情，于是在人际交往中越来越孤立。

从前，有个爱乱发火、脾气很坏的小男孩，他的父亲为了使儿子改掉这个坏毛病，决定教育教育他。一天，他给小男孩儿一大包钉子，让他每发一次脾气，就用锤子在他家后院的栅栏上钉上一颗钉子。第一天，小男孩发了38次脾气，在栅栏上就钉了38颗钉子。

过了几个星期，由于学会了控制自己的愤怒，小男孩每天在栅栏上钉钉子的数目逐渐减少。长期的经验使他发现控制自己的坏脾气比往栅栏上钉钉子要容易得多……最后，小男孩终于改变了很多，变得不爱发脾气了。他把自己的变化和感受告诉了父亲。父亲建议他说："如果你能坚持一整天不发脾气，就从栅栏上拔下一颗钉子。"几个月过去了，小男孩终于把栅栏上所有的钉子都拔掉了。

这一天，父亲拉着他的手来到栅栏边，对小男孩说："儿子，你按我说的话做得很好。但是，你看一看那些钉子在栅栏上留下的那些小眼，栅栏再也不会恢复原来的样子了。当你向别人发脾气的时候，你的言语就像钉子一样，在人们的心中留下难以愈合的疤痕。以后不管你怎么挽救，伤害永远存在。你要记住，要想不给别人带来伤害，唯一的办法就是控制自己的脾气，不要轻易向别人发火，学会帮助别人，你才会有越来越多的朋友。"

其实，我们何尝不是故事中的小男孩，对别人发牢骚、使性子，全然不顾别人的感受。恶语伤人与向别人投匕首没什么两样，如果任由不良情绪支配，就会成为情绪的奴隶，并吞下因恶劣情绪所造成的恶果。"动心忍性"，能够"增益其所不能"，成大事者必能宠辱不惊，心态平和，赢得别人的尊重和信任。所以，无论你是伟人还是普通人，能够时刻控制好自己的情绪，就能够收获最大的快乐。

有位哲人说过，愤怒是腐蚀生活的毒药。谁都有不顺心的时候，这是人之常情，但是，我们必须学会控制情绪。生活和事业上的成功，往往在很大程度上依赖于控制情绪和严格的自我约束。弱者任思绪控制行为，遇到问题便失去理智，大动肝火，往往会影响人际交往。相反，强者能让行为控制思绪，懂得克制自己，不会乱发脾气，朋友当然也是越来越多。

第六章

让你心平气和的六种技巧

生气就说出来，不间接表达

我们经常提醒自己要控制自己的情绪，但是据心理学家研究，要保持我们的心理健康就必须要学会适度宣泄。

宣泄就是吐露心中的积郁，让自己尽情吐露自己的牢骚和怨恨等不快情绪，从而达到心理平衡。适度地宣泄对我们的生理和心理都有好处。如果一个人心中的不快长期得不到宣泄，就会出现精神不振、人际关系紧张等情况，严重时还会给家庭带来危害。

张明山是一个中学老师，他曾遇到一件奇特而又有点可笑的事。那天晚上，他已经快睡着了，突然接到一个陌生女人打来的电话，对方的第一句话就是"我恨透他了"！"他是谁？"张明山奇怪地问。"他是我的丈夫！"张明山想，噢，她是打错电话了，就礼貌地告诉她："你打错电话了。"然而，这个女人好像没听见似的，继续说个不停："我一天到晚照顾孩子和生病的老人，他还以为我在家里享福。有时候，我想出去散散心，他都不让，而他自己天天晚上出去，说是有应酬，谁会相信……"尽管这中间张明山一再打断她的话，告诉她，他并不认识她，可她还是坚持把话说完了。最后，她对张明山说："您当然不认识我，可是这些话已被我压了很久，现在我终于说出来了，舒服多了。谢谢您，打扰您了。"

这个女人因为积压了过多的焦虑，已经到了非发泄不可的程度。为了自己心理的健康，她只好急不择人，随便找人发泄一气了。无疑，张明山的倾听让她暂时得到了情绪的缓解。

每个人的一生都会产生数不清的意愿、情绪，但最终能实现、能满足的并不多。一旦这样的情绪和意愿被压制，就会产生一种心理上的能量，这种能量只有通过其他的途径才能释放出去，它自身不会丝毫的减少，这就好像物理学中的"能量守恒定律"，即使你在压抑、克制阶段意识不到它的存在，也只说明它从"显意识层"，转移到了"潜意识层"，对你的影响仍然存在，而且一直在找机会真正发泄出去。

王军是某部门经理，与公司主管关系处理得很不好，工作起来不愉快，想换其他部门又不可能，是继续与处长对抗还是妥协？或寻求和解？王军觉得自己根本找不到办法，就开始逃避。平时工作上的事情，不表态，不提建议，进行消极对抗。烟酒不沾的他开始喝酒，业务上不求上进，喜欢回家看电视。因为不知如何应付与上司的人际关系，王军长期失眠，情绪焦虑，胃口不好，常在家中发脾气，甚至迁怒于妻儿。对此，他非常苦恼。

情绪就像大水，你不让它发出去，就像往水库里蓄水，只能越涨越高，在心理上形成了一个强大的压力，这势必会造成精神的忧郁、孤独、苦闷。如果这股暗流积到一定程度，就要冲破心理的堤坝，使人显现一种变态的行为，甚至导致精神失常。对于这样的情绪，最好的办法是疏导，是把他们发泄出来，而不是堵塞。因为堵塞只能是暂时的，达到一定程度就会造成"决堤"，那时情况失控，就更严重了。

正视所有的情绪

我们的情绪包括了许多方面：高兴、紧张、恼怒、胆怯、报复心……当然，也包括愤怒。

与好的情绪相比，我们要想让自己心平气和，更要正视自己的负面情绪。

很多人总是否定自己的负面情绪，可事实上，这些负面情绪并不会因为我们的否认而消失，只会在潜意识中隐匿起来，悄悄影响我们对自己的认同感。越是负面情绪越值得我们去承认，因为只有承认它们，我们才能战胜它们。

如果我们故意忽视负面情绪的存在，它们就会尽量唤起我们的注意，当我们的注意力稍微松懈的时候，它们就立即从潜意识里重新浮现出来。为了压抑它们，我们需要付出更大的精力，而这种付出完全没有意义。

诗人罗伯特·布莱把负面情绪形容为"每个人背上负着的隐形包裹"。布莱认为，在生命的前几十年里，我们总是努力想把包裹填满，而在生命的后几十年里，又会努力把包裹清空，减轻肩上的负担。

大多数人都对自己的负面情绪感到恐惧，不愿正面以对，殊不知，只有正视这些负面情绪，我们才能找回完整的自我，才能获得真正充实幸福的生活。

在生活中，总有人对我们说，不要心存报复，不要生气，不要紧张……越是这样，我们越觉得自己一定是个缺点满满的人。于是，我们努力地压抑这些负面的东西，但在压抑负面的同时，我们也压抑了与它们对立的那些积极因素。就像我们感觉不到自己的美，因为我们花了太多的精力掩饰自己的丑。

因为我们花了太多的精力来掩饰这些负面情绪，所以对于那些不小心把缺点暴露出来的人，总是十分鄙夷。我们变得越来越愤世嫉俗。甚至在我们的眼里，世界上根本没有一个人能够让我们顺心，整个世界对我们而言就是一个糟糕的地方。

带着这种愤懑，很多人越来越觉得上天不公。因为生在了错误的家庭，遇见了错误的朋友，生活在错误的地方，去了错误的学校念书……

就这样，我们掉进了"如果"的陷阱——"如果……我就可以……"可是，即便是假设再多，也丝毫不能解决问题。

现代社会经常会给人一种假象，似乎只有完美的人才能得到幸福。许多人在追求完美的过程中损失惨重，却总是难以如愿。为了装出一副完美的样子，他们的身体、精神和心灵都承担着重压。

一位医生曾这样描述自己的病人：我遇到过许多被病痛、失眠、抑郁症和人际关系问题所困扰的人，这些人从表面上看来都很完美——从不对别人发脾气，甚至祈祷也是为了别人。其中的一些人患上了癌症，却不知道为什么，他们只是一个劲地抱怨上天不公，其实，这些人并不是没有愤怒，只是这些东西受到的压抑太严重，在他们的潜意识里隐藏得太深，以至于他们自己和别人都无法意识到其存在。他们从小接受的教育要求他们先人后己、无私奉献，因为"这才是好人应该做的"。结果，在努力做好人的同时，他们逐渐丧失了完整的自我。对于这些人来说，最重要的是从这种状况中解脱出来，重新认清自己。他们需要学会原谅自己，允许自己在适当的时候表现出愤怒，因为只有这样，他们才能建立起真正的自尊和自爱。

我们之所以要正视这些负面情绪，为的是找回完整的自我，结束生活中的痛苦，让自己不必再欺骗自己，也不必再欺骗整个世界，让自己变得平静。

把工作当成信仰

经常做祷告，可以让人保持心平气和。这里的祷告实际上代表了一种信仰。也就是说，有信仰更容易让人塑造一颗平和的心。

举个简单的例子，我们生命的三分之一都是在工作中度过的，如果我们能把工作当成一种信仰，拿出做祷告的虔诚精神去对待工作，那么，工作对我们而言就不再是负担，而是彻底的享受。

任何一项事业的背后，都需要一种无形的精神力量作为支撑。这种精神就是要像信仰神祇一样信仰职业，像热爱生命一样热爱工作。敬业是职业人士的基本要求，而乐业就属于境界问题了。

工作中，无论是学习还是进德修业，都有三种不同的境界：一是知道。这一境界偏重于理性，对象外在于己，你是你，我是我，往往失之交臂，不能把握自如。二是喜好。这一境界触及情感，发生兴趣。就像一位熟识的友人，又如他乡遇故知，油然而生亲切之感，但依然是外在于我，相交虽融融，物我两相知。三是乐在其中。这种境界用一个最恰如其分的词语来形容，就是陶醉。陶醉于其中，以它为赏心乐事，就像亲密爱人一样，达到物我两忘、合二而一的境界。这是人生最理想的一种生存状态，有了这种状态，工作就是乐趣的源泉，我们的心灵就很容易沉静下来，做起事来就也会积极主动，并从中体会到快乐，从而获得更多的经验，取得更大的成就。

世上最幸福的人莫过于把自己的爱好当工作的人，因为这样的人，工作对他来说不是苦役，而是欢乐的源泉。在他心目中几乎没有"工作"这个概念，对他而言，时刻都潜心静气，享受着创造的自由和快感，享受着审美的喜悦和激情，毫无刻板、约束和勉强之感，他的心中只有更神圣的概念：事业和使命！把爱好当工作的人之幸福还在于，如果他能取得成功的话，他可以享受成果；如果他不能取得成功的话，他可以享受过程。如果你想对自己的终生幸福负责任，就要把自己的爱好和特长当作终生职业，这样你将来的事业就可以无忧了，因为人们在自己最喜爱、最擅长的领域里最容易取得成功。并且，在你取得成功之前，你还可以享受充满乐趣的奋斗历程！

当我们在做自己喜欢的事情时，很少感到疲倦，很多人都有这种感觉。比如在假日到湖边去钓鱼，整整在湖边坐了10个小时你都不觉得累，为什么？因为钓鱼是你的兴趣所在，从钓鱼中你享受到了快乐。产生疲倦的主要原因，是对生活厌倦，是对某项工作特别厌烦。这种心理上的疲倦感往往比肉体上的体力消耗更让人难以支撑。心理学家曾经做过这样一个实验：他把18名学生分成两个小组，每组9人，让一组的学生从事他们感兴趣的工作，另一组的学生从事他们不感兴趣的工作。没有多长时间，从事自己不感兴趣的工作的那组学生就开始出现小动作，开始抱怨头痛、背痛，而另一组的学生却干得很起劲。这个实验告诉人们：人们疲倦往往不是工作本身造成的，而是因为工作的乏味、内心的焦虑和挫折感引起的，它消磨了人对工作的活力与干劲，让人心虚浮躁，无法将心神融入工作中。

须知，工作是一种需要全身心参与的艺术。没有人能够一辈子被人养着，不劳动却能锦衣玉食；即使能够这样，这种寄生虫式的生活也不会让他得到多少快乐和满足，成就感更无从谈起。只有真正投身工作，体验到自己工作的乐趣，才能一生充满快乐和充实感，才能真正体验到生活的意义所在。

感恩是最好的减压方式

假如将全世界的人口压缩成一个100人的村庄，那么这个村庄将有：57名亚洲人，21名欧洲人，14名美洲人和大洋洲人，8名非洲人；52名女人和48名男人；30名基督教徒和70名非基督教徒；89名异性恋和11名同性恋。6人拥有全村财富的89%，而这6人均来自美国；80人住房条件不好，70人为文盲，50人营养不良，1人正在死亡，1人正在出生，1人拥有电脑，

1 人拥有大学文凭……

现在，当你看完这样的调查报告后，你是不是会有所触动呢？我们不是文盲，没有营养不良，甚至还拥有电脑和舒适的住房。原来，我们的生活并没有想象中的那么糟糕。我们整天哀叹、抱怨的"苦日子"放在更广大的时空里，竟然是很多人的渴求。原来，这就是幸福的味道。

如果我们以另一种眼光来衡量世界，或许感受的将会更加强烈：

"如果今天早晨起床时身体健康，没有疾病，那么我们比世界上其他几千万人都幸运，他们有的人甚至因为疾病和灾难而看不到下周的太阳；如果我们的生命中，没有尝试过战争的危险、牢狱的孤独、酷刑的折磨和饥饿的煎熬，那么我们的处境比其他5亿人要好；如果我们的冰箱里有可口的食物，身上有漂亮的衣服，有床可睡，有房可住，那么我们比世界上75%的人都富有；如果我们在银行有存款，钱包里又有现钞，口袋里也有零钱，那么我们已经成为世界上8%最幸运的人。此时，如果我们父母双全、没有离异，那我们就是很稀有的幸运的地球人；如果读了以上的文字，我们能够理解、能够明白、能够体会到自己的幸运和快乐，说明我们已不属于21亿文盲中的一员，他们每天都在为不识字而痛苦……"

当这些温暖的文字不断地流入人们的眼中，很多人涌出了热泪。原来，幸福不在别处，就是我们的手中。我们拥有着很多人羡慕的工作、事业与家庭；拥有着健康、阳光与和平；我们甚至还把握着人世间最真挚的亲情、爱情与友情……可是，就像很多时候我们常常会手里拿着东西却满屋子去找一样，我们握着自己的幸福而不自知。

我们为"得不到"而忧虑，为"已失去"而懊恼，却忽略了我们手中已经拥有的幸福。因为我们几乎同时忘记了一件很重要的事：感恩。

感恩是最好的减压方式。她能够让我们明白活在当下的分分秒秒都是一种莫大的幸福。从历史的延续性上来看，无论是我们的物质技术还是文化传统，主要是继承前人的成果。而就活在当下来讲，我们每个人的生活也都依赖他人的提供，包括衣食住行、柴米油盐。我们在获得每一粒米、每一件衣服的时候，都应该存着这样的感恩之心。

感谢赐给我们生命的父母；感谢给了我们人间欢乐的爱人和朋友；感谢人类曾经用鲜血的教训换来的和平与稳定；感谢日新月异的科技帮助我们更

好地改造生活……还要感谢阳光、雨露的滋养，感谢土地对我们生生不息的孕育。

是的，当很多人抱怨生活的不完美时，他却不知道还有更坏的生活。就像有的人抱怨自己没有穿鞋的时候，是因为他没有看到有的人其实还没有脚。其实，我们不需要通过与别人的比较来获得幸福，珍惜我们的拥有。

在承担眼前的一切时，请好好珍惜，学会以感恩之心来面对生活的赐予，并相信我们的生活正在以最好的方式徐徐展开。

花一些时间去和大自然亲近

现在可说是个高速发展的时代，同时也是个充满苦痛的时代。尤其是都市里的噪音及紧张更令人难以忍受，如今这种疾病甚至已扩散到乡村。

有一个夏天的下午，桑尼夫人与她的朋友到森林游玩，到达之后，就暂时在优美的墨享客湖山上小房子中休息。这里位于海拔2500米的山腰上，是美国最美的自然公园。

在公园的中央有一面宝石般的翠湖——墨享客湖。在几万年前地层大变动时，还造就了高高的断崖。

桑尼夫人的朋友的视线穿过森林及雄壮的崖岬，轻移到丘陵之间的山石，刹那间光耀闪烁、千古不移的大峡谷猛然照亮了她的心灵，这些美丽的森林与沟溪就成为滚滚红尘的避难所。

那天下午，天下起雨，她和她的朋友全身湿淋淋的，衣服贴着身体，心里开始有些不快，但是她和她的朋友仍彼此交谈着。慢慢地，整个心灵被雨水洗净，冰冰凉凉地雨水轻吻着脸颊，霎时引起从未有过的新鲜快感，而雨后的阳光也逐渐晒干了衣服，话语飞舞于树与树之间，谈着谈着，静默来到她和她的朋友之间。

她们用心倾听着四方的宁静。当然，森林绝对不是安静的，在那里有千千万万的生物活动着，而大自然张开慈爱的双手孕育生命，但是它的运作声却是如此的和谐平静。

在这个美丽的下午，大自然用慈母般的双手熨平她们心灵上的焦虑、紧张，一切都归于和平。

试想，大自然的音乐多美！风儿轻唱着，小鸟甜美地鸣啼……这种从盘古开天以来最古老的音乐绝非人类用吉他与狂吼能制造出来的旋律，如果白白浪费大好的自然资源，委实令人惋惜。

利用有意识的动作舒缓自己的情绪

在心理学上有个专业术语，叫"假喜真干"，意思就是让自己假装喜欢，并且付出实际的行动，那么，慢慢地，你就会真喜欢上这项活动或者是一件东西。

有一天，弗雷德遭遇到了让他感觉十分生气的事。在通常情况下，弗雷德应付烦闷情绪的办法就是避不见人，直到自己的坏心情消散为止。但是这天他要和自己的上司举行一个很重要的会议，所以他决定装出一副快乐的表情。他在会议上谈笑风生，笑容可掬。令他惊奇的是，在会议开始不久，他就发现自己不再像以前那样气愤了。弗雷德觉得神奇极了，他并不知道，自己无意中采用了心理学研究方面的一项重要原理：当一个人装作有某种心情时，往往真的能获得这种感受。

美国著名教育家戴尔·卡耐基有一个观点："假如你假装对自己的工作感兴趣，这态度往往就会使你的兴趣变成真。这种态度能减少一个人的消极情绪。"

有一位行政人员，经常要处理许多烦琐的文件、书信，还要打字和抄写，工作十分枯燥无味，经常被累得精疲力竭。后来她想："这是我的工作，单位对我不错，我应该把这项工作做得好一些。"于是她决定让自己假装喜欢这项工作（其实当时她很讨厌这工作）。此后，她发现一个重要奇妙的事情：开始是假装喜欢自己的工作，慢慢地，她真的就有点喜欢它了。而且，她还发现，因为喜欢起自己的工作，她比以前做得更有效率了。由于工作越来越好，她被提升了。她说现在自己总是能高高兴兴地超额完成任务。这种心态的改变所产生的力量，让她觉得神妙无比。

很多年以来，心理学家都认为：除非人们能改变自己的情绪，否则通常不会改变行为。我们常常逗眼泪汪汪的孩子说"笑一笑"，结果孩子勉强地笑一笑之后，跟着孩子就会真的开心起来了。情绪改变导致行为改变，著名的心理学家艾克曼的最新实验证明，一个人老是想象自己进入到某一种情境，感受到某一种情绪，结果这种情绪十之八九会真的到来。比方说，一个人故意装作愤怒，由于"角色"的改变和影响，他的心搏率和体温就会慢慢上升，最后，他的情绪会真的变得非常糟糕。心理研究的这一个重要的新发现：心临美景可以帮助我们极大地摆脱坏心情。

打个比方来说，当一个人生气的时候，他可以尽可能多地回忆愉快的场景；也可以说一些让自己冷静的话；也可以用微笑来激励自己。当然，要真笑，要尽可能多地想那些快乐的事情。高声朗读也很有帮助，只是在读书的时候要有表情，并且要选择能振奋精神而不是充满忧郁情调的作品。有一项心理研究显示：心情烦躁的人带着表情高声朗读后，他们的情绪会有极大改善。

利用有意识的动作来改变我们的心情，利用心情来改变我们的行为，这是一种帮助我们对待困难和挫折的有效方法。英国小说家艾略特曾说过："行为可以改变人生，正如人生应该决定行为一样。"的确，行为改变人生，但是情绪改变行为。保持积极的情绪，在遭遇困难或者是受挫的时候，让自己也"装"好情绪，那么，我们的行为也会随着改变，而我们的人生也会在好情绪的左右下变得明朗起来。

第三篇

按下"自我伤害"的暂停键

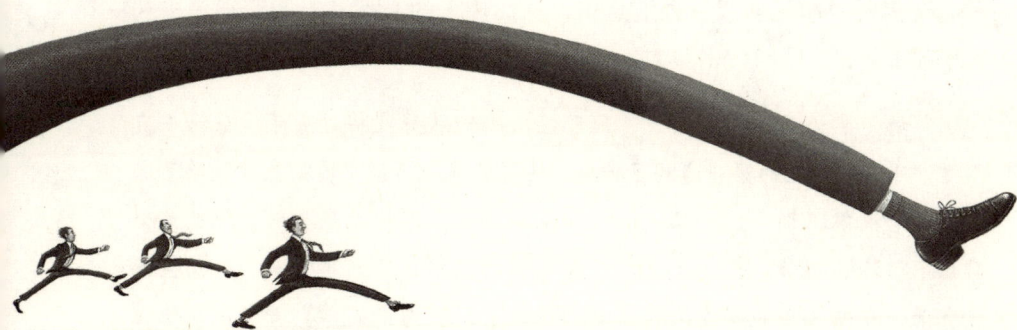

第一章

悲伤会蒙蔽我们的心

痛苦需要宣泄

生活中，当我们的情绪无法排遣的时候，很多人就会选择压抑。实际上，压抑是一种对人体极有伤害的消极情绪。压抑在心理学上指个人受到挫折后，不是将变化的思想、情感释放出来或转移出去，而是将其抑制在心里，不愿承认烦恼的存在。压抑能起到暂时减轻焦虑的作用，但不能使其完全消失，而是变成一种潜意识，从而使人的心态和行为变得消极和古怪起来。

蒋健是某公司的销售代表，他已经从事销售行业将近五年，业绩一直不错，可是最近他的事业遇到了挫折，他将公司一项很重要的生意搞砸了。为此，老板狠狠训了他一顿，他心中感到不平，因为无论如何，他也为公司立下了汗马功劳。但为了这份还算不错的工作，他忍了下来。屋漏偏逢连夜雨，相处几年的女友又提出要和他分手，理由很简单，女友说和他在一起没有感觉了。蒋健实在无法理解这个蹩脚的理由，但也没办法，毕竟女友决心已下，似乎很难更改了。他感到很痛苦，面对工作和爱情的双重挫折，他的心情非常压抑，除了工作必须，平时他也不爱说话了，性情变得越来越孤僻。

蒋健是因为在生活中遇到了挫折，没有及时地调整自己的心理状态，从而产生了压抑情绪。

压抑心理存在于社会各年龄阶段的人群中，它与个体的挫折、失意有关，容易产生使人自卑、沮丧、自我封闭、焦虑、孤僻等病态心理与行为。挫折与压抑感之间互为因果，形成一个恶性循环圈。

精神压抑使人产生心理压力，在工作中，我们就要做好自我调适工作，当我们的情绪实在无法排解的时候，我们就试着把压抑的情绪宣泄出来，让自己的心能够自由呼吸。那么，我们该怎样宣泄自己的压抑情绪呢？

心理压抑时，不妨读些至理名言，重拾信心

遇到挫折，应先从自己的主观方面去寻找原因，多读一些圣贤名人的书。圣贤名人之所以成功，就是他们能从挫折中走出来。人的一生会遇到许多挫折，如何战胜挫折，到达成功的彼岸，圣贤们的思想与足迹能予以我们许多启示。要停止自我比较，不要担心不如别人，要自己接受自己，确立一种自强、自信、自立的心态。

参加社交活动，在与人交往过程中感受生活的乐趣

心理压抑者可做些志愿性的工作，如社区服务或帮助邻居行动不便的老人购物，心情就会好些。因为只要有同情心，能够理解别人，你的心情也会轻松起来。

走进大自然，舒展你的身心

当你精神压抑时，可漫步于田间地头，跋涉于山水之间，置身于大自然的怀抱，也许会让你产生许多联想与灵感，悟出人生哲理，以调适自己的不适心态。也可以进行呼吸性的锻炼。例如散步、慢跑、游泳和骑车等，可以令你信心倍增、精力充沛。因为这些活动让你的肌体彻底放松，从而消除紧张和焦虑的心情。

不让失意不断扩散

电视剧《好想好想谈恋爱》中有这样一段，女主人公谭艾琳和男朋友伍岳峰分手之后，巨大的伤痛让她几乎崩溃，她将自己所有的情绪都用来抱怨：

"你现在打死伍岳峰他也不会明白，其实最受损失的是他，而不是我。

我是他生命中唯一的一次爱情机会，他错失了，他以后再也没有机会了，他以为他的天底下有几个谭艾琳？他真是有眼无珠，他以后只有哭的份儿了，这就叫过了这村就没这店了，他肠子都得悔青了。

"有的男人对我来说重如泰山，有的轻如鸿毛。伍岳峰就是鸿毛。我像扔个酒瓶似的把他彻底打碎了，他根本不懂女人，离开他是我的幸运和解脱。他将永远处处碰壁，对，碰壁，碰得头破血流。而我经过他历练，炉火纯青，笑到最后的是我。他完蛋了，他会一蹶不振，追悔莫及，太好了。"

诸如此类的抱怨她几乎如同潮水一样的倾倒给自己所有的朋友，直到有一天，朋友实在忍受不住自己的抱怨："你已经唠叨了一个星期了。说实话我听得已经有点儿头晕耳鸣了，再听下去我会疯掉的。"于是，在之后的日子中，她与同样失恋的男人章月明一起倾诉自己的不幸，在章月明的不断抱怨中，谭艾琳自己渐渐开始沉默，直到有一天她也听够了大喊道："别说了，太无聊了，一个男人或一个女人一辈子愤怒的是爱情、谩骂的是爱情、得意的是爱情、沮丧的还是爱情，一辈子就忙活爱情吗？你别再跟我唠叨了，我受够了。别人没有义务承担你感情的后果，这是你应该自己解决的问题，你爱一个人就是愿打愿挨的事，没有人逼你，知道吗？敢做就得敢当。"

很多小朋友在跌跌撞撞地学走路时，无数次跌倒。孩子对于疼痛是无法忍耐的，跌倒时每个孩子都会产生的一种反应是失声痛哭。如果这时他的父母匆忙赶过来，将他抱起，焦虑地检查他身上的伤口，宠溺地哄劝，本来已经声势渐竭的抽噎，又重新鼓足了力量。因为父母的悉心呵护让他觉得更加委屈，不自觉地软弱，用哭声向父母撒娇。但如果父母只是轻轻走过，说声"站起来"。孩子们的委屈也没有了什么理由，就会重新迈开自己两条稚嫩的腿摇摇晃晃地走路。

我们已经不再是小孩子了，早就该消除这种孩子气。别把自己的苦水吐尽，向别人撒娇，让自己的失意不断扩散。

生活中，我们常常以为自己通过抱怨可以博得别人的同情，但就像鲁迅笔下的祥林嫂一样，不幸的事情在别人的耳朵里已经长茧，当初的同情也可能化成嘲笑和别人茶余饭后的笑柄。而对于我们每一个人来说，遇到不幸的事情，抱怨根本不能让失去的东西重新得到，反而更加影响自己的生活，失去的越来越多。

当一个人开始抱怨的时候，他能想到的只是自己的不幸，于是就越想越伤心，越想越悲哀，当这种坏情绪不断蔓延时，他根本就没有心情去做别的事情。比如当抱怨自己的生活条件不佳，不仅不能为改善你的生活，反而影响到你为自己创造更好条件的机会和时间。所以说，抱怨不如调整好自己的状态，努力改变现状，这样更容易让自己摆脱困境。

心向着阳光，就不会感到悲伤

歌德夫人曾经说过："我之所以高兴，是因为我心中的明灯没有熄灭。道路虽然艰难，但我却不停地去求索我生命中细小的快乐。如果门太矮、我会弯下腰；如果我可以挪开前进路上的绊脚石，我就会去动手挪开；如果石头太重，我可以换条路走。我在每天的生活中都可以找到高兴事儿。我总能以一种快乐的心态面对事物。"

尽管生活不可能一帆风顺，但是只要我们的心是向着阳光的，就不会感受到悲伤。找一件自己喜欢的事情，全身心投入地去做，本身就是一种快乐的享受。这种快乐，要比花费钱财到游乐场寻找乐趣要划算得多。

要想心向阳光就需要多给自己一些积极的心理暗示，积极的心理暗示，会产生了一种努力改变自我、完善自我的进步动力。企盼将美好的愿望变成现实的心理，这就是心理暗示的作用。

心理暗示是我们日常生活中最常见的心理现象，它是人或环境以非常自然的方式向个体发出信息，个体无意中接受这种信息并做出相应的反应的一种心理现象。暗示有着不可抗拒和不可思议的巨大力量。

成功心理、积极心态的核心就是自信主动意识，或者称作积极的自我意识，而自信意识的来源和成果就是经常在心理上进行积极的自我暗示。反之也一样，消极心态、自卑意识，就是经常在心理上暗示，而不同的心理暗示也是形成不同的意识与心态的根源。所以说心态决定命运，正是以心理暗示决定行为这个事实为依据的。

每个人都应该给自己以积极的心理暗示。任何时候，都别忘记对自己说一声："我天生就是奇迹。"本着上天所赐予我们的最伟大的馈赠，积极暗示自己，你便开始了成功的旅程。

拿破仑·希尔给我们提供了一个自我暗示公式，他提醒渴望成功的人们，要不断地对自己说："在每一天，在我的生命里面，我都有进步。"暗示是在无对抗的情况下，通过议论、行动、表情、服饰或环境气氛，对人的心理和行为产生影响，使其接受有暗示作用的观点、意见或按暗示的方向去行动。

积极的自我暗示，能让我们开始用一些更积极的思想和概念来替代我们过去陈旧的、否定性的思维模式，这是一种强有力的技巧，一种能在短时间内改变我们对生活的态度和期望的技巧。

也就是说，我们可以通过有意识的自我暗示，将有益于成功的积极思想和意识，洒到潜意识的土壤里，并在成功过程中减少因考虑不周和疏忽大意等招致的破坏性后果，全力拼搏，不达目的不罢休。所以，你通过想象不断地进行积极的自我暗示，很可能会成为一个杰出者。

快乐本来不需要刻意为之，为快乐而快乐，抓住生活中的每一个小惊喜，尽情发挥，你会发现，这种"碰巧为之"的乐趣是任何既有的娱乐形式都无法比拟的。

认同无法摆脱的痛苦，才有活下去的勇气

很多时候，我们都喜欢设想，假如自己出生在国外多好，假如当初报了另一所大学，假如他不出现在错误的时间，等等，如果这些设想都能够成立，那么这个世界一定会变得非常完美，至少是我们认为的圆满。

遗憾的是，人生不过是一张单程车票，所有走过的、经历过的都会成为不可更改的事实和历史。所有欢欣、悲伤的，无论你认同还是不认同，都成为生活的真相，且成为不可更改的历史。

生活中，我们经常会面临很多无奈。当面对这些无奈的时候，有人哀叹自己生不逢时；有人抱怨命运不公；甚至有些人选择一些非常消极的手段来应对这些无奈……可事实上，如果事情不能更改，如果事情超出了我们把握和控制的范围，再多的抱怨也无济于事。与其抱怨着忏悔不已，我们就不如

让自己认同这种情况，然后再想办法去改善，这比不接受事实不认同现实要好得多。

有一个樵夫到山上砍柴，由于不慎而跌下山崖，在即将被摔得粉碎的情况下，情急之中他拉住了半山腰上一根横出的树干，幸好这根树干比较结实，樵夫并没有掉下山崖，而是被吊在半空中，命暂时是保住了。但是新的问题又来了：悬崖光秃秃的，并没有可以抓手的地方，况且还很高，人根本就爬不上去，而下面就是崖谷，跳下去似乎也不是那么合适。

无奈的樵夫只好在那里等待救援，可谁又知道他被吊在半空了呢？正在不知如何是好的时候，恰巧有一老僧路过，他给了樵夫一个指点，说："放手！"

"放手，那我不就掉下去了吗？"

既然不能上，那么唯一活命的途径已经被证实是不可能的了。如果总这么吊着也肯定只能等死，那唯一的办法就只有往下跳了——虽然不一定活，但也不一定死。

在生活中，我们也会遇见不可改变但是让人难以接受的事实，这时候进也困难，退也不是，争取不容易，放弃也不是。如此一来，纠结的情绪就开始缠绕着我们。

事实上，想摆脱这种痛苦，有一种办法就是接受已经发生的、不可改变的现实，并从这个现实出发，再另行考虑。而不是在那里执拗地想着要改变根本无法改变的现实，或者是心有不甘而想着要如何才能回到过去。这样做既不能如你所愿真的回到过去，又会浪费你的精力，与其这样，还不如接受这个失败的现实，然后重整旗鼓，为下一次成功做出努力。

不要抱怨上天的不公，也不要抱怨命运的坎坷，很多有所成就的人并不是因为上天多么青睐他们，而在于他们在残酷的现实面前不是一味悲伤，而是在勇于接受无法改变的事情之后不断崛起。

遭遇寒冬，很多的人会设想暖春来慰藉自己，这本无可厚非，但若是沉溺其中，这些假设就会成为我们心灵的枷锁，让人们学会逃避，不敢面对事实真相。我们要学会敢于接受真相，不和过去的任何事情较劲，才有精力去"改造"自己不尽如人意的命运。

鲁迅说过，真的猛士，敢于直面惨淡的人生，敢于正视淋漓的鲜血。那么，就让我们做这样一个真正的猛士和勇者，直面不如意的现状，并想方设法去改造它、完善它。

与其向世界"浪皱眉"，不如向生活"放开眼"

明人陆绍珩说，一个人生活在世上，要敢于"放开眼"，而不向人间"浪皱眉"。

"放开眼"和"浪皱眉"就是对人生正反面的选择。你选择正面，就能乐观自信地舒展眉头，面对一切；你选择背面，就只能是眉头紧锁、郁郁寡欢，最终成为人生的失败者。

美国心理学家杰弗·戴维森认为："积极的心态源于对工作和学习的乐观精神，凡事不要想得太悲观、太绝望，否则你眼中的世界将是一片灰暗、一片混沌，工作起来自然也就打不起精神。"

一个阳光的人，心情乐观开朗，他的人生态度是积极的，不管在工作中还是在生活上，都能很好地完成任务，因此这类人在这段时间里自我价值的实现也就相对比较多，自我价值实现得越多，自我肯定的成就感也就越多，这样就能拥有一个好的心情，形成一个良性循环。相反，一个心情阴暗的人悲观、抑郁，整天愁眉苦脸地面对生活，不管做什么事情都不积极，甚至错误百出，那么他的自我价值就会实现得越来越少，自我否定的因素就会增加，使心情更加消极抑郁，成了一个恶性循环。

因此有人说，积极的心态会创造阳光的人生，而消极的心态则让人生充满阴霾；积极的心态是成功的源泉，是生命的阳光和温暖，而消极的心态是失败的开始，是生命的无形杀手。

有一个对生活极度厌倦的绝望少女，她打算投湖自杀。在湖边她遇到了一位正在写生的老画家，老画家专心致志地画着一幅画。少女厌恶极了，她鄙薄地看了老画家一眼，心想：幼稚，那鬼一样狰狞的山有什么好画的！那坟场一样荒废的湖有什么好画的！

老画家似乎注意到了少女的存在和情绪，他依然专心致志、神情怡然地画。一会儿，他说："姑娘，来看看画吧。"

她走过去，傲慢地睨视着老画家和他手里的画。

少女被吸引了，竟然将自杀的事忘得一干二净。她从没发现过世界上还有那样美丽的画面——他将"坟场一样"的湖面画成了天上的宫殿，将"鬼一样狰狞"的山画成了美丽的、长着翅膀的女人，最后将这幅画命名为"生活"。

少女的身体在变轻，在飘浮，她感到自己就是那袅袅婀娜的云……

良久，老画家突然挥笔在这幅美丽的画上点了一些黑点，似污泥，又像蚊蝇。

少女惊喜地说：星辰和花瓣！

老画家满意地笑了："是啊，美丽的生活是需要我们自己用心发现的呀！"

其实少女和老画家看到的景色并没有根本的区别，仅仅是当时的心态有所不同，生活的美与丑，全在我们自己怎么看，如果你将心中的丑陋和阴暗面彻底放下，然后选择一种乐观积极的心态，用心去体会生活，就会发现，生活处处都美丽动人。

悲观失望的人在挫折面前，会陷入不能自拔的困境；乐观的人即使身处绝境，也能看到希望，并为此努力。即便是到了他们生命的最后一天，他们也要背过阴暗，让自己朝着太阳。在他们的人生中到处充满着明媚的阳光，即便是在乌云的笼罩之下，他们对未来依然会充满期待。

既然世界的变化完全是由自己的感觉来决定的，那么，何不让自己永远保持良好的感觉呢？

世界是快乐的还是悲伤的，是精彩的还是单调的，关键在于你怎么看。

安德烈在小时候，不知道从哪儿得到了一堆各种颜色的镜片，他喜欢用这些有颜色的镜片遮挡眼睛，站在窗台上看窗外的风景。用粉红色的镜片，面前的世界便是一片粉红色；用蓝色的镜片，眼前就是一片蓝色；当用黄色的镜片的时候，世界又变成黄色的。用不同的镜片去看眼前的世界，世界便为他呈现不同的颜色。

这是在他小时候发生的一件事情。后来安德烈渐渐长大，每当遇到不高兴的时候，他就会想起这件事情。他总是对自己说："世界并没什么不同，我可以决定这个世界的颜色啊！"

安德烈的故事给了人们很好的启示：如果你不能改变世界，那就改变一下自己吧。

世界的色彩是随着我们情绪的变化而变化的，你拥有什么样的心情，世界就会向你呈现什么样的颜色。所以，别让悲观挡住了生命的阳光，当你的心情晴朗起来的时候，你的世界将会是朗朗晴空。

失恋是寻找幸福的新机会

爱情对于某些人来说，是生命的一部分，是一种人生的经验，有顺境有逆境，有欢笑有悲哀。当我们遭遇逆境的寒流，要学会勇敢地、冷静地处理自己伤心失落的情绪，重新发展另一段感情。所以当你失恋时，你应该告诉自己："还有下一次，何必去计较呢？"无论你这次跌得多痛，也要鼓励自己，坚强起来，重拾那破碎的心，去等待你的"下一次"。

艾佳有一天整理旧物，偶然翻出几本过去的日记。她翻了几页，都是些现在看来根本不算什么，可是在当时却感到"非常难过""非常痛苦"或是"非常难忘"的事。看了不觉好笑，艾佳放下这本又拿起另一本，翻开，只见扉页上写道："献给我最爱的人——你的爱，将伴我一生！我的爱，永远不会改变！"

看了这一句，艾佳的眼前模模糊糊地浮现出一个男孩的身影。曾经以为他就是自己的全部生命，可是离开校门以后，他们就没有再见面，她不知道他现在在哪儿，在做什么。她只知道他的爱没有伴自己一生，她的爱，也早已经改变。

许多人曾经以为只要好好爱一个人，就不会分手，现在才知道，你对他好，他也一样会爱别人。曾经以为自己不会再爱上第二个人，可是一旦你经历着一生中的第二次爱情，就会发现和第一次一样甜美，一样折磨人，一样沉迷，一样刻骨。

所以，有一天当失恋的痛苦降临到我们身上时，也不必以为整个世界都变得灰暗，理智的做法应是给对方一些宽容，给自己一点心灵的缓冲，及时进行调整，用新的姿态迎接明天。下面是哲学家苏格拉底和一位失恋者的对话，其中闪现着智者对人生非凡的感悟和智慧，对于那些身陷恋爱泥淖的人们定能有一些启发。

苏：孩子，为什么悲伤？

失：我失恋了。

苏：哦，这很正常。如果失恋了没有悲伤，恋爱大概也就没有味道。可是，年轻人，我怎么发现你对失恋的投入甚至比恋爱还要倾心呢？

失：到手的葡萄给丢了，这份遗憾，这份失落，您非个中人，怎知其中的酸楚啊！

苏：丢了就丢了，何不继续向前走去，鲜美的葡萄还有很多。

失：踩上她一脚如何？我得不到的别人也别想得到。

苏：可这只能使你离她更远，而你本来是想与她更接近的。

失：您说我该怎么办？我可真的很爱她。

苏：真的很爱？那你当然希望你所爱的人幸福。

失：那是自然。

苏：如果她认为离开你是一种幸福呢？

失：不会的！她曾经跟我说，只有跟我在一起的时候她才感到幸福！

苏：那是曾经，是过去，可她现在并不这么认为。

失：这就是说她一直在骗我？

苏：不，她一直对你很忠诚。当她爱你的时候，她和你在一起；现在她不爱你，她就离去了。世界上再没有比这更大的忠诚。如果她不再爱你，却还装得对你很有情谊，甚至跟你结婚、生子，那才是真正的欺骗呢。

失：可我为她所投入的感情不是白白浪费了吗？谁来补偿我？

苏：不，你的感情从来没有浪费。因为在你付出感情的同时，她也对你付出了感情，在你给她快乐的时候，她也给了你快乐。

失：可是这多不公平啊！

苏：的确不公平，我是说你对所爱的那个人不公平。本来，爱她是你的权利，但爱不爱你则是她的权利，而你却想在自己行使权利的时候剥夺别人行使权利的自由。这是何等的不公平！

失：可是您看得明白，现在痛苦的是我而不是她，是我在为她痛苦！

苏：为她而痛苦？她的日子可能过得很好，不如说你为自己而痛苦吧。

失：依您的说法，这一切倒成了我的错？

苏：是的，从一开始你就犯了错。如果你能给她带来幸福，她是不会从你的生活中离开的，要知道，没有人会逃避幸福。不过时间会抚平你心灵的创伤。

失：但愿有这一天，可我的第一步该从哪里做起呢？

苏：去感谢那个抛弃你的人，为她祝福。

失：为什么？

苏：因为她给了你寻找幸福的新的机会。

经历了许多的人，许多的事，历尽沧桑之后，你就会明白：这个世界上，没有什么是不可以改变的。美好、快乐的事情会改变，痛苦、烦恼的事情也会改变，曾经以为不可改变的，许多年后，你就会发现，其实很多事情都改变了。而改变最多的，竟是自己。

拥有乐观心态的九种方法

乐观的人无论在什么时候，都感到光明、美丽和快乐的生活就在身边。他们眼睛里流露出来的光彩使整个世界都流光溢彩。在这种光彩之下，寒冷会变成温暖，痛苦会变成舒适。

具有乐观心态的人，他们的特点是把眼光盯在未来的希望上，把烦恼抛在脑后。培养乐观、豁达的性格，将会让一个人终生有益，那么，乐观心态该如何培养呢？

承认现实

有时，人们变得焦躁不安是由于碰到自己所无法控制的局面。此时，你应承认现实，然后设法创造条件，使之向着有利的方向转化。此外，还可以把关注点转到别的什么事上，诸如回忆一段令人愉快的往事。

不要太挑剔

挑剔就是一种苛刻，挑剔的人看不惯社会上的一切，希望人世间的一切都符合自己的理想模式，这当然不可能。与其整天挑剔别人，弄得自己愁容满面，不如抱一颗宽容的心看世界，要知道只要心宽容了，天地就会自然宽广。

学会适时屈服

当你遇到重创时，往往变得浮躁、悲观。但是，浮躁、悲观是无济于事的。你不如冷静地承认发生的一切，放弃生活中已成为你负担的东西，终止不能达到目的的活动，并重新设计新的生活。能屈能伸才能活得自由，只要不是原则问题，我们又何必太固执。

学会微笑

微笑是世界上最美的表情。面对一个微笑着的人，我们能感觉到他的自信、友好，同时这种自信和友好也会感染我们，使我们也生出友好来，从而让彼此的关系更加亲密起来。恰如有人说的那样，微笑就是人际关系的润滑剂。

学会感恩

感恩与快乐紧密联系。一个懂得感恩的人更容易体会到生活的乐趣。心理学研究表明，把自己感激的事物说出来或者写出来能够提高一个人的快乐感。生活中，我们可以感激的很多，感激自己健康地活着，感激自己是自由的，感激自己还有一个美好的未来，感激过去他人赠予你的一切。一个人可感激的越多，他就越快乐。

与乐观者为伍

尽可能选择生活在积极的氛围下，选择积极乐观的朋友。避免受到不良情绪的感染，是保持乐观心态的一个重要方法。

学会释然

有些问题根本无法解决或者是根本无法按照自己的意思进行，那么就学会放手吧。很多时候，之所以痛苦是因为我们不肯放手，而事实上，当我们真正放下一件事情的时候，我们才知道，原来一切也不过如此。

做事之前，先列个小清单

很多时候，我们被工作或者一些事情缠绕的焦头烂额，事实上，事情或许并不大也并不麻烦，我们之所以忙得不可开交，很重要的一个原因是我们对自己所做的没有一个明确的计划，因此，在做事之前，用5分钟时间把该做的事情列个清单，这样你就会感到一切尽在掌握之中。

大声宣布：今天是我的日子

列出5件你喜欢但很少做的事，例如：买件漂亮的衣服、洗一个澡、看场好电影、听优美的音乐、选一本喜欢的书、坐在麦当劳里喝着咖啡听着音乐……

乐观是一种积极的人生态度。拥有乐观心态的人对任何人或事总是抱着乐观的态度，即使遇上困难和挫折，他也会认为这是一件好事，这样的人生当然常常会有意外的惊喜。

第二章

绝处逢生，无须把自己逼上绝路

没有绝望，堵死路的是我们自己

生活中，任何时候我们都不要绝望，折断了风帆，岸还在；我们失败了，但是我们的生命还在。只要生命在，只要活着，一切都有可能。

有一个富翁，在一次大生意中亏光了所有的钱，并且欠下了债，他卖掉房子、汽车，还清了债务。

此刻，他孤独一人，无儿无女，穷困潦倒，唯有一只心爱的猎狗和一本书与他相依为命，相依相随。在一个大雪纷飞的夜晚，他来到一座荒僻的村庄，找到一个避风的茅棚。他看到里面有一盏油灯，于是用身上仅存的一根火柴点燃了油灯，拿出书来准备读书。但是一阵风忽然把灯吹灭了，四周立刻漆黑一片。这位孤独的老人陷入了黑暗之中，对人生感到绝望，他甚至想到了结束自己的生命。但是，立在身边的猎狗给了他一丝慰藉，他无奈地叹了一口气沉沉睡去。

第二天醒来，他忽然发现心爱的猎狗也被人杀死在门外。抚摸着这只相依为命的猎狗，他突然决定要结束自己的生命，世间再没有什么值得留恋的了。于是，他最后扫视了一眼周围的一切。这时，他不由发现整个村庄都沉寂在一片可怕的寂静之中。他不由急步向前，啊，太可怕了，尸体，到处是尸体，一片狼藉。显然，这个村庄昨夜遭到了匪徒的洗劫，连一个活口也没留下来。

看到这可怕的场面，老人不由心念急转，啊！我是这里唯一幸存的人，我一定要坚强地活下去。此时，一轮红日冉冉升起，照得四周一片光亮，老人欣慰地想，我是这里唯一的幸存者，我没有理由不珍惜自己。虽然我失去了心爱的猎狗，但是，我得到了生命，这才是人生最宝贵的。

老人怀着坚定的信念，迎着灿烂的太阳又出发了。

人生总有失败和失意的时候，因为一时的失意就把自己逼上绝路，那么，我们就再也没有成功的机会。事实上，如果我们能在失意甚至绝望的状态下赶走悲伤，那我们将来的人生可能就是柳暗花明又一村。

哈佛大学戴维·克拉克教授曾经说过："当人的生命中充满了希望，当人生已经被阳光铺洒，生命之旅就会变成光明的路径，再也没有什么能让你自己感到害怕的了。"每当有学生遇到困难而退缩的时候，克拉克教授就鼓励他们：只有生命在，希望就在，永远都不要放弃希望。

在我们日常的生活和学习中，如果遇到失意或悲伤的事情时，我们一样要学会调整自己的心态。如果你的演讲、你的考试和你的愿望没有获得成功；如果你曾经尴尬；如果你曾经失足；如果你被训斥和谩骂，请不要耿耿于怀。对这些事念念不忘，不但于事无补，还会占据你的快乐时光。抛弃它吧！把它们彻底赶出你的心灵。如果你曾经因为鲁莽而犯过错误；如果你被人咒骂；如果你的声誉遭到了毁坏，不要以为你永远得不到清白，勇敢地走出失败的阴影！

走出阴影，沐浴在明媚的阳光中。不管过去的一切多么痛苦，多么顽固，把它们抛到九霄云外。不要让担忧、恐惧、焦虑和遗憾消耗你的精力。把你的精力投入到未来的创造中去吧！

让那担忧和焦虑、沉重和自私远离你；更要避免与愚蠢、虚假、错误、虚荣和肤浅为伍；还要勇敢地抵制使你失败的恶习和使你堕落的念头。之后你会发现，你人生的旅途是多么的轻松、自由，你是多么自信！

要主宰自己，做自己的主人。沮丧的面容、苦闷的表情、恐惧的思想和焦虑的态度是你缺乏自制力的表现，是你不能控制环境的表现。它们是你的敌人，要把它们抛到九霄云外。

请记住：即使再难，也不要对生命绝望，没有人会把你逼上绝路，堵死路的其实只有你自己。

离婚不是人生的绝路

离婚是每一位走进婚姻殿堂的人都不愿意看到的结局。离婚看似简单，但很多离婚的人，在回忆离婚的过程时，却是相当痛苦的，甚至是刻骨铭心的痛苦，以至于出现恐惧离婚，失去理智，丧失自我，对生活失去信心。

美国著名婚姻心理学家、《离婚岁月》的作者曾说：我们并不认为结婚好过离婚，我们同样也不认为离婚好过结婚。离婚和婚姻只是社会的组成形式。其实，离婚不是人生的绝路，它是生命中一个美好的开始，而不是一个可怕的终结。

在别人看来，她是一个不幸的女人，下岗，离婚，她自己带着一个有病的孩子。她开了一家专卖副食品的小店，风里来雨里去。总有人说："看，她多可怜啊。"

她却觉得自己是很幸福的，至少丢掉了一个破碎的婚姻。丈夫见一个爱一个，让她伤透了心，这样的男人，怎么还能要？离婚的人难道就不能好好生活？下岗又如何？从前的单位，也是死不死活不活。一个月300元生活费，不够她和女儿吃饭。

她用心地经营着自己的小食品店，因为物美价廉，生意很快让她盘活了。渐渐地，见到她的人都说，她好像比从前白了、胖了，而且脸上有了光泽。有人问，是不是遇到一个好男人？是不是有了新生活？

她笑着说，别人改变的只是你的一小部分，最终彻底改变你的还是自己。

当初，她哭过闹过寻死过，结果，越来越惨。当她重新面对生活时，她说，除了坚强和微笑，别无选择。

除了用心经营自己的小店，她还用业余时间报名参见了舞蹈班，她选择了芭蕾，带着她的小女儿一起学芭蕾。

尽管她已人到中年，年轻不再，身材有些臃肿，腿没有韧性，但她的一招一式都那样的投入。她让人感觉美不仅仅属于青春，还属于那些对生活热爱和执着的人。

　　她从少女时就喜欢旅行，一直没有实现，结婚后忙着争吵，更没有时间和心情去享受闲情逸致。后来才明白，那不是自己想要的人生，她应该有另一种活法。于是，她总带着小女儿一起去旅游。

　　一年以后，她又准备结婚了。那是一个她学开车时认识的男人，那个男人不光英俊，还是一家企业的副总。难得的是，他才刚刚30岁，无婚史。

　　虽然别人说他们太不相配，猜测她用了什么样的手段才把这个男人哄到手。但对男人来说，她是一件耀眼的珍宝，因为他明白，只有这样热爱生活的女人，才是世界上的珍宝。

　　婚姻真如脚下的鞋，合不合脚只有脚趾头知道。

　　如果鞋子本来就合脚，只是不小心掉进了几粒沙子，穿起来才有那么一点不舒服，那事情就简单多了，把沙子倒掉便是。而如果新鞋本来就夹脚，只因鞋子款式时尚漂亮，自己才勉强买回来。希望磨合一段时间后，脚就会舒服了。哪曾想，忍着疼痛穿了一段时间的鞋子，脚趾头仍被夹得生痛。看来这双鞋真是不合脚了。

　　面对这么一双价格昂贵、款式时尚漂亮但又夹脚的鞋子，你是强忍着剧痛，继续穿上它一瘸一拐地狼狈出现在众人面前，还是赶紧把鞋子换下，改穿一双合脚舒服的鞋，袅袅婷婷地走街串巷呢？

　　如何取舍，其实就看你自己！离婚不是坏事，更不是世界末日。离婚，只是换另一种活法罢了。

失业或许是获得更大成功的关键

　　没有谁的路永远是一马平川的，有平坦大道必有荆棘小路，只有坚定地走下去，承受一切悲喜，才能到达幸福的终点，书写一次美好的旅程。而为他人所左右而失去自己方向的人将无法抵达属于自己的幸福。自己的路自己走，与人何干？谁能代替你走路吗？谁能代替你做决定吗？谁能站在你的立场、角度去看问题？答案当然是否定的。自己的人生要自己做主，自己的命运需要自己主宰。

　　1832年，有一个年轻人失业了。而他却下决心要当政治家，当州议员，糟糕的是他竞选失败了。在一年里遭受两次打击，这对他来说无疑是痛苦的。他并没有气馁，他告诉自己，失败只是暂时的，只要努力，成功一定会降临到自己的身上。他又着手办自己的企业，可一年不到，企业就倒闭了。在以后的 17 年里，他不得不为偿还债务而四处奔波、历尽磨难。此间，他再一次竞选州议员，这次他终于成功了。他认为自己的生活可能有了转机。可就在离结婚还差几个月的时候，他的未婚妻不幸去世。他心力交瘁，卧床不起，患上了严重的神经衰弱症。1838 年，他觉得身体稍稍好转时，又去竞选州议会长，却失败了；1843 年，他又竞选美国国会议员，但这次仍然没有成功……试想一下，如果是你处在这种情况下会不会放弃努力呢？他一次次地尝试，一次次地失败。企业倒闭、情人去世、竞选败北，要是你碰到这一切苦痛，你会不会放弃你的梦想？他没有放弃，尽管灾难一次次降临到他的身上，他始终积极而坚强地面对生活。他始终告诉自己，尽管现实很残酷，但只要你不认输，你就一定能够扭转局面！1846 年，他又一次竞选国会议员，终于当选了。在往后的时光里，他仍在失败中奋起，一次又一次地努力，1860 年，他当选为美国总统。这位在失败中奋斗的英雄就是林肯。

林肯的这条人生路是曲折的，也是辉煌的，他走出了自己最美妙的人生曲线。人活着，就要走路，人生的路是人走出来的，生命是我们自己决定的。人生最重要的是我们要走出一条不一样的路，而不在乎它有多曲折。心有多大，舞台就有多大。如果一个人丝毫不存突破前人的气魄，那他的心只会囿于现有的视野，庸碌一生。

对所有人而言，失业必定是一锤重击。虽然失业的当下打击很大，但是，如果我们谨慎利用，其背后或许会出现相对的契机。

所罗门兄弟公司在 1982 年被菲布罗金融公司并购之前，曾是华尔街最大的投资银行之一。并购消息发布后不久，一名所罗门兄弟的合伙人和其他 62 名职员便被董事会传唤，全部因公司并购而遭开除。那天，这名遭到解雇的年轻银行家就此改变了自己的命运。

他就是迈克尔·彭博。他妥善利用遣散费，并卖掉了所罗门兄弟公司的持股，把资金投注在自己构思已久的一个创业计划上。在互联网络兴盛之前，货币与股票市场的金融消息不易取得，彭博的构想是建立一个电脑终端机的网络，让各金融机构能够通过网络即时获取需要的资讯。这个网络系统推出后立刻受到了大家的欢迎，而自此之后的 30 年里，彭博也因此拥有了超过 40 亿美金的身价。之后，他不仅涉足科技和传媒领域，甚至也步入了政坛，成了纽约市最成功的市长。

有些人或许会说，彭博被裁员时，在财务上并没有出现危机，这个时候，他还没有走上绝路，完全可以凭借丰厚的资金来开启自己的梦想。但是成功不仅取决于资金的多少，它还取决于愿景、承诺、奉献与承担风险的决心。很多时候，失业所面临的不仅仅是金钱方面的问题，更多的是一种来自社会的压力。这种压力如果处理不当，很可能会加重自我排斥感，甚至丧失个人尊严。不过，也有许多像迈克尔·彭博一样的人，懂得利用失业的经历，重新评估自己的事业与人生，继而创造机会、重新开始。

一次错过，不代表永远出局

生活中有一种痛苦叫错过。人生中一些极美、极珍贵的东西，常常与我们失之交臂，这时的我们总会因为错过美好而感到遗憾和痛苦，甚至有些人因为失去，就开始对生活绝望。

事实上，一次错过并不代表永远出局，有时候，错过了这个，我们接下来会有更大的意想不到的收获，就像有人说的：错过了花朵，我们或许还会收获雨滴。

美国的哈佛大学要在中国招一名学生，这名学生的所有费用由美国政府全额提供。初试结束了，有 30 名学生成为候选人。

考试结束后的第 10 天，是面试的日子。30 名学生及其家长云集锦江饭店等待面试。当主考官劳伦斯·金出现在饭店的大厅时，一下子被大家围了起来，他们用流利的英语向他问候，有的甚至还迫不及待地向他作自我介绍。这时，只有一名学生，由于起身晚了一步，没来得及围上去，等他想接近主考官时，主考官的周围已经是水泄不通了，根本没有插空而入的可能。

于是他错过了接近主考官的大好机会，他觉得自己也许已经错过了机会，于是有些懊丧起来。正在这时,他看见一个异国女人有些落寞地站在大厅一角,目光茫然地望着窗外,他想:身在异国的她是不是遇到了什么麻烦,不知自己能不能帮上忙?于是他走过去,彬彬有礼地和她打招呼,然后向她做了自我介绍,最后他问道:"夫人,您有什么需要我帮助的吗?"接下来两个人聊得非常投机。

后来这名学生被劳伦斯·金选中了,在30名候选人中,他的成绩并不是最好的,而且面试之前他错过了跟主考官套近乎、加深自己在主考官心目中印象的最佳机会,但是他却无心插柳柳成荫。原来,那位异国女子正是劳伦斯·金的夫人,这件事曾经引起很多人的震动:原来错过了美丽,收获的并不一定是遗憾,有时甚至可能是圆满。

因此,在你感觉到人生处于最困顿的时刻,也不要为错过而惋惜。失去有时会带给你意想不到的收获。花朵虽美,但毕竟有凋谢的一天,请不要再对花长叹了。因为可能在接下来的时间里,你将收获雨滴。

直面孤独,从悲痛欲绝的世界中走出来

孤独本来是人类的自然本性,但是过度的孤独,使自己与世隔绝,与快乐隔绝,从此只生活在悲痛中,那便就成为一种消极心理了。

5年前,张虹失去了丈夫,她悲痛欲绝。自那以后,她便陷入了一种孤独与痛苦之中。

才40多岁便失去了自己生活的伴侣,张虹的痛苦可想而知。按常理,时间长了,这些伤痛和孤独应该会慢慢减缓消失,她也会开始新的生活。可事实并不是这样,张虹一直都很绝望,她不相信自己还会有什么幸福的日子,她认为自己年纪大了,孩子也都长大成人、成家立业,自己已经没有什么生活乐趣可言了。因为这种孤独心理,张虹得了严重的自怜症,而且没有意识到自己应该改变了。就这样,几年过去了,她还在为自己的孤独自怨自叹,并且觉得孩子们应该为她的幸福负责,因此便搬去与结了婚的女儿同住。

但结果并不如意,由于她的孤僻,使她和女儿都面临一种痛苦的经历,甚至母女反目。张虹后来又搬去与儿子同住,但也好不到哪里去。后来,孩

子们只好共同买了一间公寓让她独住，但这更加重了她的孤独。

她对朋友哭诉道，所有家人都弃她而去，没有人要她这个妈妈了。张虹的确一直都没有再享受到快乐的生活，因为她认为全世界都在孤立她。

当今社会，有很多人都像张虹一样。他们性格孤僻，不愿意和人交往，有时还会封闭自己，逃避社会。心理学上把这种心理称为孤独心理。由孤独心理产生的与世隔绝、孤单寂寞的情感体验，就叫作孤独感。

那么，我们在生活中，为什么会产生孤独心理呢？造成孤独心理的原因大约有三种：

一是由于自傲，认为别人都是低微平庸的，如果与这些人交往，就会掉"身价"，从而使自己陷入孤独的境地。

二是由于自卑，认为别人会因为自己的某些短处或缺陷而看不起自己，因此筑起"围城"自我封闭，与别人断交或尽可能少往来。

三是由于愤世嫉俗，追求完美的理想世界，而这种"理想世界"又无法与现实相容，因此其所作所为常常不被多数人理解，从而造成孤独心理。

过度的孤独是一种有害的心理，它不仅损害人的身心，还会破坏良好的人际关系。我们每个人都可能有孤独的时候，但并非人人都能够战胜孤独感。下面我们就一起分享一些战胜孤独的秘诀。

战胜自卑

因为觉得自己跟别人不一样，所以就不敢跟别人接触，这是自卑心理造成的一种孤独状态。这就跟作茧自缚一样，要冲出这层黑暗，就必须先咬破自卑心理组成的障碍。

其实，大可不必为了自己跟别人不一样而忧思重重，人人都是既一样又不同的。只要你自信一点，钻出自织的"茧"，你就能享受到别样的人生乐趣。

广交朋友

当你感觉到孤独的时候，翻一翻你的通讯录，也许你可以给某位久未谋面的朋友写封信；或者是给哪一个朋友挂个电话，约他去看一场周末上映的电影；或者是请几位朋友来吃一顿饭，你亲自下厨，炒上几道香喷喷的佳肴，大家开怀畅饮，自在谈心。你会在友谊中驱逐孤独、感受温暖。

想想为别人做点什么

跟人们相处时感到的孤独，有时候会超过一个人独处时的十倍，这是因为你跟周围的人格格不入。要打破这种尴尬的局面，唯有"忘我"。想一想你能够为人家做点什么，这很有好处。温暖别人的火，也会温暖你自己。

跟朋友的联系，不应该只是在你感觉到孤独的时候，而应经常联系，这样才能够体会到友谊的温暖。

顺其自然，享受孤独

一些习惯了孤独的人，懂得充分地享受孤独提供的闲暇时光。生活中有许许多多活动，都是充满了乐趣的，而孤独使你能够充分领略它的美妙之处。这种福分，不是那些忙忙碌碌的人可以享受到的。

明确人生的目标，培养业余爱好

要想从根本上克服内心的脆弱，最好的莫过于给自己确立一些目标和培养某种爱好。一个懂得自己活着是为了什么的人，是不会感到寂寞的；一个活着而有所爱、有所追求的人，也不会害怕寂寞。

在痛苦里不能自拔，只会与快乐无缘

快乐是什么？快乐是血、泪、汗浸泡的人生土壤里怒放的生命之花，正如惠特曼所说："只有受过寒冻的人才感觉得到阳光的温暖，也唯有在人生战场上受过挫败、痛苦的人才知道生命的珍贵，才可以感受到生活之中的真正快乐。"

一个男人被一只老虎追赶而掉下悬崖，庆幸的是在跌落过程中他抓住了一棵生长在悬崖边的小灌木，此时，他发现头顶上，那只老虎正虎视眈眈，低头一看，悬崖底下还有一只老虎，更糟的是，两只老鼠正忙着啃咬悬着他生命的小灌木的根须。绝望中，他突然发现附近生长着一簇野草莓，伸手可及。于是，这人摘下草莓，塞进嘴里，自语道："多甜啊！"

生命进程中，当痛苦、绝望、不幸和危难向你逼近的时候，你是否还能顾及享受一下野草莓的滋味？

人生是一张单程车票，一去无返。荷兰首都阿姆斯特丹一座 15 世纪的教堂废墟上留着这样一行字：事情是这样的，就不会那样。藏在痛苦泥潭里不能自拔，只会与快乐无缘。告别痛苦的手得由你自己来挥动，享受今天盛开的玫瑰的捷径只有一条：坚决与过去分手。

著名作家纪伯伦有一句话："忘记是自由的一种形式。"忘记曾经的伤害，忘记已发生的过错，忘记已尝过一遍的痛苦，只有这么做，才能使我们的心灵达到一种自由的境界，心中才能容下幸福。

人的痛苦大多是因为抱着过去的过错不放，自怜的习性使人一遍遍地回顾曾经的痛苦经历，一次次地重新拾起痛苦的感觉。痛苦与幸福相斥，人的内心如果被过去的过错和痛苦填满，便没有了接受幸福的空间。忘记痛苦，人才有更多的空间容纳幸福。

其实，脆弱的生命本来就不应该有那么多沉重。我们在经历无数无可挽回、无法抗拒的灾难后，可能会万念俱灰。然而，与漫长的生命相比，过去永远都是轻的。所以，遭受了大悲痛和大苦难之后，最主要的是让未来快乐更多，幸福更多，而快乐与幸福不会成长于过去痛苦的荒原中。所以我们要学会忘记苦难。

让自己时刻充满勇气

我们的才华、我们的潜力、我们的前程，如果没有胆量的推动，很可能只是一场镜花水月，当梦醒来，一切也就醒了。

生命是储存罐，里边有各种财宝可以挖掘，如果想跟生活打交道，就必须学会使用勇气的开罐器，只有用百倍的勇气来同生活抗争，你才能从生命的储存罐里尝到甜头。

乔很爱音乐，尤其是喜欢小提琴。在国内学习了一段时间之后，他想出国深造，但是国外没一个认识的人，他到了那里如何生存呢？这些他当然也想过，但是为了自己的音乐之梦，他勇敢地踏出了国门。威尼斯是他的目的地，因为那里是音乐的故乡。这次出国的费用家里辛辛苦苦地凑了出来，但是学费与生活费是无论如何也拿不出来了。所以，他虽然来到了音乐之都，却只能站在大学的门外，因为他没有钱。他必须先到街头上拉琴卖艺来赚够自己的学费与生活费。

很幸运地，乔在一家大型商场的附近找到一位为人不错的琴手，他们一起在那里拉琴。这个地理位置比较优越，他们挣到了很多钱。

但是这些钱并没有让乔忘记自己的梦想。过了一段时日，乔赚够了自己必要的生活费与学费，就和那个琴手道别了。他要学习，要进入大学进修，要在音乐学府里拜师学艺，要和琴技高超的同学们互相切磋。乔将全部的时间和精力都投注在提升音乐素养和琴艺之中。10年后，乔有一次路过那家大型商场，巧得很，他的老朋友——那个当初和他一起拉琴的家伙仍在那儿拉琴，表情一如往昔，脸上露着得意、满足与陶醉。

那个人也发现了乔，很高兴地停下拉琴的手，热络地说道："兄弟！好久没见啦！你现在在哪里拉琴啊？"

乔回答了一个很有名的音乐厅的名字，那个琴手疑惑地问道："那里也让流浪艺人拉琴吗？"乔没有说什么，只淡淡地笑着点了点头。

10年后的乔，早已不是当年那个当街献艺的乔了，他已经是一位世界著名的音乐家，经常应邀在著名的音乐厅中登台献艺，早就实现了自己的梦想。

一个不丧失勇气的人是永远不会被打败的。就像弥尔顿所说的："即使土地丧失了，那有什么关系。即使所有的东西都丧失了，但不可被征服的意志和勇气是永远不会屈服的。"如果你以一种充满希望、充满自信的精神进行工作的话，如果你期待着自己的伟业，并且相信自己能够成就这番伟业的话，如果你能展现出自己的勇气的话——任何事情都不能阻挡你向前进，你可能遇到的任何失败都只是暂时性的，你最终必定会取得胜利。

可是，如果你觉得自己非常渺小，认为自己是一个效率很低、微不足道的人，并且不相信自己可以出色地完成任务，就会限制你可能达到的人生高度。你不可能超越你的想象。自我贬低和害羞怯懦不但会阻止你的进步，甚至还会损害到你的身体健康。

"勇气是在偶然的机会中激发出来的。"莎士比亚说。除非你让自己时刻保持一种接受勇气的态度，否则，你不要指望自己的身上会时时刻刻体现出巨大的勇气。因此，为了激发自己的勇气，我们就要有意识地做一些改变。比如在睡前的每个夜晚，在起床时的每个清晨，我们都要对自己说"我会做到的，我能行"，并以此作为自己坚定的信条，然后让自己充满自信地勇敢前进。

找一点精神寄托，抚平伤痛

匆忙的生活使我们忽略了许多美好的、值得欣赏的东西，只有当你找到寄托心灵的处所之后，你才能有余情去欣赏这世界可爱的一面，才有机会去享受真正属于你自己的人生。为了使自己能经常保持一种宁静泰然的心境，找一点精神上的寄托是很需要的。

精神上的寄托，完全是属于你私人灵魂深处的东西。它不一定有很大的意义，不一定有什么积极的目的，它只是你精神上的一片私人的园地，是你灵魂的一个小小的避风港，是你躲避世俗牵绊的堡垒，是一个你可以在那里找到自己，和自己心灵恳谈的秘密花园。

会生活的人，一定懂得怎样给自己安排一片不受干扰的属于自己的小天地。在这里，你可以想你所要想的，做你所要做的，躲开一切你所要躲开的，逃避一切你所要逃避的。

给自己的灵魂找一个寄托，并不是消极的逃避，而是一种积极的养精蓄锐。让灵魂去休息一下，养一养它在尘间奔波所受的伤，然后好再去奔波。

我们几乎很难找到一个人，能够整天只做自己喜欢的事，过自己愿意过的生活。每个人都必须被动地做些他并不想做的事，扮演一些他并不喜欢扮演的角色，过一种他所不愿过的生活。所以，我们发现，有些人一有时间就看小说，有些人一有时间就写文章……这些一有时间就想做的事，才真正是他所喜欢做的事。但是，因为他必须应付许许多多生活中的琐事，没有充分的时间和自由去做自己喜欢做的。因此，这些小小的嗜好，就成为他生活中的一点寄托。他从这里面找到他自己，得到生活的真味，暂时忘掉了世界的烦嚣。

假如你懂得生活，同时你也懂得自己，那么，你一定会在生活中找到那么一点使你安心，使你忘忧的寄托。

某地的一次地震造成了惨重的伤亡，许多人在一夕之间家破人亡。

有一个妇人大难不死，被救难人员从瓦砾堆中救了出来。然而当她得知先生和一对就读小学的儿女都已遇难，全家只有她一人获救时，几乎痛不欲生，屡次要自杀。有好长一段时间，她不敢出门上街，因为一看到街上嬉闹的孩子，就会不由自主地泪流满面；家人的照片更是看不得，一看就会泪流不停。尤其想到两个乖巧的小孩，更让她万般不舍。

后来，在专业医生的建议下，她每天写一封信给在天堂的儿女和先生，倾诉她的思念和不舍。

两个月来，通过写信把她和日夜思念的家人又重新连接起来。渐渐地，她的心情从思念转为祝福，一封封投寄到天堂的信，改变了她的心情。写到最后几封，她已经可以平静地问候子女在那边过得好不好，给先生的信也会叮咛他要照顾子女。她说，自己的思念已化为祝福，紧绷的心也已渐渐地放下。在写下最后一封信后，她真正告别了死去的家人。

现在这个妇人除了计划找工作重新生活外，也到处忙着做义工。她说，走过这场巨变，相信人生没有更大的挫折可以打倒她。

在现实生活中，有些悲痛是永远无法抚平的。如果不及时找一点精神上的寄托，不及时为自己的思念找一个出口，让自己的心灵也有一条出路，这些可怕的情绪将会吞吃我们的生命，造成人生的重大破坏和损失。

怨天尤人，暗自垂泪，很容易成为戒不掉的"毒瘾"，甚至成为一种惩罚，不断荼毒自己的心灵。有人期望能借此消解内疚和不安，但是这些关起门来的自虐，只会拉长悲痛和苦情，对自己毫无帮助。

用一种更有意义的方式去纪念那些走远的人，是医治自己心灵的良方。当你将哀痛化为平静的时候，你将看到希望和价值。

我们有足够的能量去应付困难

每个人的生命旅途都不会是一帆风顺。有些事情是你愿意接受的，比如说对梦想的追求，对真挚感情的热切期盼；而有些事情是你不愿意承受的，比如说突患疾病，遭遇变故。当这些事情来临，有些人寻死觅活，一蹶不振；也有些人坚强面对，熬过苦楚，迎来美好的明天。

托举，跳跃，飞翔……在广州残运会开幕式演出中，失去右臂的马丽和失去左腿的翟孝伟演绎的舞蹈《飞翔》让人震撼。在 4 米见方的流动舞台上，两个残疾人舞者诠释了生命的伟大和坚强。

翟孝伟出生在河南濮阳市高新区疙瘩庙村，一直到 4 岁，他都和其他小伙伴一样，是一个无忧无虑的小男孩。4岁那年，他经受了一生中最大的一次打击。

那天，4岁的翟孝伟在大街上玩儿，看见一辆拉石灰的拖拉机，他试着爬了上去，突然就从上面掉了下来，一条腿伸进了车轮。7天后，医生告诉他父亲，要保住儿子的生命，就必须截肢。

父亲问他："孩子，你知道把腿截了是什么概念吗？"翟孝伟说不知道。父亲就告诉他，把腿截了，以后的生活会特别难。翟孝伟对挫折和困难也不理解，就问父亲挫折和困难好吃不好吃，父亲流着泪说挺好吃的，但是不能一口吃下去，要一个一个来。

一晃到了13岁，翟孝伟开始意识到残疾对自己的影响。当别人嘲笑他时，当他遇到烦心事时，他总会想起父亲那句话：挫折和痛苦虽然好吃，但要一个一个吃。初中毕业后，翟孝伟开始寻找工作，但去了很多地方，得到的都是拒绝。翟孝伟没有气馁，之后，他在威海的一家网吧找到他人生中的第一份工作。2005年，翟孝伟回到河南，成了一名残疾人运动员，主攻自行车。

如果不是遇到马丽，翟孝伟这辈子都可能只是一名好的残疾人运动员，而因为遇到了马丽，他的人生轨迹开始往另一个方向转变。

马丽出生在驻马店，在一次车祸中失去了一只手臂。但她靠着顽强的毅力，成为一名优秀的舞蹈演员。2005年，也就是翟孝伟成为自行车运动员那一年，在第六届全国残疾人艺术会演中，马丽的参赛作品《牵手》获得金奖。而这一年的9月26日，他俩的手也牵到了一起。

他俩相遇在康复中心。在擦肩而过的那一刹那，马丽看到了一个大男孩。她上去拍了翟孝伟一下，问他叫什么名字，又问他喜不喜欢跳舞，然后给了翟孝伟两张票。

就这样，在马丽的熏陶下，2005年年底，翟孝伟开始跟随马丽学习舞蹈。经过一年多的艰苦训练，他俩逐渐产生默契，开始排练舞蹈《牵手》。没有正规的排练场地，冬天就在家里练，夏天就跑到公园里练，为了能做到完美，他们自己也不知道曾经摔了多少次跤。

2007年4月20日，在第四届中央电视台电视舞蹈大赛总决赛上，他们一曲《牵手》的双人舞震撼人心，让无数观众为之动容，获得群众创作舞蹈类银奖。人们给予了马丽和翟孝伟最高的评价——他们表演的已经不仅仅是一个舞蹈，更是演绎出了一种人类需要共同呼唤的爱、勇气以及对生命的尊重。

　　在2010年中国达人秀总决赛的舞台上，马丽和翟孝伟再一次用他们动人的舞蹈《蝶之恋》让观众深感震撼，那最后化蝶而飞的场景令人久久不能忘怀。马丽说他们的舞蹈《蝶之恋》表现的是一只生来就羽翼残缺的蝴蝶如何破茧而出，遇到另一只同样际遇的蝴蝶后一起共同飞翔的故事。可以说，是舞蹈记录了她和翟孝伟的人生。翟孝伟也再次强调了他们对艺术的执着："如果要博同情的话，我们完全可以表现那种挣扎的痛苦，但是我们展现了飞翔。我们希望我们的舞蹈是美的，我们最大的目标就是用舞蹈展现美，而让大家忽略我们的残疾！"

　　正是这些不屈的生命让我们看到，人类竟是如此伟大，生命竟是如此顽强。生命的过程就是这样无常，而生命的精彩就在于此，你不会知道，什么时候生命中会突然出现转机，你也永远不知道，生命会以什么样的姿态呈现它斑斓的色彩，但是有一点，我们完全可以确信：我们每一个人都有足够的能量去克服一切困难，去战胜一切挫折。

第三章

别让嫉妒和猜疑干扰了你平静的生活

你在拿别人的优点折磨自己吗

弗朗西斯·培根说过："犹如毁掉麦子一样，嫉妒这恶魔总是在暗地里，悄悄地毁掉人间美好的东西！"

何谓嫉妒呢？心理学家认为，嫉妒是由于别人胜过自己而引起情绪的负性体验，是心胸狭窄的共同心理。黑格尔说："嫉妒乃平庸的情调对于卓越才能的反感。"

嫉妒有三个心理活动阶段：嫉羡——嫉优——嫉恨。这三个阶段都有嫉妒的成分，而且是从少到多。嫉羡中羡慕为主，嫉妒为辅；嫉优中嫉妒的成分增多，已经到了怕别人威胁自己的地步了；嫉恨则把嫉妒之火烧到了难以消除的地步。这把嫉恨之火，没有燃向别人，而是炙烤着自己的心，使自己没有片刻宁静，于是便绞尽脑汁诋毁别人，这就使他形神两亏了。

一些人之所以嫉妒别人，一个重要的原因是自己不求上进，又怕别人超过自己，似乎别人成功了就意味着自己失败，最好大家都成矮子才显出自己高大。于是，"事修而谤兴，德高而毁来"；"怠者不能修，而忌者畏人修"；"我不学好，你也别学好，我当穷光蛋，你也得喝凉水"。嫉妒是一种十分有害的腐蚀剂，心怀嫉妒的人的骨子里充满了"怠"与"忌"，无论对己、对人都是十分有害的，正如荀子所说："士有妒友，则贤交不亲；君有妒臣，则贤人不至。"一个被嫉妒心支配的人，一定是胸无大志、目光短浅、不求上进的人；一个嫉妒成风的单位，一定是正气不旺、邪气盛行、先进不香、落后不臭。

嫉妒心是每个人都会有的心魔。亚里士多德的一个学生曾经这样问他："先生，请告诉我，为什么心怀嫉妒的人总是心情沮丧呢？"亚里士多德回答说："因为折磨他的不仅有他自身的挫折，还有别人的成功。"我们实在没有必要拿别人的强项来与自己的弱势相比较，那样做的结果除了让自我陷入一种低落的情绪以外而别无其他。

竞争固然激烈，生存固然艰难，但这些生活上的困难并不是促使嫉妒心泛滥的催化剂，成长过程中的我们其实应该懂得发现，懂得赞扬。倘若自己的胸怀变得宽广了，自然地就会发现别人身上的长处，这个时候适当地给予他人赞赏，不仅能够让受到夸奖的人更加快乐，自己的心情也会因他人的快乐而变得愉快。这样岂不双赢？

嫉妒是腐蚀剂，是落后药，是剧毒品。有嫉妒心的人如果不猛醒，前途不会美妙。如果想调适自我，把嫉妒变成竞争的动力，首先要把注意力调节到自身的优势和对方的劣势上。当你嫉妒别人时，总是因为他在某些方面的优势深深地刺激了你，而你自己在这方面又恰恰处于劣势。这一差异正是产生嫉妒的刺激源。与此同时，你却忽略了自己在另一方面的优势。如果你能有意识地调节自己的注意中心，便会使原先失衡的心理获得一种新的平衡，这种平衡无疑会稳定你的情绪和情感。所谓魔道由心而生，定期梳理和内省自己的心灵，才能确保不被心魔所控制，不至于害人害己。

嫉妒的背后是缺乏自我价值的认同

嫉妒乃是一种被破坏的优越感，也可以称之为优越感被破坏后的心理反应。人只有在自己具有优越感并被别人超越时才会产生嫉妒，如果不具有优越感只会表现为自卑和羡慕，而不会有任何的嫉妒。

莎士比亚说："您要留心嫉妒啊，那是一个绿眼的妖魔！"嫉妒的人是可恨的，他们不能容忍别人的快乐与优秀，会用各种手段去破坏别人的幸福；嫉妒的人又是可怜的，他们自卑、阴暗，他们享受不到阳光的美好，体会不了人生的乐趣，生活在他们的黑暗世界里；嫉妒的人是可悲的，"心灵的疾病"会扩散到身体各处，引起躯体上的不良反应，七病八疾不请自到，它是摧毁人性和健康的毒药。

一群魔鬼闲来无事，想看人类的笑话，就打赌说，谁能引诱得道高僧露出丑恶的一面，便能获得新的魔法。

魔鬼们一个个开始大显身手。

第一个魔鬼装扮成商人，要求高僧在寺院里铸一座自己的铜像，让往来上香的人膜拜，而他却能得到享用不尽的财宝。高僧义正词严地拒绝了魔鬼的要求。

接着，第二个魔鬼出场，他化身为婀娜多姿的妙龄少女，在夜黑风高的晚上潜入高僧的禅房，眼里充满期盼的神情，可还没等发嗲，就被高僧轰了出去，魔鬼气急败坏。

第三个魔鬼可没前两个那么好心，他用最恶毒的死亡方式折磨高僧，把高僧身上的肉一片一片割去。但高僧眼睛眨也没眨一下，魔鬼无功而返。

魔王听说这个有趣的游戏后，便也参与进来。他化装成一个普通人，来到高僧的旁边，轻轻说了句："你的同门师弟已经当上大主持，你听说过没有？"

霎时，高僧庄严的面容变得狰狞恐怖，胜过所有看笑话的魔鬼。

这是个耐人寻味的故事，我们不能不佩服魔王的高深，因为他明白，在高僧道行深厚的背后，隐藏着一颗极度自卑的心灵，因此产生嫉妒，他一直活在师弟的阴影中，备受折磨，或许，师弟并没有像他想象的那样优秀，只是他不相信自己。

从本质上说，嫉妒是看到与自己有相同目标和志向的人取得成就而产生一种不恰当的不适应感，是一种承认自己被别人挫败后的反应，也是一种对自我价值缺乏认同的表现。由于羡慕较高水平的生活，想得到较高的地位，或者想获得较贵重的东西，自己没得到别人却得到了，因此产生一种缺陷心理。

可是，许多人忘记思考，为什么别人能得到唯独自己不能？是不是自己不够好，既然如此嫉妒，是不是承认自己技不如人，而成为一种赤裸裸的自卑？

自卑和嫉妒好比一对孪生兄弟，因为觉得比不上他人，所以产生自卑，可又不愿意承认别人比自己好，嫉妒心理由此就产生了。然而，嫉妒并不等同于自卑，它比自卑更为恐怖，因为它可以使一个人迷失心智。

当然，自卑的人之所以嫉妒，无非是想让自己变得更好而已，既然这样，当看到自己与别人的差距时，就应该奋勇向前，而不是看着别人眼红而妒火中烧。自己比别人差，想要比别人强，那就不能毁灭、扼杀别人，提高自身的价值与素养才最重要。

英国诗人约翰·德莱敦称嫉妒是"心灵的疾病"。如果嫉妒妨碍你，造成情绪上的停滞，你就应该制定目标，找到适合自己的方法，剔除这种浪费精神、有害无利的病态心理。

那么，面对自己的嫉妒心理该怎样去克服呢？不妨试试以下的方法。

多从他人的立场思考问题

陶铸先生有一句名言："心底无私天地宽。"对他人产生嫉妒心理就是因为把自己和别人对立起来，没有摆正自己和他人的位置。如果将心比心，替别人想一想，从情感的体验上加以抑制，我们的心就会善良起来，许多杂念、邪念、恶念就会离我们而去。

用快乐驱走嫉妒的阴云

快乐之药可以治疗嫉妒，是说要善于从生活中寻找快乐，正像嫉妒者随时随处为自己寻找痛苦一样。如果一个人总是想：比起别人可能得到的欢乐来，我的那一点快乐算得了什么呢？那么他就会永远陷于痛苦之中，陷于嫉妒之中。快乐是一种情绪心理，嫉妒也是一种情绪心理。哪种情绪心理占据主导地位，主要靠人来调整。

适当发泄，不让嫉妒郁结于心

嫉妒心理也是一种痛苦的心理，当还没有发展到严重程度时，用各种感情的宣泄来舒缓一下是相当必要的。

在这种发泄还仅仅是处于出气解恨阶段时，最好能找一个较知心的朋友，痛痛快快地说个够，暂求心理的平衡如此，虽不能从根本上克服嫉妒心理，却能中断这种发泄性朝着更深的程度发展。如有一定的爱好，则可借助各种业余爱好来宣泄和疏导，如唱歌、跳舞、书画、下棋、旅游，等等。

尖酸刻薄只会让更多的人排斥你

心怀嫉妒的人有一个很明显的表现就是说话尖酸刻薄。他们老是见不得别人好，一看到别人超过自己，就用尖刻的语言挖苦别人。实际上，一个人越尖酸刻薄，得到的越是别人的排斥。

与人为善就包括言出友善。要知道，尖酸刻薄的语言在伤害别人的同时也伤害到了自己。

佛陀在祇园精舍的时候，六群比丘吵起架来，并且举出十点嘲骂那些正直的比丘。佛陀知道此事后，便召集六群比丘来开示道："过去，健驮逻王在得叉尸罗城治国的时候，有一头母牛生下一只小牛。有一个婆罗门就从养牛人家讨得那只小牛，并为它取名叫欢喜满。婆罗门把小牛放在儿女的住处，每天拿乳粥饭食等喂养它，很爱护它。

"过了几个月，小牛长大了。它想：'这婆罗门曾费了许多心血来养我，现在我是全阎浮提牵引力最大的牛，正好让我来显一次本领，报答他养育我的恩惠吧。'

"有一天，欢喜满对婆罗门说道：'婆罗门！请你到养牛的长者家，告诉他们你所养的雄牛能拖一百辆货车。你就以千金跟他打赌吧！'

"婆罗门就到那长者的家里，问长者道：'这城中谁养的牛最有力？'

"长者先举别家的牛来回答，最后说：'全城中没有一只牛能及得上我所养的。'

"'我也有一只牛，能拖一百辆货车。'婆罗门道。

"'哪里有这样的牛？'长者不相信。

"'我家里就有。'婆罗门得意地回答道。

"长者不服气，便以千金和他打赌。

"婆罗门回去后，便在百辆的车中装满沙石，顺次排列起来，用绳子从车轴上前后结住，为欢喜满洗浴，喂它香饭，颈部用华鬘装饰起来，把它驾在第一辆车的车轭上，自己坐上车，举起皮鞭叱道：'走呀！欺瞒者！拉呀！欺瞒者！'

"这时，牛听到这话，觉得自己并非欺瞒者，为何今天受这种称呼？它不知所以，四只脚就如柱子般立着不动。长者看到这情形，就叫婆罗门交出千金。

"婆罗门损失了千金，解下牛，回到家里忧郁地卧着。欢喜满牛走回来，看见婆罗门忧郁地卧在那里，便走近前去问他道：'婆罗门啊！你为什么躺在这里呢？'

"婆罗门很不高兴地回答道：'千金输去了，还能睡觉吗？'

"'婆罗门！我在你家这么久，曾经踏破或打碎过碗没有？曾经在别处撒过粪尿没有？'

"'都没有。'婆罗门忙否定道。

"'那么，你为什么要叫我欺瞒者呢？'欢喜满问道，'你这样称呼我，是你自己的错而不是我的错。现在你可以再去和那长者赌两千金，但这次你可不要再叫我欺瞒者呀！'

"婆罗门听了牛的话，再去和长者相约打赌两千金。

"依照上回的方法，把百辆货车前后连接起来，并将装饰好的欢喜满驾系在第一辆车子的前面。婆罗门坐在车上，用手轻轻地拍着牛背说道：'贤者啊！前进呀！贤者啊！往前拉吧！'果然，欢喜满把连接着的百辆货车拉着前行，很快到达了目的地。

"专门养牛的那位长者只好拿出两千金来，其他的人看到这情形也都拿出很多钱来赏赐欢喜满牛。婆罗门因为欢喜满牛的帮助，终于得到了许多财物。

"比丘们啊！恶语是谁也不喜欢的，就是畜生也不欢喜。"

佛陀叱责六群比丘以后，就制定学处，指示弟子们应该说柔软语、真实语、慈悲语、爱语，不可说恶语，因为恶语不仅伤害别人，更伤害自己。

俗语说，良言一句三冬暖，恶语伤人六月寒。做人万不能刀子嘴豆腐心，心地再好，尖酸刻薄的话一出口，也会在人心头割出血淋淋的伤口来。这样的人，谁会乐意亲近呢？

说话的最高境界其实就是"说好话"，不是曲意奉承，不是马屁狗腿，而是诚恳讨论、热心关怀，用最温暖的语汇，表达最真挚的心意，如此而已。

在学生们眼中，这位李老师是"温而厉"的，他不会因为学生犯错误就大声斥责，亦不会对此不闻不问。他会严肃而和气地指出同学哪里做得不好，既达到了教育的目的，还不会伤到学生的自尊心。这样的老师，谁会不尊敬爱戴呢？

多疑只会让人活在不信任的痛苦里

多疑的人怀疑着一切，他们整日心神不宁，像是自己在和自己做困兽之斗，疲惫的永远是自己。

古代有两个弟兄，他们从小一起拜师学武术，当他们学成以后，师傅就让他们两个去参军报国杀敌。在去参军的路上，两个人遇到一群来势汹汹的土匪，土匪将他们两个包围在一个洼地。情急之下，这两个人将背紧紧靠在一起，在正面用利剑，一次一次地阻挡土匪的进攻，最后杀出重围。在以后的战斗中，两个人始终背靠着背地战斗在一起。

有一次，两人到敌方属地刺探军情，不幸被敌兵发现，敌国的重兵将他们围在中间，却没有致他们于死地，目的是想从他们的口中得到一些重要的情报。结果两个人宁死不屈，奋力抵抗，都受了很重的伤，但他们始终竭力地拼杀，坚持着为背后的人阻挡刀剑。在他们快要坚持不住的时候，救兵终于赶到，两个人才得以幸存下来。

年过花甲后，两位老人返回故里。村子里经常有很多年轻人来问他们，他们是如何在战场上将敌人一次又一次击退的。两位老人经常先会心一笑，然后将衣服脱下来给这些年轻人看。他们发现两位老人的胸前全是伤疤，但他们的后背居然没有任何伤痕。一位老人解释道：战斗中我们彼此信任对方，只管应付前面的敌人，将后背托付给对方，因为后面有我最信任的人保护我。

两个兄弟因着背后有最信任的人，才逃脱凶杀中的灾难，所以，请放下你的多疑吧，并肩作战，不只是一种智慧的作战方式，更是一种人生的态度，一种敢于信任他人的勇气，一种难得的平和心态。

聪明的你听完这个故事，一定会明白怎样做路会越走越宽，有时候，我们缺的不是才学，也不是机遇，而是一颗信任别人的心。多疑有时看似很安全，在一定程度上它可以拒绝来自外界的危险，但是也拒绝了来自身边的安全。大鹏展翅时不会怀疑天空，鲲鱼遨游时也不会多疑海洋，而我们要想获得鲜花和掌声里，也不应多疑身边的人。

不单是争取鲜花和掌声时，我们应该放下多疑的防卫层，其实，在面对生活中的各种事情时，我们都不应该多疑。领导和属下之间不能多疑，否则将是一损共损；朋友之间不需要多疑，因为交出去的是真心，收回来的不会是假意；恋人和夫妻之间不能存在多疑，因为同床异梦带不来家的和睦、情的长久。

第四章

"自我伤害"是该停下来了

报复是对别人的打击，也是对自己的摧残

报复会把一个好端端的人驱向疯狂的边缘，报复还能把无罪推向有罪。

一位画家在集市上卖画，不远处，前呼后拥地走来一位大臣的孩子，这位大臣曾经害死画家的父亲。这孩子在画家的作品前流连忘返，并且选中了一幅，画家却匆匆地用一块布把它遮盖住，并声称这幅画不卖。

从此以后，这孩子因为心病而变得憔悴，最后，他父亲出面了，表示愿意付出一笔高价。可是，画家宁愿把这幅画挂在自己画室的墙上，也不愿意出售。他阴沉着脸坐在画前，自言自语地说："这就是我的报复。"

每天早晨，画家都要画一幅他信奉的神像，这是他表示信仰的唯一方式。

可是现在，他觉得这些神像与他以前画的神像日渐相异。

这使他苦恼不已，他不停地找原因。有一天，他惊恐地丢下手中的画，跳了起来：原来，他刚画好的神像的眼睛，竟然是那大臣的眼睛，而嘴唇也是那么的酷似。

他把画撕碎，并且高喊："我的报复已经回报到我的头上来了！"

这个故事告诉我们，一个人若心存报复，自己所受的伤害会比对方更大。经心理学专家研究证实，报复心理非常有碍健康，高血压、心脏病、胃溃疡等疾病与积怨和过度紧张有密切关系。有一位好莱坞的女演员，失恋后，怨

恨和报复心使她的面孔变得僵硬而多皱，她去找一位最有名的化妆师为她美容。这位化妆师深知她的心理状态，中肯地告诉她，"你如果不消除心中的怨和恨，我敢说全世界任何美容师也无法美化你的容貌。"

古时候有个叫陈嚣的人，与一个叫纪伯的人做邻居。有一天夜里，纪伯偷偷地把陈嚣家的篱笆拔起来，往后挪了挪。这事被陈嚣发现后，心想，你不就是想扩大点地盘吗，我满足你，他等纪伯走后，又把篱笆往后挪一丈。天亮后，纪伯发现自家的地又宽出了许多，知道是陈嚣在让他，他心中很惭愧，主动找上陈家，把多侵占的地统统还给了陈家。

哲人说，宽容和忍让的痛苦，能换来甜蜜的结果。这话千真万确。

日本的白隐禅师，道行高深，负有盛名，他的故事流传得很多，其中最有名的是这样一个：白隐居住的禅寺附近有一户人家的女孩怀孕了。女孩的母亲大为愤怒，一定要找出"肇事者"。女孩用手朝寺庙指了指，说："是白隐的。"女孩的母亲跑到禅寺找到白隐，又哭又闹。白隐明白了怎么回事后，没有做任何辩解，只是淡然地说："就这样吗？"孩子生下来后，女孩的母亲又当着寺庙所有僧人的面送给白隐，要他抚养。白隐把婴儿接过来，小心地抱到自己的内室，安排人悉心喂养。多年以后，女孩受不住良心的折磨，向外界道出了事情的真相，并亲自到白隐的跟前赎罪。白隐面色平静，仍是淡然地说了句："就这样吗？"

轻轻的几个字，包含着多少的威力和内涵！面对诋毁和陷阱，有的人抗争，有的人处之泰然，更有的人不闻不问，依然故我，一副闲云野鹤之态。

承认自己优秀的事实

如果让你去寻找这个世界上最优秀的人，你会到哪里寻找？其实，在这个世界上，你时刻都要坚信这一点：最优秀的人就是你自己。

你是否看到别人很顺利地做成了某件事就羡慕别人的才能？尽管你是最优秀的，但你是否还有不如别人的念头？如果要你去找寻这个世界上最优秀的人，你会先想到自己吗？还是你只顾着考虑别人是最优秀的，而最终忽略了自己？

相信自己能飞翔，才能拥有翅膀。有一位诗人说得好："使世界活跃的不是真理，而是信心！"信心是一种机动性的力量。不过这种力量不是普通的力量，而是一种在我们内心活跃着的力量。正如我们的身体是凭着食物所产生的热能构筑起来的一样，我们的生命之所以活跃、有意义、有用，并不是凭自己的力量，而是因为我们从另外一个来源获得了力量。一位心理学者曾在一所著名的大学挑选了一些运动员做实验。他要这些运动员做一些别人无法做到的运动，还告诉他们，由于他们是国内最好的运动员，因此他们能够做到。

这些运动员分为两组，第一组到达体育馆后，虽然尽力去做，但还是做不到。第二组到达体育馆后，研究人员告诉他们，第一组已经失败了，并对他们说："你们这一组与前一组不同，我们研制了一种新药，会使你们达到超人的水准。"结果，第二组运动员吃了药丸后，果然完成了那些困难练习。事后，研究人员才告诉他们，刚才吃的药丸，其实是没有任何药物成分的粉末做的。如果你相信自己能做到，你就一定能做到。第二组运动员之所以能完成这些困难的练习，是因为他们相信自己一定能够做到。这就是积极的心理暗示所产生的效果。

信心是人类最伟大的力量之一。只要一点点信心，就可以企及原本所不能完成的事。当然，这并不是说只要自信，就每次都能得到自己想要的东西。远远不是这么简单，总会有风险在里面。但是，自信的人至少是自己做出选择，而不是听任别人为自己做主（或者是强行为别人做主）。只要他表现良好，说出了自己的感觉，那她就会对自己有信心，提升自尊意识，鼓励自己在人际交往中更加坦率和诚信。

"相信自己"，这是成功人士的座右铭。我们现在可能不是想象中的某种"人才"，但也要相信自己有潜力成为那样的人。很多人拒绝承认自己是最优秀的，从一定程度上来说，这是一种自卑。自卑于现状裹足而行的，永远不可能成就自己。只有自信者，才会努力塑造自己，向着成功迈进。

放下包袱更能看到曙光

人生在世，当鱼和熊掌不能兼得的时候，继续为了"兼得"而不做舍弃，这不是智者的行为。

　　一个背着大包裹的焦虑者，千里迢迢跑来拜访一位德高望重的哲人。他诉苦道："先生，我是那样的孤独、痛苦和寂寞，长期的跋涉使我疲倦到极点，我的鞋子破了，荆棘割破双脚，手也受伤了，流血不止；嗓子因为长久的呼喊而喑哑……为什么我还不能找到心中的阳光？"

　　哲人问："你的大包裹里装的是什么？"焦虑者说："它对我可重要了。里面是我每一次跌倒时的痛苦，每一次受伤后的哭泣，每一次孤寂时的烦恼……靠了它，我才能走到您这儿来。"

　　于是，哲人带焦虑者来到河边，他们坐船过了河。上岸后，哲人说："你扛了船赶路吧！""什么，扛了船赶路？"焦虑者很惊讶："它那么沉，我扛得动吗？""是的，孩子，你扛不动它。"哲人微微一笑，说，"过河时，船是有用的。但过了河，我们就要放下船赶路。否则，它会变成我们的包袱。痛苦、孤独、寂寞、灾难、眼泪，这些对人生都是有用的，它能使生命得到升华，但须臾不忘，就成了人生的包袱。放下它吧！孩子，生命不能太负重。"

　　焦虑者放下包袱，继续赶路，他发觉自己的步子轻松而愉悦，比以前快得多。原来，生命是可以不必如此沉重的。

　　人生就是这样，在生活强迫我们必须付出惨痛的代价以前，主动放弃局部利益而保全整体利益是最明智的选择。智者曰："两弊相衡取其轻，两利相权取其重。"趋利避害，这也正是放弃的实质。

　　人生的目的不是面面俱到，不是多多益善，而是把已经掌握的东西得心应手地去运用，它跟宝剑一样，剑刃越薄越好，重量越轻越好。

　　一个带着过多包袱上路的人注定不会走快，只有卸下身上的包袱才可能走得更快。我们总是让生命承载太多的负荷，这个舍不得丢掉，那个舍不得丢掉，最终被压弯腰的是我们自己。放下太多的虚荣，放下太多的功利，放下金钱的压力，为自己的肩膀减负，我们才能过不焦虑的日子。

　　精明者敢于放弃，聪明者乐于放弃，高明者善于放弃。人其实天生就懂得放弃，但放弃不是盲目的，而是选择放弃，重在选择，次在放弃。要放弃失落带来的痛楚，放弃屈辱留下的仇恨，放弃心中所有难言的负荷，放弃耗费精力的争吵，放弃没完没了的解释，放弃对权力的角逐，放弃对金钱的贪欲，放弃对虚名的争夺——放弃的是烦恼，摆脱的是纠缠，收获的就是快乐，拥有的就是充实。

放弃是为了更好地拥有。放弃是一种超脱、一种气度，更是一种升华、一种境界。

从现在起，不再对自己进行否定

每个人都有自己的独特个性，也都有自己的作用和能力，就像一个小螺母、一个小贝壳，放在正确的地方就是无价之宝。

永远都不要自暴自弃，要相信你是造物主所创造的最独特的个体，世间没人和你相同，只要把你放到合适的地方，你就会创造属于你的价值。

一个生长在孤儿院中的男孩，常常悲观地问院长："像我这样没有人要的孩子，活着究竟有什么意思呢？"院长总是笑眯眯地对他说："孩子，别灰心，谁说没有人要你呢？"

有一天，院长亲手交给男孩一块普通的石头，说道："明天早上，你拿着这块石头到市场去卖，但不是真卖。记住，无论别人出多少钱，绝对不能卖。"

男孩一脸迷惑地接下了这块石头。

第二天，他忐忑不安地蹲在市场的一个角落里叫卖石头。出人意料地，竟然有许多人要向他买那块石头，而且一个比一个价钱出得高。男孩记着院长的话，没有卖掉。回到孤儿院后，他兴奋地向院长报告，院长笑笑，要他明天拿着这块石头到黄金市场去叫卖。在黄金市场，竟然有人出比昨天高出十倍的价钱要买那块石头，男孩拒绝了。

最后，院长让男孩把那块普通的石头拿到宝石市场上去展示。结果，石头的身价比昨天又涨了十倍。由于男孩怎么都不卖，这块石头被人传成"稀世珍宝"，参观者纷至沓来。

男孩兴冲冲地捧着石头回到孤儿院，他眉开眼笑地将一切情景禀报给院长。院长亲切地望着男孩，徐徐地说道："生命的价值就像这块石头一样，在不同的环境下就会有不同的意义。一块不起眼的石头，由于你的珍惜、惜售而提升了它的价值，被说成是稀世珍宝。你不就像这块石头一样吗？只要自己看重自己，懂得珍惜自己，生命就有意义，有价值。"

一块石头也自有它的价值，关键在于你将它放在什么地方。人生也是这样。

人生最大的损失，除丧失人格之外，就要算失掉自信心了。当一个人没有自信心时，那么他做任何事情都不会成功，就像没有脊椎骨的人是永远站不起来的一样。学会在小的事物中体会成功的愉悦，找回失去已久的自信心，在自信中提升自我的价值，是很多成功人士的一大秘诀。

记住：每个人身上都有闪光点，千万不要轻易否定自己的价值。

轻如尘埃，也不必妄自菲薄

"一扇小小的窗户，可以射进阳光；一颗小小的星星，可以照亮夜空；一朵小小的花朵，可以满室芬芳；一件小小的善行，可以扭转命运；一点小小的微笑，可以传达情意；一句小小的慰言，可以安慰苦难。"所以，小不可轻。

即使只是阳光下一粒小小的尘埃，也能够拥有最美丽的飞翔姿态，小的事物并不一定没有用，相反，有的时候小事物的威力巨大无穷。星星之火可以燎原，即是这个道理。因此，假如你是一个小人物，请不要自怨自艾，更不要感叹自己的渺小和不为人知，因为你有你的力量可以感动这个庞大的世界。

你见过在阳光下飞扬的尘埃吗？

你见过屋檐上滴滴答答落下的水珠吗？

你见过在地上爬来爬去的蝼蚁吗？

与这茫茫宇宙相比，它们太过微小，甚至可以忽略不计，但是，它们却往往能够创造令人瞠目结舌的奇迹。

尘埃汇聚，可成千年古堡；水滴虽小，足以穿石；蝼蚁卑微，却能溃堤。

这样的生命，难道不值得我们仰视？这样的生命，难道不该有一份属于自己的自信与自尊？

有个人为南阳慧忠国师做了二十年侍者，慧忠国师看他一直任劳任怨、忠心耿耿，所以想要对他有所报答，帮助他早日开悟。

有一天，慧忠国师像往常一样喊道："侍者！"

侍者听到国师叫他，以为慧忠国师有什么事要他帮忙，于是立刻回答道："国师！要我做什么事吗？"

国师听到他这样的回答，感到无可奈何，说道："没什么要你做的！"

过了一会儿，国师又喊道："侍者！"侍者又是和第一次一样的回答。

慧忠国师又回答他道："没什么事要你做！"

这样反复了几次以后，国师喊道："佛祖！佛祖！"

侍者听到慧忠国师这样喊，感到非常不解，于是问道："国师！您在叫谁呀？"

国师看他愚笨，万般无奈地启示他道："我叫的就是你呀！"

侍者仍然不明白地说道："国师，我不是佛祖，而是你的侍者呀！你糊涂了吗？"

慧忠国师看他如此不可教化，便说道："不是我不想提拔你，实在是你太辜负我了呀！"

侍者回答道："国师！不管到什么时候，我永远都不会辜负你，我永远是你最忠实的侍者，任何时候都不会改变！"

慧忠的目光暗了下去。为什么有的人只会应声、被动，进退都跟着别人走，不会想到自己的存在？难道他不能感觉自己的心魂，接触自己真正的生命吗？

慧忠国师道："还说不辜负我，事实上你已经辜负我了，我的良苦用心你完全不明白。你只承认自己是侍者，而不承认自己是佛祖。佛祖与众生其实并没有区别，众生之所以为众生，就是因为众生不承认自己是佛祖。实在是太遗憾了！"

慧忠国师一片苦心，他的侍者却不明白，真是可惜。他能够二十年如一日虔诚侍奉自己尊重的禅师，却从没有正确审视过自己的价值。

做人，认识世界是必要的，而认识自己则更为重要。这就好比三兽渡河，足有深浅，但水无深浅；三鸟飞空，迹有远近，但空无远近。因此，任何人都不必妄自菲薄。

看到劣势，但别抓住不放

每个人都应乐于接受自己，既接受自己的优点，也接受自己的缺点。事实上，绝大部分人对自己都持有双重的看法，他们给自己画了两张截然不同的画像，一张是表现其优秀品质的，没有任何阴影；另一张全是缺点，画面阴暗沉重，令人窒息。

我们不能将这两幅画像隔离开来，片面地看待自己，而是需要将其放到一起综合考察，最后合二为一。我们在踌躇满志时，往往忽视自己内心的愧疚、仇恨和羞辱；在垂头丧气时，却又不敢相信自己拥有的优点和取得的成绩。

我们应该画出自己的新画像，应该实事求是地接受自己、了解自己。很多人常常过分严格地要求自己，凡事都希望做得完美无缺，这是十分愚蠢的想法。

有些人因为自己有时候具有消极的破坏性情感，就以为自己是邪恶的，于是一蹶不振，自暴自弃，这很让人惋惜。我们应该明白，少许的性格缺点并不能说明我们就是不受欢迎的人。恩莫德·巴尔克曾说过，以少数几个不受欢迎的人为例来看待一个种族，这种以偏概全的做法是极其危险的。我们对自己、对别人具有攻击性、怀有仇恨，这些情感是人性的一部分，我们不必因此就厌恶自己，觉得自己就像社会的弃儿一般。意识到这一点，我们就能在精神上获得超脱和自由。

如果我们能坦然接受自己的这些缺点，就不必戴着面具去生活，就会认识真正的自己。道德上的过于自负及苛刻的自我要求，都是你内心的最大敌人。我们要学会适当地宽容自己，要知道我们不可能像天使那样纯洁无瑕，能认识到这一点，我们才能保持内心的平静。

很可惜的是，现实中很多人并不能认识到这一点。他们抓着自己的缺点不放，因为自己的某一个缺点就把自己全盘否定，甚至因为一味地强调自己的缺点变成了自卑者。他们总是一味轻视自己，总感到自己这也不行，那也不行，什么也比不上别人。他们怕正面接触别人的优点，总是回避自己的弱项，久而久之，这种情绪就占据了心头，可他们不明白这种情绪一旦占据心头，结果就是对什么都提不起精神，犹豫、忧郁、烦恼、焦虑便纷至沓来。

每一个事物、每一个人都有其优势，都有其存在的价值。具有自卑心理的人，总是过多地看重自己不利和消极的一面，而看不到有利、积极的一面，缺乏客观、全面地分析事物的能力和信心。这就要求我们应努力提高自己透过现象抓本质的能力，客观地分析对自己有利和不利的因素，尤其要看到自己的长处和潜力，而不是妄自嗟叹、妄自菲薄。

当然，我们也要承认，要形成能够坦然接受自己缺点的心态，需要一个过程而不是一蹴而就。我们的进步是缓慢的、渐进的。

纽约的一名精神病医生遇到过这样一个病人，他酒精中毒，已经治疗了两年。有一次，这个病人来看医生，要求进行心理治疗。病人告诉医生说，前两天他被解雇了。当心理治疗完毕后，病人说："大夫，如果这件事发生在一年前，我是承受不住的。我想自己本来可以做得更好，避免这类事情的发生，但却未能做到，为此我会去酗酒。说实话，昨天晚上我还这么想呢。但现在我明白了，事情既然已经发生了，就该正视它，坦然地接受它。失败就像成功一样，是人生中难得的经历，它是我们人生中不可避免的一部分。"

如果我们都能像这位病人一样，坦然接受生活的全部，那么我们就能够正确地看待各种不良的心境。沮丧、残酷、执拗，这些都只是暂时的现象，是人的多种情感之一。要求自己完美无缺的人往往极其脆弱，他们常常会因为对自己过分苛刻而感到绝望。每个人的性格中都有引起失败的因素，也有导致成功的因素。我们应有自知之明，把这两个方面都看作是人性的固有成分，接受它们，进而努力发挥人性中的优点。

杜绝自闭，沐浴群体阳光

自我封闭是指个人将自己与外界隔绝开来，很少或根本没有社交活动，除必要的工作、学习、购物以外，大部分时间将自己关在家里，不与他人来往。自我封闭者都很孤独，没有朋友，甚至害怕社交活动。

自我封闭心理实质上是一种心理防御机制。由于个人在生活及成长过程中常常可能遇到一些挫折，挫折会引起个人的焦虑。有些人抗挫折的能力较差，使得焦虑越积越多，他只能以自我封闭的方式来回避环境，降低挫折感。

李珂在一家大型国有企业做技术工作，月薪上万。最近，他面临着深深的困惑。他们部门要选一名科长，他认为自己完全有能力胜任，然而却落选了，在和同事的相处中，还受到了排挤，向上司请求换岗，也遭到了拒绝。其实李珂还是一个比较有能力的，上学期间他曾经是班里的团支书，经常组织同学办板报，搞一些活动，学习成绩挺不错，文笔也挺好，还写得一手好字。没有想到，工作以后却连连受挫，强烈打击了他的自信心。他看到的都是自己的缺点，变得自卑起来。而自卑的人，自尊是极强的，也是很脆弱的。为了避免再让自己受挫，李珂便选择了逃避，以后再有什么活动他也很少参加，常借口推辞。慢慢地，他对任何活动都失去了信心，失去了兴趣，渐渐把自己孤立起来了，在自我的圈子里孤芳自赏，偶尔也感叹一下生不逢时。日久天长，李珂便不能自拔地成了一个自闭的人。

李珂的遭遇让我们了解了自闭的可怕。自闭不仅让自己失去对生活的信心，而且做任何事情都心灰意懒、精神恍惚，终致自己不能容纳自己。

自闭是心灵的一剂毒药，是对自己融入群体的所有机会的封杀。自闭不仅毁掉自己的一生，也会让周围的朋友、亲人一起忧伤，总之，自闭会葬送一生的幸福。所以，我们一定要走出自闭的牢笼。

现代社会生活中，与世隔绝、独处一室是非常不切实际的做法，人际关系就像是一盏灯，在人生的山穷水尽处，指引给你柳暗花明又一村的繁华。那么，怎样才能从自我封闭中走出来呢？可以按步骤进行以下的训练：

第一步：初期训练

每天下班后，不要急于马上回家，而是先到百货商场、农贸市场等人多的地方逗留一段时间，引导自己对周围环境里的人和事物感兴趣，然后回家将自己所观察到的一切记录下来。

如果刚开始怕人多的地方，可先从人少或无人的环境开始。另外，在外逗留的时间也应遵循由短到长的原则。

第二步：中期训练

1.阅读一些有关基本沟通技巧方面的书籍和文章，如怎样和人打招呼、怎样和人开始谈话、谈话的礼貌等。

2.到某百货商店询问一种商品的价格。

3.向陌生人问路，其中包括年长的、年轻的和年龄较小的同性和异性。特别是要完成一次向年轻英俊、漂亮的异性问路和一次向看起来并不和善的人问路。

4.买一种商品，然后退货。退成退不成无关紧要，重要的是你敢于并能够向店方陈述你的理由。

注意：每完成上述一个步骤，都要写下感想，分析一下自己运用前面所学的沟通技巧的情况，总结自己的长处和不足。对于长处，要在以后的行动中坚持下来，而对于不足，要通过再一次的补充练习加以纠正，直至基本克服为止。

第三步：后期训练

1.每天向同事询问一项有关单位的业务问题。

刚开始，可选择那些比较和气、比较宽容的同事(如老同事)，然后再选择那些脾气不太好，看起来不太好打交道的人询问。

问时要抱着虚心求教的态度，认真倾听。眼睛要经常注视着对方(但也不是始终死盯不放)，并要有所反应(如点点头，表示明白了)。若可能的话，找一个比较容易接近和耐心的人给你指点一下。

2.在工作的业余时间，主动参与同事们的聊天，刚开始你可能不太会说，没关系，你只需耐心地倾听就够了。

等到一段时间后，你也可以适时发表一下自己的见解。为了使你自己更成功，你应"备备战"，如头一天晚上有准备地看一场球赛，或从报刊上记下一个有趣的事例，到第二天用它来参与聊天。

3.约同事一起出去逛街，吃顿便饭，看个展览之类的。

希望你把这一训练过程完整地坚持下来，到那时，你将摆脱孤寂，拓展自己的生活圈子，使自己快乐起来。

试着接纳他人

在我们成长的过程中，会在无意识中形成自己的人生观和价值观，形成自己为人处世、待人接物的独特方式。当我们习惯了自己的某些行为，就慢慢容不下他人不同的方式。于是，那些不被认同的东西，往往被我们有意地排斥在外。

可事实上，一个人和社会要想进入良性循环，就必须与他人合作，而一个不能接纳他人的人，是根本无法与他人友好合作的。因此，一个人仅仅接纳自己是完全不够的，还要学会接纳自己以外的人。

接纳别人会让你具有控制自己破坏性情绪的能力。接纳别人会为你提供一种在面对他人和面对自己时真正意义上的宁静心态。当然，学会接纳别人，尊重别人，别人通常也会对你做出积极的回应。

那么，在实际生活中，我们应该如何去接纳他人呢？

学会倾听，不指责

不论对方怎样，都尊重他人，哪怕你一时无法接受别人的观点或者是做事的方式，也不要当众指责，为对方留下尊严。

无论他人的行为是否妥当，我们都要做到不加评论、认真耐心地倾听别人的述说。如果你细心，诚恳地聆听别人，则会使别人觉得自己非常重要。

主动发现别人的优点

要想做到无条件接纳他人，一定要让对方首先感受到你的友好与诚意。比如，学会关心别人，关心他的事业，关心他的工作，关心他的身体、家人等。并且能够从中发现他人的优点，进而表达出自己的欣赏。要知道，真诚地表达欣赏从来都是深入他人内心的捷径。但是，一定要真诚。

学会尊重别人

尊重是接纳他人的前提。尊重别人要学会角色换位，能够做到不挑剔、不嫌弃。有足够自信的人，不会在两人之间的差异点上大做文章。挑三拣四，很容易弄得不欢而散。要从对方喜欢的角度来欣赏对方，从对方需要的观点去接受对方。如果，她觉得短发好看，你又何必一定要坚持让对方留长发？尊重对方的同时，其实是对自我的肯定。

接纳他人是一种意义深刻、影响深远并能获得健康自控能力的转变，如果你意识到这一点并努力去获取它，不仅能够让你获得自我内心的宁静，还能够以更加宁静的心态去面对这个世界。

消极的自我暗示为疾病打开了门

自我暗示，从心理学角度讲，就是个人通过语言、形象、想象等方式，对自身施加影响的心理过程。这种自我暗示，常常会在不知不觉之中对自己的意志、生理状态产生影响。特别是对于那些病人来说，积极的自我暗示，会使人有战胜疾病的信心，建立良好的心境，从而有益于病情的稳定和症状的消除。但是，消极的自我暗示会破坏和干扰人的正常心理和生理状态，以致体内各种器官功能紊乱，抵抗力降低，为各种疾病大开方便之门。

有一位老同志怀疑自己得了癌症，吓得要死，怕得要命，整天愁眉苦脸，焦躁不安，吃不下饭，睡不好觉，一举一动都像个典型的"癌症"患者，不到10天工夫，体重减了10多斤。后来经多家医院检查，完全排除了患癌症的可能，他才慢慢恢复了健康。

相反，有一位老同志被医院确诊为结肠癌。他并没有把这太当回事，觉得人活百岁总有一死，能多活一天就算胜利，他把癌症视为敌人，坚信"两军相遇勇者胜"，于是不断地进行积极的自我暗示："只要自己精神不垮，就能战胜癌症这个敌人，一天天好起来。"吃药时他念叨："这药很好，吃了一定有效果。"走路时想着："生命在于运动……"这样长期坚持自我心理暗示，渐渐地这种暗示对他身心产生了良好的作用，10多年来不但病情稳定，而且症状消失，自己对身体的康复越来越充满信心。

以上的故事中，不同的心理暗示给人以不同的结果。自我暗示疗法是由法国医师库埃于1920年首创的，他有一句名言："我每天在各方面都变得越来越好。"他让病人每天不断重复这句话，许多病人得到康复。其实，暗示疗法实际上就是让病人有一个好的心情，有乐观的情绪，有战胜疾病的信心，这样就能调动人的内在因素，发挥主观能动性。古人常说的"情极百病增，情舒百病除"就是这个道理。美国新奥尔良的奥施德纳诊所做过统计，发现在连续求诊而入院的病人中，因情绪不好而致病者占76%。这就告诉我们：情主健康沉浮，凡事往好的方面想，自然能战胜疾病。

消极的自我暗示往往能打开疾病的大门。实际生活中到处都有人因为他们内心的挫折、仇恨、恐惧或罪恶感，而给自己的健康造成伤害的例子。积极的心态会给人体健康带来好处。有人曾说过："有两件事对心脏不好：一是跑步上楼，二是诽谤别人。"这两件事不仅对心脏不好，而且对人的身体也有很大的影响。所以，学会宽容很重要，当自己懂得宽容之后，就会发现，体谅别人会起到奇妙的治疗效果。

许多家报纸曾报道过这样一则新闻：有一名男子在过马路时不幸被车子撞倒而丧命。验尸报告说，这个人有肺病、溃疡、肾病和心脏衰弱。可是，他竟然活到了 84 岁。给他验尸的医生说："这个人全身是病，一般情况，30 年以前早该去世了。"有人问他的遗孀，他怎么能活这么久，她说："我的丈夫一直确信，明天他一定会过得比今天更好。"

还有人认为，在运用积极心态方面，多使用积极的表述，也有利于身体健康。语言文字是有影响力的。如果你经常运用积极的话语来描述你的健康状况，便可能激发对你身体有好处的积极力量。你习惯性使用的一些字眼，能反映出你内在的某些思想。而你的思想是积极还是消极，会影响你内在的各种器官的健康状况。

曾任美国精神治疗协会会长的卡特博士在谈到一个人所持的肯定态度对健康的影响时，甚至反对人们使用像"我今天不会生病"这样的说法。他认为那只是半积极的态度，应该改为"我今天觉得比昨天好"，这才是非常积极的陈述。卡特博士说："肯定的态度是以科学的事实为基础的，这些事实来自生物学、化学、医学等学科知识。正确地运用肯定态度将有助于改善你的健康，延长你的寿命，使你精力充沛，倍感幸福，从而在各方面取得成功，并且还能替你保持一件最主要的东西——那就是心里的平静。"

狭隘是对心灵和身体的双重约束

有的人遇到一点点委屈或很小的得失便斤斤计较，甚至耿耿于怀；有的人听到别人一两句批评的话就受不了了，甚至痛哭流涕；有的人在生活、工作中遇到一丁点失误就认为是莫大的失败、挫折，最后吃不下睡不着；有的人人际交往面窄，追求少数朋友间的"哥们儿义气"，只同与自己一致或不如自己的人交往，容不下那些与自己意见有分歧或比自己强的人。所有的这些都狭隘的表现，而这种人，其一生注定不会有太大的成就。

卡莱尔是一家书店的经理。一次，他无意中发现了店员给他写的一封信，信上对他极尽辱骂讽刺，说他很差劲，希望副经理能马上接替他的职务。读了这封信以后，卡莱尔带着信跑到老板的办公室里。他对老板说："我虽然是一个没有才能的经理，但我居然能用到这样的一位副经理，连我雇佣的店员们都认为他胜过我，我对此感到非常自豪。"

卡莱尔但没有一丁点嫉妒，而且没有感到自己的虚荣心受到损害，令人叹服的是，他为自己用了那样能干的副经理而感到自豪。

后来，他的老板不但没有撤换他，反而更重用他了。

狭隘是对一个人心灵和身体的双重约束，心灵狭隘的人总是40岁的脸上就写满50岁的沧桑。为什么这样说呢？因为，狭隘让人心胸狭窄，一点小事也能在他的心里掀起波澜，或嫉妒，或埋怨，或消极。这实际上就是自我折磨，非但让自己不快乐，还会影响到与周围人的关系：破坏友谊、损害团结，还会给他人带来损失和痛苦。另外，一个人的狭隘还会影响到身体健康。

所以，不管从哪方面考虑，我们都应该让自己的心胸、气量和见识等放开，变大！以积极的态度去克服气量小的狭隘缺点，不妨从以下几个方面着手：

拓宽心胸

"往事如烟俱忘却，心底无私天地宽。"要想改掉自己心胸狭隘的毛病，首先要加强个人的品德修养，破私立公，遇到有关个人得失荣辱之事时，经常想到国家、集体和他人，经常想到自己的目标和事业。

丰富知识

事实证明，一个人的气量和他的知识修养有密切的关系。知识多了，立足点就会高，眼界也会变得开阔，此时，就会对一些身外之物拿得起、放得下、丢得开，就会"大肚能容，容天下能容之物"。当然，满腹经纶、气量狭隘的人也有的是，但这并不意味着知识有害于修养。培根说："读书使人明智。"经常读书，对于开阔自己的胸怀大有裨益。

缩小"自我"

提醒自己不要期望过高，适当来点阿Q精神，降低期望值。如果你坚持抱着一成不变的期望，不愿做任何改变，那么你很快就会被激怒，让事情变得更糟。

很多人的人生之路越走越窄，其实，这和狭隘的心态具有直接联系。狭隘，生命不能承受之重！狭隘，只能让我们走向低谷。

所以，告别狭隘心理吧，以宽广的心量去接纳生活中的一切不如意，这样我们会看到更多美丽的风景。

要解除"自我设限"，关键在自己

西方谚语说得好："上帝只拯救能够自救的人。"成功属于愿意成功的人。成功有明确的方向和目的。你不愿成功，谁拿你也没办法；你自己不行动，上帝也帮不了你。

成功并不是一个固定的蛋糕，数量有限，别人切了，你就没有了。恰恰相反，成功的蛋糕是切不完的，关键是你是否去切。你能否成功，与别人的成败毫无关系。只有自己想成功，才有成功的可能。

宋朝著名的禅师大慧，门下有一个弟子叫道谦。道谦参禅多年，仍无法开悟。一天晚上，道谦诚恳地向师兄宗元诉说自己不能悟道的苦恼，并求宗元帮忙。

宗元说："我能帮忙的当然乐意之至，不过有三件事我无能为力，你必须自己去做！"

道谦忙问是哪三件。

宗元说："当你肚饿口渴时，我的饮食不能填你的肚子，我不能帮你吃喝，你必须自己饮食；当你想大小便时，你必须亲自解决，我一点也帮不上忙；最后，除了你自己之外，谁也不能驮着你的身子在路上走。"

道谦听罢，心扉豁然洞开，快乐无比，他感到了自我的力量。

成功，首先始于自愿自觉。

当一个人失去生活的目的和意义，万念俱灰之时，我们说"无可救药"；当一个人动了念头，认了死理，哪怕上刀山下火海，不达目的不罢休时，我们说"矢志不渝"。

自己的事自己做。始于心动，成于行动。

很多人花费许多力气去寻找无法成功的原因，其实他们不知道自我设限就是主因。

因此，在面临生活中这样那样的不如意时，不妨将这些不如意当作一次突破自我的机会，勇敢地跨越自我的极限，你的生命才会更上一层楼。

德山禅师在尚未得道之时曾跟着龙潭大师学习，日复一日地诵经苦读让德山有些忍耐不住，一天，他跑来问师父："我就是师父翼下正在孵化的一只小鸡，真希望师父能从外面尽快地啄破蛋壳，让我早日破壳而出啊！"

龙潭笑着说："被别人剥开蛋壳而出的小鸡，没有一个能活下来的。母鸡的羽翼只能提供让小鸡成熟和有破壳力的环境，你突破不了自我，最后只能胎死腹中。不要指望师父能给你什么帮助。"

德山听后，如醍醐灌顶，后来果然青出于蓝，成了一代大师。

在我们的人生中，很多人之所在跌倒在困难面前爬不起来，不是因为困难或者挫折不可战胜，而是因为他们在自己的心里先给自己设了限。事实上，阻碍他们重新站起来的不是困难，而是他们自己心里的心魔。

第五章

不要用内疚和后悔惩罚自己

不要拿过去犯下的错误处罚自己

令人后悔的事情，在生活中经常出现。许多事情做了后悔，不做也后悔；许多人遇到要后悔，错过了更后悔；许多话说出来后悔，说不出来也后悔……人的遗憾与后悔情绪仿佛是与生俱来的，正像苦难伴随生命的始终一样，遗憾与悔恨也与生命同在。

人们产生后悔的心理原因大致可以分为两种：第一种是在做出决定之前对可能出现的消极后果有一定的预知，但由于疏忽大意或者盲目乐观，对这种危险的苗头没能采取必要的预防措施。在这种情况下，决定者是非常后悔的，因为他已经接近正确的选择，只因一念之差发生了重大遗漏。

另一种后悔经常发生在盲目乐观者身上。决定者在制订行动方案时，有意回避不利的信息，对未来的困难、危险及不利条件根本未加考虑。由于没有任何心理准备，也没有任何有效的应急措施，因此，决定者只有惊恐和本能的防御反应，只能临时利用手头的力量补救一下，但终因补救措施的非系统化、非严密化而收效不大。

谁都想自己的人生完美无错，谁都不想承担因错误引起的痛苦，谁都想自己所做的每一件事情都正确，可毕竟这只是一种愿望而已。谁都会出错，即便是伟人名人也免不了会犯错。做了错事，走了弯路之后，有后悔情绪是很正常的，这是一种自我反省，是自我解剖的前奏曲，正因为有了这种"积极的后悔"，我们才会在以后的人生之路上走得更加稳妥。

但是，如果你抓住后悔不放，从此就一蹶不振或者自暴自弃，那么你的这种做法就真正是蠢人之举了。

古希腊诗人荷马曾说过："过去的事已经过去，过去的事无法挽回。"的确，昨日的阳光再美，也移不到今日的画册。我们又为什么不好好把握现在，而把大好的时光浪费在对过去的悔恨之中呢？因此，当你再次遇到悔恨心理时，一定要及时调节，别为打翻的牛奶哭泣。

事实就是如此，过去的已经过去，不要为打翻的牛奶而哭泣！生活不可能重复过去的岁月，光阴如箭，来不及后悔。从过去的错误中吸取教训，在以后的生活中不要重蹈覆辙，要知道"往者不可谏，来者犹可追"。

既然后悔对我们的生活毫无帮助，那么我们在生活中该怎样控制自己的后悔情绪呢？

1. 坚持写日记，记下你每天感到内疚悔恨的情况。详细地记载每次悔恨的时间、起因以及引发内疚的事情，这一方法有助于你认识到自己的悔恨误区。

2. 将自己做过的后悔事列成清单。根据从 1 ~ 10 的标准评分，标明你对每件事的后悔程度，并且将各种错事的分数加起来，想一想分数高低对你的现状有什么影响。你会发现现实依然是现实，一切后悔都是徒劳无益的。

3. 做一些会使自己感到内疚的事情。例如，你刚到一个旅馆，服务员要带你去你的房间。你只有一件很小的行李，完全可以自己找到房间，你便可以告诉他你并不需要他的帮助。如果这位不受欢迎的朋友仍然坚持要帮你拿行李，你可以指出他是在浪费自己的时间和精力，因为你不会为自己不需要的服务付小费。这种行为都将帮助你克服自己在各种环境下产生的内疚悔恨情绪。

用积极的行动消除负罪感

在现实生活中，当我们在做错了某件事，或者做出了伤害他人的行为时，往往会产生后悔的情绪。负罪感是一种比较主观的感觉，其具体的程度与一个人的道德标准有着直接的关系。

有负罪感是好事。积极的负罪感有一定的好处，在这种负罪感的激励下，可以促使人们做出一些伟大行动。

一种社会环境中的道德准则与另一种社会环境中的道德准则可能完全不同的。但不管哪种环境，当一个人被赋予了特定的道德标准之后，然后又违背它，那么这个人就会产生负罪感。当然，某些情况下，人们之所以会违背社会规定的道德标准，是因为这个标准本身就是错误的。伴随着这种情况，产生的负罪感就是消极的，而消极的负罪感是极其有害的，因此，我们必须要采取行动消除这种负罪感。

消极的负罪感让人毁掉自己的生活，毁坏自己的身体，或者让人以其他的方式伤害自己，来为曾经自己觉得做下的错事赎罪。

事实上，负罪感不可怕，关键是要正确消除。要想积极地消除负罪感，可以通过以下几种方式：

弥补

导致负罪感产生的原因可能有很多，但伴随负罪感而来的常有一种欠债的感觉——觉得欠下了必须偿还且必须清偿的债务。

有一个小孩每天都会跑到门口去接下班回来的爸爸，当小孩接到爸爸的时候，他都会给他的儿子一颗糖果。

有一天，这个小孩又站在门口接他的爸爸，还兴奋地问："我的糖果呢？"这位年轻的爸爸失望地说："你每天接我，就是为了糖果吗？"尽管如此，爸爸还是从口袋里拿出了糖果，递给了小男孩。他们一起走回家，一路上什么话也没说。孩子受到了伤害，他很不快乐，糖也没有吃。

那天晚上，这个小孩很不高兴，临睡前将这件事告诉了妈妈。妈妈告诉他："明天你依然去接爸爸，但前提不再吃糖果了，这样一来，爸爸就会明白了，你其实是因为爱他才接他的。"

这位小孩觉得不快乐，觉得悔恨，是因为他被爸爸误解。这些感觉强迫他采取行动消除负罪感，弥补自己的"过失"。

采取行动

有时候，人会陷入错误行为的蜘蛛网中，而且看上去似乎无法自己挣脱，于是他们就放弃了努力。在接下来的日子里，他们被错误行为的蜘蛛网缠得越来越紧，自己也越来越痛苦。事实上，如果在这个时候能采取行动消除内心的负罪感，他们的生活也会重新回到正常的轨道。

张帅曾经是个很叛逆的年轻人，他似乎要努力把所有的戒律一一违反。中学时，和同学打架滋事被学校警告，直接影响他高考的志愿填报。于是，他一不二不休，偷了别人的钱，买张车票到了外地。

不久之后他再次作案，这次是抢劫。他被捕了，然后被投进监狱。出狱后又多次犯错。一个罪行导致另一个罪行。大家都认为张帅的意识中并没有负罪感，但是他的潜意识并非如此。他的负罪感在潜意识中积累。直到后来，他结婚成家了，有了自己的事业。一个极其特殊的经历唤醒了他。

有一天他和妻子去电影，当他听到主人公说"如果一个人赢得了整个世界，却失去了自己的灵魂，那对他又有什么益处"时，张帅感觉自己很难受。于是，他告诉了自己的妻子。

为了消除这种负罪感，妻子建议他马上把这些事情讲出来，讲给他人听。于是，他完全改变了自己的生活。他到处演说，讲述了他那些过往的经历，讲述了他下定决心改变的那一天……他庆幸自己找到了走上正途的勇气。

如果你无法抵制诱惑，如果潜意识中的负罪感让你无法把自己的能量用于建设性的目标，那么，就请学习一下摆脱负罪感的模式。结合自己的生活并应用这一模式，让自己一步步走向成功。

别让内疚感成为别人的把柄

当你的决定让你被十分痛苦的内疚所支配的时候，你沉迷于取悦别人会变得更具悲剧性。具有讽刺意味的是，让某人利用内疚来操纵你的结果不仅对你而且对其他人都是具有破坏性的，而且这种情况还相当普遍。尽管内疚推动的行为经常是基于你的理想主义，而因为放弃所带来的不可避免的后果却证明与理想截然相反。

赫莉的母亲很早便守寡，她勤奋工作，以便让赫莉能穿上好衣服，在城里较好的地区住上令人满意的公寓，能参加夏令营，上名牌私立大学。赫莉的母亲为女儿"牺牲"了一切。当赫莉大学毕业后，找到了一个报酬较高的工作。她打算独自搬到一个小型公寓去，公寓离母亲的住处不远，但人们纷纷劝她不要搬，因为母亲为她做出过那么大的牺牲，现在她撇下母亲不管是不对的。赫莉立刻感到有些内疚，并同意与母亲住在一起。后来她看上了一个青年男子，但她母亲不赞成她与他交朋友，强有力的内疚感再一次作用于赫莉。几年后，为内疚感所奴役着的赫莉，完全处于她母亲的控制之下。最终，她又因负疚感造成的压抑毁了自己，并为生活中的每一个失败而责怪自己和自己的母亲。

具有内疚倾向的最不利的情况就是，别的人可以并且会借用这种内疚来操纵你。假如你觉得有义务取悦每一个人，你的家庭和朋友就会强迫你做各种不利于你的事情。

玛丽是快乐的已婚女人，她的赌徒哥哥亨利却总是用各种办法来利用她。当他输了钱时，他总是找各种各样的借口向她借钱，而那笔钱最终会是肉包子打狗——有去无回。亨利认为自己是玛丽的哥哥，只要他愿意，他就有权利每天晚上到她家里吃饭、喝酒、使用她的新汽车。玛丽并不是一个愚蠢的任人欺侮的女人，但是，每次她总是理智地向哥哥屈服。其实，她自己也能看到屈服所带来的负面后果——她的纵容是在支持他的不合理的生活方式；她知道自己充当着亨利的"冤大头"；她更明白，这样的生活方式并不是出于爱。但用她自己的话就是"假如我向他借点什么，或者需要他的帮助，他肯定也会这么做。毕竟，互爱的兄妹应该彼此帮助。而且要是我对他说不，他就会发火，我就可能失去他。那样的话，我就会觉得我做了错事。"

在你本来应该说"不"的时候说了"是"，代价是很大的。

我们每一个人都有过去，也都有过失。面对过失，如果我们能吸取教训并不断改正，即使我们改正得有点慢，或者是完全改成所需要的时间有点长，但只要我们坚持改正，我们就可以问心无愧。徒有内疚，却不知道改正，只能成为别人的笑柄，当下次遇到类似的错误，我们还是会跌倒。

错误往往是成功的开始

曾经有人做过一个分析，一个人之所以成功，和他犯错的数量成正比，也就是说一个人犯错越多，他就越容易成功。当然这种犯错，并不是故意犯错，而是不经意间犯错。为什么这么说，因为犯了错之后，他们能随时矫正自己的错误。

一个渴望成功、渴望改变现状的人，绝对不会因为害怕犯错就停止前进的脚步，他一定会找出成功的契机，不断前进。

一位老农场主把他的农场交给一位外号叫错错的雇工管理。

农场里有位堆草垛手心里很不服气，因为他从来都没有把错错放在眼里过。他想，全农场哪个能够像我那样，一举挑杆子，草垛便像中了魔似的不偏不倚地落到了预想的位置上？回想错错刚进农场那会儿，连杆子都拿不稳，掉得满地都是草，有的甚至还砸在自己的头上，非常搞笑。等他学会了堆草垛，又去学割草，留下歪歪斜斜、高高低低一片狼藉；别人睡觉了，他半夜里去了马房，观察一匹病马，说是要学学怎样给马治病。为了这些古怪的念头，错错出尽了洋相，不然怎么叫他"错错"呢？

老农场主知道堆草高手的心思，邀请他到家里喝茶聊天。"你可爱的宝宝还好吗？平时都由他们的妈妈照顾吧？"高手点点头，看得出来他很喜欢他的孩子。老人又说："如果孩子的妈妈有事离开，孩子又哭又闹怎么办呢？""当然得由我来管他们啦。孩子刚出生那阵子真是手忙脚乱，不过现在好多了。"高手说。

老人叹了一口气，说："当父母可不易哦。随着孩子渐渐长大，你需要考虑的事情还很多很多，不管你愿意不愿意，因为你是父亲。对我来说，这个农场也就是我的孩子，早年我也是什么都不懂，但我可以学，也经过了很多次的失败，就像错错那样，经常遭到别人的嘲笑。"

话说到这个节骨眼上，高手似乎领会了老人的用意，神情中露出愧色。

错误是这个世界的一部分，与错误共生是人类不得不接受的命运。但错误并不总是坏事，从错误中吸取经验教训，再一步步走向成功的例子也比比皆是。

错误还有一个好用途，它能提示我们时刻关注自己的方向正确与否。我们的人生方向也是在错误中不断匡正的，我们应该正确对待错误。

首先，对待错误，我们不要避讳。要正视并勇于承认错误，要认识到人人都会犯错，没有人可以避免不犯错误。

其次，犯了错误，要尽量想办法改正。把错误的损害讲到最小的限度。错误有大小之分，我们除了要采取适当的补救外，剩下的就是要从错误中吸取经验，以免类似的错误在今后发生。

最后，也是最重要的一点，犯了错误要主动承担责任。一个人只有在承担责任中，才能让自己的心智不断成熟，才能得到别人更多的尊重，也只有懂得承担责任的人，才能让自己的人生不断完善。

减少后悔，好马也吃"回头草"

现实中有这样的人，他们以好马自居，错过了就错过了，失去了就失去了，表面上不在乎，心底里却后悔不已。不是他们不想吃回头草，而是他们不敢吃。所有的问题都归结于一点，那就是面子问题。然而，面子比自己的前途、自己的幸福还要重要吗？

女人有了外遇，要和丈夫离婚。丈夫不同意，女人便整天吵吵闹闹。没有办法，丈夫只好答应妻子的要求。不过，离婚前，他想见见妻子的男朋友。妻子满口答应。第二天一大早，女人便把一个高大英俊的中年男人带回家。

女人本以为丈夫一见到自己的男朋友必定气势汹汹地讨伐。可丈夫没有，他很有风度地和男人握了握手。然后，他说他很想和她男朋友交谈一下，希望妻子回避一下。女人只得听从丈夫的建议。站在门外，女人心里七上八下，生怕两个男人在屋内打起来。然而结果证明，她的担心完全是多余的。几分钟后，两个男人相安无事地走了出来。

送男友回家的路上，女人忍不住问："我丈夫和你谈了些什么？是不是说我的坏话？"男人一听，停下了脚步，他惋惜地摇摇头说："你太不了解你丈夫了，就像我不了解你一样！"女人听完，连忙申辩道："我怎么不了解他，他木讷，缺少情趣，家庭保姆似的简直不像个男人。""你既然这么了解他，就应该知道他跟我说了些什么。"

"说了些什么？"女人非常想知道丈夫说的话。

"他说你心脏不好，但易暴易怒，结婚后，叫我凡事顺着你；他说你胃不好，但又喜欢吃辣椒，叮嘱我今后劝你少吃一点辣椒。"

"就这些？"女人有点吃惊。

"就这些，没别的。"

听完，女人慢慢低下了头。男人走上前，抚摸着女人的头发，语重心长地说："你丈夫是个好男人，他比我心胸开阔。回去吧，他才是真正值得你依恋的人，他比我和其他男人更懂得怎样爱你。"

说完，男人转过身，毅然离去。

自从这次风波过后，女人再也没提过离婚二字，因为她已经明白，她拥有的这份爱，就是世界上最好的那份。

很多事情，因为不了解，我们选择了放弃。可是在明白了事情的原委，就应该有勇气追回自己曾经失去的东西。

倘若我们当初离开是因为环境的恶劣，或根本不合自己的胃口，那完全可以义无反顾地选择新的道路，好马不愁没草吃。如果曾经属于我们的那片草地依然旺盛，我们也仍然是"好马"，这最佳的匹配就应该去尝试，草地永远不会拒绝好马，只是看好马敢不敢吃。

如果你是真的好马，又有肥沃的草地等着你，与其去寻找那片遥不可及的新绿洲，何不低下头吃一次回头草呢？

第四篇
告别焦虑的心灵处方

第一章

焦虑"搞砸"了我们的生活

焦虑会给人带来难以忍受的不适感

焦虑不但解决不了任何问题，反而在紧要关头往往坏事。既然如此，我们不如心平气和地面对一切。

刚刚参加工作的张凡最近一段时间不知道为什么，老是为一些微不足道的小事忧虑，以至于影响了正常的工作和生活。

比如，张凡莫名其妙就对他使用的那支钢笔产生了厌恶之感。一看到那磨得平滑的钢笔尖就心里不舒服，他更讨厌那支钢笔的颜色，乌黑乌黑的。于是张凡决定不用它了。可换了支灰色的钢笔后，张凡依然感觉不舒服。原因是买它时张凡见是个年轻漂亮的女售货员，竟然紧张得冒了一头大汗，张凡认为自己出了丑，自尊心受到了伤害。因此张凡恨不得弄烂它，于是把它扔到楼道里，任人践踏。可是转念一想，这不是白白糟蹋了七八块钱吗，结果又把它给捡了回来。

还有一次，张凡买了一个用来盛饭的小塑料盒。突然他脑子里冒出一个想法："这是不是聚乙烯的？"张凡记得自己曾看过一篇文章，好像是说聚乙烯的产品是有毒的，不能盛食物。这下张凡的神经又绷紧了：自己买的这个小塑料盒会不会有毒？毒素逐渐进入我的体内怎么办？张凡万分忧虑，但不用它又不行，况且圆珠笔、钢笔、牙刷等也是塑料制品，天天都沾，如果都有毒，这不是让人活不成了吗？

有一天，张凡又为头上的两个"旋儿"而苦恼起来。他听人说"一旋好，俩旋孬，两个顶（旋），气得爹娘要跳井"。真有这么回事吧？要不为什么自己经常惹父母生气呢？可许多有两个旋的人也不像自己这么怪呀！这个念头令张凡终日忧虑不已。

张凡就是这样一直在忧虑的旋涡中徘徊、挣扎着……

可怜的张凡在忧虑中不断地折磨自己，他这是一种典型的焦虑心理。

焦虑是一种没有明确原因的、令人不愉快的紧张状态。适度的焦虑可以提高人的警觉度，充分调动身心潜能。但如果焦虑过火，则会妨碍你去应付、处理面前的危机，甚至妨碍你的日常生活。

处于焦虑状态时，人们常常有一种说不出的紧张与恐惧，或难以忍受的不适感，主观感觉多为心悸、心慌、忧虑、沮丧、灰心、自卑，但又无法克服，整日忧心忡忡，似乎感到灾难临头，甚至还担心自己可能会因失去控制而精神错乱。在情绪上整天愁眉不展、神色抑郁，似乎有无限的忧伤与哀愁，记忆力衰退，兴味索然，注意力涣散；在行为方面，常常坐立不安，走来走去，抓耳挠腮，不能安静下来。

心理学研究表明，导致焦虑的原因既有心理的因素，又有生理因素，同时，人的认知功能和社会环境也起重要作用。

焦虑是每个人都有的情绪体验，要防止它成为病态，就要寻找各种能舒缓压力的方式。面对焦虑，面对真实的自己，是化解焦虑的最佳良药。让我们一起化焦虑为成长的契机，做个自在、心无挂碍的现代人。

下面就教你几招来化解焦虑：

进行耗氧运动，以振奋精神

焦虑者可通过强耗氧运动，振奋自己的精神，如快步小跑、快速骑自行车、疾走、游泳，等等。通过这些耗氧量很大的运动，加速心搏，促进血液循环，改善身体对氧的利用，并在加大氧的利用量中，让不良情绪与体内的滞留浊气一起排出，从而使自己精力充沛，进而振作起来，心理困扰由此自然就得到了很大排解。

休闲常听音乐，以改变心境

一个人，不管他的心情多么不好，只要能听到与自己的心境完全合拍的音乐，就会感到无比的舒畅。以音乐来摆脱心理困扰时，要注意选择能配合当时心情的音乐，然后逐步将音乐转换到有利于将自己的心情调整到希望获得的方面来。

选择适宜颜色，以滋养身体

美学家通过研究多人的行为发现，犹如维生素能滋养身体一样，颜色能滋养心气，而且效果还较明显。要注意选择适宜的颜色，凡是能使心情愉快的鲜明、活泼的颜色以及具有缓和和镇静作用的清新颜色都可采用。这样，可使你的视觉在适宜的颜色愉悦下，产生滋养心气的效果，并使心理困扰在不知不觉中消释。

做一个三分钟放松运动操，以缓解焦虑

一分钟"抬上身"——缓慢地使身体向下触及地面，双臂保持俯卧撑姿势，然后双手向下推，胸部离开地面，同时抬头看天花板，吸气，然后再呼气，使全身放松。

一分钟"触脚趾"——双手手掌触地，头部向下垂至两膝之间，吸气。保持这个姿势，再抬头挺胸，同时呼气，然后全身放松。

一分钟"伸展脊柱"——身体直立，双腿并拢，在吸气的同时将双臂向上伸直举过头，双掌合拢，向上看，伸展躯干，背部不能弯曲，然后呼气放松。

遵循你的心，去做自己想做的事

每个人都有来自内心的呼唤，我们称之为心灵使命的召唤，它是我们生存的本质和理由，只有那些按照自己内心使命而活着的人，才能找到生命中真正的快乐，体味到生命的真正意义所在。

现实中，并不是所有的人都能跟随心灵的召唤前进，他们或者是因为没有主见，完全按照别人的安排生活；或者是出于无奈，选择了自己不喜欢的生活方式；或者是因为不够自信，当面对心灵使命的召唤时，自己却时常徘徊不定。

事实上，如果我们能摆脱现实的困扰，倾听自己心灵深处使命的召唤，按照内心的召唤去生活，那么我们比一般人要更容易成功，更容易感受到快乐。因为心灵的召唤不是个人欲望的不断膨胀和无穷尽，也不是外界诱惑下意志的脆弱，更不是无奈环境中的妥协放弃与无条件投降，而是一种坚定的信念，一种不屈的意志，一种个人价值的追求和实现。

迈克尔·戴尔是美国第四大个人电脑生产商。他29岁便成为富豪，但他既不是靠继承遗产，也不是靠中彩，而是他遵从自己的心，做自己想做的事。

大学期间，戴尔经常听到同学们谈论想买电脑，但由于售价太高，许多人买不起。戴尔心想："经销商的经营成本并不高，为什么要让他们赚那么丰厚的利润？为什么不由制造商直接卖给用户呢？"戴尔知道，万国商用机器公司规定，经销商每月必须提取一定数额的个人电脑，而多数经销商都无法把货全部卖掉。他也知道，如果存货积压太多，经销商会损失很大。于是，他按成本价购得经销商的存货，然后在宿舍里加装配件，改进性能。这些经过改良的电脑十分受欢迎。戴尔见到市场的需求巨大，于是在当地刊登广告，以零售价的八五折推出他那些改装过的电脑。不久，许多商业机构、医生诊所和律师事务所都成了他的顾客。由于戴尔一边上学一边创业，父亲一直担心他的学习成绩会受到影响。父亲阻止他："如果你想创业，得等你获得学位之后。"

可是戴尔觉得如果听父亲的话，就是在放弃一个一生难遇的机会。于是，便坦白地告诉父母："我决定退学，自己开公司。"

父亲有些吃惊："你的梦想到底是什么？"

"和万国商用机器公司竞争。"戴尔说。

和万国商用机器公司竞争？父母又大吃一惊，觉得他太不自量力了。但无论他们怎样劝说，戴尔始终不放弃自己的想法和梦想。父母没办法，只好妥协了。得到父母的允许后，戴尔拿出全部积蓄创办戴尔电脑公司，当时他19岁。

戴尔以每月续约一次的方式租了一个只有一间房的办事处，雇用了一名28岁的经理，负责处理财务和行政工作。在广告方面，他在一只空盒子底上画了戴尔电脑公司第一张广告的草图。朋友按草图重绘后拿到报馆去刊登。戴尔仍然专门直销经他改装的万国商用机器公司的个人电脑。第一个月营业额便达到18万美元，第二个月265万美元，仅仅一年，便每月售出个人电脑1000台。积极推行直销、按客户要求装配电脑、提供退货还钱以及对失灵电脑"保证翌日登门修理"的服务举措，为戴尔公司赢得了广阔的市场。后来，戴尔停止出售改装电脑，转为设计、生产和销售自己的电脑。如今，戴尔电脑公司在全球16个国家设有附属公司，每年收入超过20亿美元，有雇员约5500名。戴尔个人的财产，估计在2.5亿到3亿美元之间。假如戴尔不是忠于自己的想法，不懂得在父母的一再劝阻下坚持，显然他是不可能成为当今世界的富豪的。

内心期待什么就能做成什么。我们都可以按照自己的渴望设计人生。如果你始终觉得自己的生活过于悲惨，你渴望构建一个属于自己的人间天堂，那么你每天都告诉自己"我离天堂很近"，很快你就会觉得自己真的置身于幸福的天堂了。

法国哲学家巴斯卡曾说："心灵具备某种连理智都无法解释的道理。"不要去听信阻碍你发挥潜力的声音，让你的心灵做主宰，去听听那些会让你编织伟大梦想的声音，然后大胆地跟随梦想前进。让心灵先到达你想去的那个地方，接下来我们要做的，就是沿着心灵的召唤前进了。只要你及时抓住适合自己的梦想，你就绝不会一事无成的。

焦躁不安完全是心灵的空虚所致

空虚是指一个人的精神世界一片空白，没有信仰、没有理想、没有追求、没有寄托，整日百无聊赖且十分不安。其特征有二：一是空虚感，二是不满足与不想动心理，心有渴望却又不知渴望什么。

空虚的人在生活上总是懒散的。无聊感的特点是幻想和机械化，他们常处于被动观望、焦虑不安、希望外援的状态中，虽自知痛苦却又不能自拔。

李林是外贸公司的销售代表，刚过而立之年，按理说他应该是精神抖擞，全力为自己的事业打拼。然而，最近他很烦恼，总是觉得自己没用，干什么都提不起精神。

李林的公司主要经营外贸服装，作为销售代表，他经常起早贪黑地寻找客户、发展客户。每当回到家里，他总是觉得自己特别累，躺在床上什么都不想干，尽管第二天早上开会用的资料还没有整理好，尽管今天拜访的客户还没有归档，但他就是提不起精神去做，整个人懒洋洋的。

　　一天晚上，李林和几个同事一起去一家酒吧喝酒。面对舞台的狂歌劲舞以及高谈阔论的同事，李林突然失去兴趣，心底无端地浮起了一种低落的情绪，感到非常不舒服。从此每当这种情绪笼罩在李林的心头时，他就觉得自己跟周围好像有一层无法跨越的墙，感到了无生趣又有种沉沉的失落感。

　　由于这种情绪已经严重影响了李林的工作及生活，他不得不走进心理医生的办公室。

　　李林这是精神空虚的表现。因为觉得空虚，他觉得生活无聊，而无聊感又派生出无助感，让他觉得自己孤立无援，内心的苦闷在积累、发展，急需找人倾诉、求助，但搜尽枯肠、翻遍电话号码，却又找不到一个适合的倾诉对象。

　　精神空虚能够导致"生命意义缺乏症"，对个人、家庭及社会的危害不容小觑。

　　一个人的身体好比一辆汽车，你自己便是这辆汽车的驾驶员。如果你整天无所事事，空虚无聊，没有理想，没有追求，就会失去方向。那么如何找到驾驶的方向，克服可怕的空虚呢？

读一读感兴趣的书

　　读书是填补空虚的良方，因为知识是人类经验的结晶，是智慧的源泉。读书可以帮助人们找到解决问题的方法，使人从寂寞和空虚中解脱出来。知识越多，人的心灵就越充实，生活也就越丰富多彩。

转移目标，培养兴趣

　　当某一个目标受到阻碍难以实现时，不妨进行目标转移，比如从学习或工作以外培养自己的业余爱好（绘画、书法、打球等），当一个人有了新的乐趣之后，就会产生新的追求；有了新的追求，就会逐渐调整生活内容，从空虚的状态中解脱出来，去迎接丰富多彩的新生活。

做好今天最重要

　　1871年春天，一个年轻人拿起了一本书，看到了一句对他前途有莫大影响的话。他是蒙特瑞综合医科的一名学生，平日对生活充满了忧虑。

这位年轻的医科学生所看见的那一句话，使他成为近代最有名的医学家，他创建了全世界知名的约翰·霍普金斯学院，成为牛津大学医学院的教授——这是学医的人所能得到的最高荣誉。他还被英国国王册封为爵士，他的名字叫作威廉·奥斯勒。

威廉·奥斯勒看到那句帮他度过了辉煌一生的话是："最重要的就是不要去看远方模糊的事，而要做手边清楚的事。"

1911年，威廉·奥斯勒在耶鲁大学发表了演讲，他对那些学生说，人们传言说他拥有"特殊的头脑"，其实不然，他周围的一些好朋友都知道，他的脑筋其实是"最普通不过了"。

那么他成功的秘诀是什么呢？他认为这无非是因为他活在所谓"一个完全独立的今天里"。在他到耶鲁大学演讲的前一个月，他曾乘坐着一艘很大的海轮横渡大西洋。一天，他看见船长站在船舱里，撤下一个按钮，发出一阵机械运转的声音，船的几个部分就立刻彼此隔绝开来——隔成几个完全防水的隔舱。

"你们每一个人，"奥斯勒爵士说，"都要比那条大海轮精美得多，所要走的航程也要远得多，我要奉劝各位的是，你们也要学船长的样子控制一切，活在一个完全独立的今天，这才是航程中确保安全的最好方法。你有的是今天，断开过去，把已经过去的埋葬掉。断开那些会把傻子引上死亡之路的昨天，把明日紧紧地关在门外。未来就在今天，没有明天这个东西。精力的浪费、精神的苦闷，都会紧紧跟着一个为未来担忧的人。养成一个生活好习惯，那就是生活在一个完全独立的今天里。"

奥斯勒博爵接着说道："为明日准备的最好办法，就是要集中你所有的智慧、所有的热忱，把今天的工作做得尽善尽美，这就是你能应付未来的唯一方法。"

现实中，很多人尤其是年轻人总觉得自己的未来渺茫，于是在生活中焦虑不安；很多年轻人因为看不到自己的未来，就开始对生活失望。因为失望，他们就通过一些极端的手段消遣自己的情绪：比如，有的人沉迷于网络，明知道那是虚幻却不愿出来接受现实；有的人因为无所适从去吸毒或者干违法的事情；有的人因为对未来没有信心，而选择自杀……

你不去关注眼前的事物，却为那些未知甚至永远都不会发生的事情而心神不定，这不是一种很明显的自我伤害吗？

的确是这样，明天到底如何，我们尚懵然未觉，即便是焦虑，也并不能使明天更美好。有句谚语说得好："当下的烦恼已经够受的了，不要再想入非非。"

有位哲人说，今天就是一座独木桥，只能承载今天的重量，如果你硬是在这上面加上明天的重量，那它必定轰然倒塌。因此，活在当下，过好当下的每一天，不去过多担忧未知的未来，你将充满愉快。

博爱：春风化雨减焦虑

人生就是一场收获。你播种什么，最后就能收获什么。假如你在心中种下烦恼，你将收获抑郁与烦躁；你在心中播下欢愉与平和，你将收获希望和快乐；如若你种下一片爱心，你也将得到爱的回报。

有一个穷困的学生名叫张楚，为了付学费，他挨家挨户地推销产品。到了晚上，他感觉很饿，但摸摸口袋发现只剩下了一角钱，想不出能买些什么东西吃。于是，他下定决心，到下一家时，向对方要顿饭吃。

然而，当一个年轻漂亮的女孩打开房门时，他却完全失去了勇气！他没敢张口讨饭，只要求喝一杯水。女孩看出来他十分饥饿，于是给他端出一大杯鲜奶来。他不慌不忙地将鲜奶喝下，然后问道："我应付你多少钱啊？"女孩微笑着回答："你不欠我们一分钱！妈妈告诉我，做善事不求回报。"

于是，张楚说："那么，我只有由衷地谢谢你们了！"当他离开时，不但觉得自己不再饥饿了，而且感觉身体强壮了不少，对人的信心也增强了许多——他本来是已经陷入绝境，准备放弃一切的！

数年之后，那个年轻女孩病情危急，当地医生都束手无策。家人无奈，只好将她送到另一个大城市，以便请名医来诊断她罕见的病情。碰巧，他们找到的是张楚医生。他一眼就认出了那个女孩，下决心尽最大的努力来挽救她的生命。经过一段时间的不懈努力，他终于让女孩起死回生，最终战胜了病魔。

医院划价室的人将女孩的账单送到张医生手中，请他签字。张医生看了一眼账单，在边上写了一行字，然后请人将单子转送到女孩手中。女孩不敢打开单子，她觉得，单子上的费用可能是她一辈子都不能还清的。最后，她还是打开了，账单边上的一行字让她格外注意："一杯鲜奶足以付清全部的医药费！张楚医生。"

她眼中浸着感激的泪水。

我们始终相信，爱的力量能够使灵魂从心底深处觉醒，也能够将生命的妙处发挥到极致。当你爱别人的时候，你和周围世界的界线便消失了。

爱的力量是可以不断传递的，一个爱别人的人就是在爱自己。多关心他人，能使一个人的能力得到强化，进而追求更高质量的生活。

爱，是个令人陶醉的字眼，也是一个永恒的命题。爱就像一块调色板，创造了五彩斑斓的生活，造就了人类的和谐与幸福。有了爱，生活中就会有更多的欢乐与感恩；有了爱，我们就可以把冷漠化为亲切，把仇恨变为宽容……

"他们都是些自私的家伙，从来只会考虑自己，而不会为别人考虑。"受了委屈的阿里回到家的时候，还在生气。他问妈妈："世界上真的有那种牺牲自己的人吗？"

"当然，孩子，让妈妈给你讲一个故事吧。"妈妈轻轻地对阿里说。

那是发生在一个建筑工地上的故事。年轻的马丁和科尔是一对好朋友，他们都是建筑工人。一个秋天的下午，他们正在尚未竣工的大楼里干活，那里离地面有几十米高。

突然，他们站立的木板断裂了。一刹那，两个人同时从几十米的高空落下。他们都认为自己肯定完了。

幸运的是，一个防护杆拯救了他们。但两个人实在太重了，脆弱的防护杆只能承受一个人的重量，他们中间必须有一个人放开手，然而求生的本能让他们都紧紧地抓住防护杆。时间在一点点过去，防护杆吱吱作响，眼看马上就要断了。

这个时候，结了婚的科尔含着眼泪对马丁说："马丁，我还有孩子！"

没有结婚的马丁只是静静地说："那好吧！"然后就松开了手，像一片树叶飘向了水泥地面。面对选择，他只是简单地说了句"那好吧"，就把生的希望留给了别人。

"妈妈，我希望有这样的事情，但它只是个故事。"阿里不以为然地说。

"阿里，那个得救的人就是你的爸爸，而他所说的孩子就是你。"妈妈眼里含着眼泪。

空气顿时凝固了，阿里望着妈妈，颤抖地说："马丁叔叔一定是那个秋天风中最美丽的树叶，是吗？妈妈。"

"是的，那片美丽的树叶现在一定飞上了天堂，上帝也会为他的美丽而感动的。"妈妈双眼含着泪水说道。

相信阿里不会再埋怨别人只为自己考虑，相信他也应该懂得了爱的真谛。

无论碰到怎么的困境，陷入了怎么的焦虑当中，仁爱的心态都能令你一生受用无穷。

"钝感力"：面对挫折不过度敏感

"钝感力"一词源自日本，是日本著名作家渡边淳一《钝感力》中的首创词。按照渡边淳一的解释，钝感力可直译为"迟钝的力量"，即从容面对生活中的挫折和伤痛，坚定地朝着自己的方向前进，它是"赢得美好生活的手段和智慧"。其实钝感力的实质，正是一种不焦虑，以忍图强的处世方式。钝感不等于迟钝，它强调的是对周遭事务不过度敏感，沉住气，不骄不躁，集中力量，专注目标的生存智慧。

钝感力是立身处世不可或缺的品质。我们也许都有这样的体会：同样的失误，同样的苛责，有的人感觉痛不欲生，以致影响事业和生活的和谐；有的人却失落一阵，很快就恢复常态，天塌下来依然故我，他的事业、生活没有受到多大困扰，依然运行在正常的轨道之上。许多研究发现，企业中最优秀的员工往往不是最聪明的，也不一定是最能干的，但他们都有一个共同点：他们能够以最合适的状态及心境应对一切变化。在与公司共同发展的过程中，无论是逆境、顺境、表扬或批评，都无法轻易动摇他们对于自我价值的判断以及坚持到底的决心。很多时候，他们是同事眼中冥顽不化的愚笨者，是别人眼中反应迟钝的平庸者，但经过许多次的考验之后，这些"迟钝者"却往往以其坚忍不拔的精神最终获得管理者的赏识，成功实现晋升的梦想。

百荣集团是所在行业的知名企业，在声名远播的同时，集团面临的内外压力也是与日俱增：一方面竞争对手步步紧逼，不断抢占市场份额；另一方面，集团内部营销体系及相应的制度都有些混乱，区域市场的管理出现许多漏洞。张智与刘明都是百荣集团刚引入的高级营销人才。他们出任公司的营销部经理，分管不同的市场，共同向总经理及董事会汇报。

从工作背景来看，两个人不分伯仲：毕业于名牌大学，都曾任职于著名外企，具有较强的实力和丰富的经验，并且干劲十足。

在正式接管之后，两个人做的第一件事就是对自己所负责的区域进行大刀阔斧的改革，并引入外资公司一套成熟的制度进行实践。虽然职业背景非常相似，但张智与刘明两人的工作风格却大相径庭。张智做事雷厉风行，并且说话直言不讳。他的洞察力与市场判断力让许多下属颇为佩服。而刘明却憨厚随和，性格不温不火，做事从不急进。许多人都认为张智将会比刘明更能做出成绩。

由于张智与刘明对区域市场进行了改革，触及了公司中诸多人的利益。在他们上任几个月后，一些员工产生抵触情绪，各种非议纷至沓来，更有人写匿名信编造各种借口举报他们。张智与刘明都面临着巨大压力。

张智的性格急躁，对于这些无中生有的指责表现激烈，同时对于公司管理层的询问又表现出极大的反感，认为领导层应该给自己充分的信任与支持，而不能以这些莫须有的指责扰乱自己的情绪。为了实现既定目标，张智不断向区域经理下达死命令，不断地进行开会督促。一旦某一项任务没有完成，张智会怒急冲冠，并施以重罚，警告团队必须如期完成。张智的情绪化表现非常明显。他心情好时可以与团队打成一片，但当他情绪低落时，整天阴沉不语，经常为一点小事发怒训人，让下属根本不敢与他沟通。

刘明的表现则平静得多。虽然也肩负重担，但他有条不紊。无论是任务布置还是工作推进，无论是取得成绩还是遇到障碍，他都能够心平气和地与团队共同研讨对策。而对于各种各样的非议与批评，刘明充耳不闻，依然淡定自如，他似乎并不太在意别人的评头品足，只是一心走自己的路。更令下属感激的是，由于某区域经理的失误，导致业绩下滑，整个团队受到董事会严厉批评之时，刘明却一个人抗住压力，耐心向董事会解释其中原因，并阐述接下来的应对措施以及未来的发展前景，从而取得了谅解。

　　一年半过去了，张智与刘明都以各自的方式顺利完成了向董事会承诺的目标。公司管理层决定提拔两个人中的一个出任营销总经理。多数员工支持刘明晋升为营销总经理，原因很简单，虽然张智的能干让人佩服，但刘明的"钝"让人更有持久的信心。总经理的评价则是：张智是个将才，但刘明是个帅才。敏于心，钝于外，这就是我们所期望的稳健型领导者。

　　如果说敏感力是一种外在的洞察力，那么钝感力则是一种内在的坚持力。相对于洞察力，坚持力是一种更持久的耐力与爆发力。现代社会的竞争越来越激烈，在这场没有硝烟的战争中，人与人之间的"斗争"在所难免，优胜劣汰成为常态。保持一定的敏感度是必要的，但更为重要的是沉得住气，排除一切干扰，为成功而坚持不懈地努力。正是这种貌似"迟钝"的顽强意志使我们突破重重障碍，步步向前——而这，就是钝感的力量所在。

　　在生活中，如果我们能多一些"钝感"，少一些"敏感"，为梦想穿上"钝感"的战衣，将使我们减少许多的杂念、忧愁、纷争，以便我们更好地将精力投入到工作中去，创造出更为优秀的业绩。

了解社交焦虑症

　　社交焦虑症的重要表现就在于害怕被他人给予不好的评价。在这种恐惧下，对任何社会交往，人们都充满了焦虑：与异性交往时表现出焦虑；当向别人提出要求时，你会变得焦虑；在公众面前讲话，会让你焦虑；面试的时候、在办公室发言的时候，都会让你感到不适。因为内心感到不适，外化到行为上就是你会颤抖、你会脸红、你会出汗、会口干舌燥，甚至还会紧张抽搐。但是你又非常害怕其他人会注意到你的窘迫，对你产生一些负面的印象，你变得越来越焦虑。因此，你开始尽可能地逃避各种社会交往。也许孤独、痛苦会袭向你脆弱的心理防线，但这至少比与他人交往更令你感觉安全。于是，孤僻便成了你生活的主旋律。

　　社交焦虑症患者，总是会假定身旁的人会评价他。他们对自我的认识都想要参照别人的看法，但这反而更加让人自以为是。事实上，这种自以为是的思维方式却有着很大的偏差。一方面，它会让人扭曲了自己对他人的认识。

例如，在聚会上，你因为太在意别人怎样看待你，却忽略了一些更重要的社交信号：他们在说些什么，在做什么？也就是说，你总是把大把的时间花在别人怎么看你上，却很少去认真关注别人的感情，去认真理解别人的想法，没有理解，即便是你多么想给别人留下好印象，也不可能，这只会让你继续活在一个自我的世界当中。另一方面，他会让人更加不自信。

有社交焦虑症的人不会正常地看待问题，他们总是在自己的脑海中产生极端的想法，并且老是把那些想法看成是真实的，也就是说，他们老是对自己臆想出来的东西信以为真。

我有缺陷或不够好；

不能获得所有人的认同简直是一件糟糕的事情；

一定还有更完美的方法应对社交；

当有旁人在场时，我就应该让自己表现得十分完美；

我绝对不能表现出焦虑，如果我表现出焦虑，人们可能就会小瞧我；

如果人们看出我的焦虑，他们就会认为我是一个"失败者"；

我应当总是表现得很自信和很有控制力；

我非常需要获得每一个人的认可。

社交焦虑症患者以为，关注与担心社会交往是有用的。他们认为，预想社交失败会有助于规避发生不好的事情，但他们也清楚，焦虑会让他们更加紧张，表现更加拙劣。他们通常会有这样的焦虑：

如果我为这些事情感到忧虑，我提前准备，或许我就能找到不让自己丢脸的办法；

如果我忧虑，表明我能意识到事情的严重性，那么，我就能提前策划好，让自己不出错；

我在社交的时候，一定要好好表现，不能让自己看起来太傻。

同样，他们还会有一些典型的安全行为来掩盖自己的愚蠢行为：

如果我的手颤抖，我就可以握紧玻璃杯或者是一支铅笔；

我可以在说话的时候提速，这样别人就不会认为我是一个失败者，更不会对我所说的做出评价；

如果在讲话之前，我先喝上几口水，这样可以避免我紧张。

然而，这些看起来似乎很安全的行为实际上却让事情变得更糟。其实，你并不知道别人是怎样评论你的，这些只是你的推测而已，而且你的推测在很多情况下根本是不正确的。

研究还表明，我们很少看到社交焦虑症患者笑。他们在社交场合常用的表情是皱眉或者是让自己看起来很严肃，这样一来，没有亲和力，他们自然不能给别人留下好印象。这又与他们极力想给人留下好印象是矛盾的，所以，在人际交往中，结果却总是事与愿违，而他们却不知。

克服社交焦虑症的规则手册

1. 正确认识社交焦虑症的根结。社交焦虑其实也是进化的结果，人们对陌生人的恐惧，也会通过基因遗传，再加上你父母在自我认识上对你的影响。这些都不是你自己能决定的。

2. 重新认识过去那些消极的想法。你一直强调的那些消极的想法，事实上已经被你夸大和扭曲了。好好审度一下自己，你会明白其实自己也很优秀。

3. 衡量改变的边际成本及边际收益。为了更好地与他人相处，跟上生活的节奏，你需要做那些让你感到反感，感到焦虑的事。这种焦虑病并不会让你陷入难堪，但它可能会让你很不舒服。但是，你想想看，如果没了这种焦虑，你的生活将会变得多么美好。因此，你应当鼓起勇气去承担，去经历。

4. 不是所有的人都是挑剔的，摆脱那种腐朽的观念。有些人也许很挑剔，但大部分人都还是胸怀宽广的，大家都愿意接纳你。

5. 寻找积极的、正面的信息。世界上没有完美的人，试着去发现那些美好的事物，把注意力集中在别人给你的积极回馈上。寻找这种信息，你就一定会找到成功的感觉。

6. 做一个优秀的倾听者。不要去想你给别人的印象到底怎么样，把注意力放在正在进行的谈话内容上就行。

7. 正视你最差劲的自我评价。回击你心中那些自我批判的想法。证明它们是不理性的、有失公允的，只是浪费你时间和精力的一种可笑行为。

8. 抛弃你眼中的那些安全行为。不用刻意假装沉重镇定，抛弃你眼中的那些安全行为，你依然安全。

9. 客观地看待你的焦虑。焦虑是生活的一部分，每天都在发生着各种各样让人意想不到的状况，但是我们依然在正常地进行着日常生活。焦虑并不危险，它不过是一个生活中的警报。

10. 让你的症状更显性。放弃隐藏自己的焦虑，让它更明显，刻意地颤抖自己的双手，甚至在你大脑空白的时候，大声说出来。即便是有人觉得你有所不同，谁也不会将你赶出这个世界。

11. 勇敢地面对你的恐惧。将那些你感到焦虑的事付诸实施。给自己列一个每日计划表，与你的恐惧，做一个面对面的挑战。

给自己的恐惧分级。从最不害怕的事情练做起，慢慢提升事情的等级。

想象并体验那些场景。大胆发挥你的想象力，试着去想象你已经能够成功地面对这些恐惧。

赶走你在这些场景中的消极念头。认清你的不理性想法，勇敢地挑战它们。

12. 不在事后埋怨。不要去反思你的"错误"，想着自己做得多么多么差。想想你现在的表现有多好，你可以面对更加深层的恐惧。

13. 肯定自己。每天都是崭新的一天，要有信心去面对生活中的各种挫折。相信自我，超越自我，保持良好的状态，克服生命中面临的各种障碍。

克服广泛性焦虑症的规则手册

1. 放松你的思想和身体。有意识地对肌肉进行放松练习，缓慢呼吸。要适应当下活在当下，释放紧张与压力。

2. 你一定要明白，想法异于现实，不可同等对待。人每天都会产生许多不同的想法，但这一切只存在于大脑之中，与现实有着很大的区别。放缓并均匀你的呼吸，试着只是单纯地审视自己的想法，然后对自己说："这只是一个想法而已。"

3. 检查忧虑是否合理。认真检查那些有利证据和有害证据。想想，如果换作是别人你会怎么说。

4. 做一个对比测试，写下你的各种预测，记录你产生的各种忧虑，然后对比现实中真正发生了什么。多次对比之后你就会对它失去兴趣，逐渐摆脱忧虑。

5. 每天写情绪日志，认可自己的情绪。不管是积极情绪，还是消极情绪。

重新认识你的情绪，并弄清楚它们为什么并不危险。逐渐认可你自己。

6.认清自己的局限性。这个世界上有许多事情是你无法掌握的。这些并不意味着你无能。你应当学着接受不确定性，接受你自己的局限。明白你在真实世界里你的能力所在，以及你自己存在的价值。

7.情况并不那么紧急，你不需要立刻知道结果。你不知道结果也不会改变事情发展方向。现在的时间，不妨去享受一下现在的生活。

8.停止控制自己的焦虑情绪。不要试图停止或控制你的焦虑，不妨因势利导，重复你的焦虑，通过一遍遍重复同样的焦虑想法，让自己感到厌烦。一旦你厌倦了这种情形，那么焦虑就自然离你而去了。

9.疯一把。不用担心，你不会因为焦虑而发疯的。你可以放任一下自己的情绪，这样有助于克服你对自己的焦虑。

10.勇敢地面对你的恐惧。不断在脑中重复面对最可怕的恐惧。久而久之，你会发现，你的想法和画面会变得索然无味。抵挡恐惧的方法，就是让自己感到乏味。

11.体验你的不确定。让自己沉浸在各种假设中，直到你对这一切感到厌倦。

第二章

正确地看待事物

积极的痛苦是人生必须承受的

我们承认人生苦难重重这一事实，鼓励人直面痛苦。这并不意味着我们需要承受一切痛苦。痛苦可分为消极的痛苦和积极的痛苦两种。积极的痛苦对人有所裨益，是人生必须承受的，而消极的痛苦则应该尽力摆脱。

那么如何定义积极和消极的痛苦呢？举个简单的例子，孩子长大后，他们要离开父母开始自己的人生，这时父母会觉得很痛苦。朝夕相处了十几年，孩子突然离开，父母会感到寂寞、失落和难过。但我们必须承受这些痛苦，我们不能为了不承受这样的痛苦，而去阻碍孩子开始自己的人生，这就是"积极的痛苦"。

而消极的痛苦就是你为孩子离开家庭整日焦虑不安，一会儿无端地担心他会出车祸，一会儿又没有缘故地担心他会碰上歹徒的袭击，甚至还为自己没能照顾他的生活起居而自责。消极的痛苦不仅不能提升我们的生活质量，还将妨碍我们的健康，阻止我们心智的成熟。

如何辨别消极与积极的痛苦，面对心灵和人生的灾难，有一个简单的方法可以帮助你区别并清理痛苦，克服障碍。它包括三个步骤。

首先，无论何时，当你感到了心灵的痛苦，就可以自问："我的痛苦是积极的还是消极的？这一痛苦是帮助我成长还是限制了我的成长？"也许，在刚开始的时候，你可能无法分辨且难以回答。但只要坚持下去，答案就会非常清楚。例如，如果你要到某地参加会议，你就会为不知如何到达而焦虑不安，于是这种焦虑便会促使你去看地图或向朋友打听。如果你不为此不安，也许会迷路，从而错失一场有益于自身成长的讲座。所以，我们需要一些不安才能好好活着。

然而，如果你这么想："要是在去参加讲座的途中遇到堵车，怎么办？就算我到达了讲座的地方，我找不到停车位，怎么办？很抱歉，去听这场讲座，超过了我能力所及。"这种不安不仅不会为你的生活带来帮助，反而带来限制，显然是一种消极的痛苦。

逃避痛苦是人类的天性，但就像欢迎一切痛苦是很愚蠢的一件事一样，逃避所有痛苦也同样愚蠢。我们所做的基本抉择之一，就是必须分辨积极性与消极性痛苦。

如果你确定正在经历的痛苦属于消极性的，并妨碍了你的正常生活，那么接下来就要自问："如果没有这些痛苦，我应该怎样做呢？"

接着，进入第三步：按照你的假设去行动。

我们接着上面的情景讲下去。假如你已经按时到达讲座的地点。主讲者是一位心理学方面的著名教授。他的演讲深入浅出，精彩无比，让你受益匪浅。在演讲结束后的自由提问时间，你想提一些问题，一些你正急需解决的问题，如果可以的话还想表达一些自己的观点——不管是公开说，还是在演讲后私下交流都行。但是，思考再三你还是决定不提问了，因为你太害羞了，你害怕被教授拒绝或担心别人认为你问的问题没水平。

你终于问自己："你这样顾前顾后，什么问题都不敢问，这会有助于你的成长吗？你本应该提问，但害羞让你退缩了回来，害羞究竟是在帮助你，还是在限制你？"一旦这样自问，答案就一清二楚了，害羞限制了你的发展。接下来你问自己：如果不这么害羞的话，你应该怎么做呢？"答案很清楚，即走向演讲人说出你要说的话。

也许这样做会让你胆怯，但这正是勇气之所在。什么是勇气？勇气不是不害怕，而是尽管你感觉害怕，但仍能迎难而上；尽管你感觉痛苦，但仍能直接面对。当你这样做的时候，会发现战胜恐惧不仅使你变得强大，而且还让你向成熟迈进了一大步。

真正的成熟不在于你是否西装革履、谈吐文雅，而在于你是否能分辨出该承受的痛苦，并积极地面对。积极的痛苦总是能启发我们的智慧，激发我们的勇气。

接受合理的冒险

人生不如意事十之八九，合理地去冒点险，让自己去应付一些难题，这样可以让你更好地去面对突发状况。如果你从不冒险一试，那你的一生或许就只会随波逐流。而且，对于许多人来说，规规矩矩的生活乏味得很，偶尔不按牌理出牌，接受合理的冒险，不仅可为我们的生活增添新意，还可以在冒险之余收获意外的惊喜。

当然，接受合理的冒险并不等同于盲目冒险，之所以称之为合理的冒险，是因为在冒险之前量力而为，并且在冒险的过程中不会轻易退缩，更不会因一时的困难就选择放弃。

美国石油巨商、亿万富翁保罗·格蒂，一生充满神秘而传奇的冒险经历，称之为"冒险之神"一点也不为过。

1957年，当《财经杂志》把他列为全美第一号大富翁之后不久，他写过一篇直言无隐的自述，题目就叫《我如何赚进第一个10亿美元》。在这篇文章里，他以自己的亲身感受追述了他是如何在冒险中创立起自己的事业王国的。

有人说，格蒂有一位富有的父亲，他是用他父亲的遗产进行投资才获得成功的。其实，1930年他父亲去世时，虽然为他留下了50万美元的遗产，但在父亲逝世之前，格蒂本人就已经赚取到几百万美元了。

格蒂1893年出生于美国的加利福尼亚州，父亲是一位商人。他小时候很调皮，被人称为是"顽皮的孩子"。他读书时成绩还算不错，后来进入英国的牛津大学就读。1914年毕业返回美国后，他最初的意愿是想进入美国外交界，但很快又改变了主意。

他为什么改变了主意呢？因为当时美国石油工业方兴未艾，一种兴致勃勃的创业精神鼓舞着年轻的格蒂到石油界去冒险。他想成为一个独立的石油经营者。于是，他向父亲提出，希望到外面去闯一闯。

父亲提出一个条件：投资后所得的利润，格蒂得30％，他本人得

70%。格蒂爽快地答应了。他有他自己的打算。他向父亲借了一笔款项之后，便径自走出家门，独自前往俄克拉荷马州，进行他的第一次冒险事业。1916年春，格蒂领着一支钻探队，来到一个叫马斯科吉郡石壁村附近，以500美元的代价租借了一块地产，决定在这里试钻油井。工作开始后，他夜以继日地奋战在工地上。经过一个多月的艰苦奋战，终于打出了第一个油井，每天产油720桶。格蒂说："我最初的成功，多少是靠运气。"因为他打第一口井就打出油来了，而有许多的石油冒险家曾经倾家荡产都未得到一滴石油。不管怎么样，格蒂从此进入了石油界。就在这年5月，他和他父亲合伙成立了"格蒂石油公司"。虽说是合伙，他仍得遵循父亲原先提出的条件，只能收取这个公司30%的利润。即便如此，在这一年他仍赚取了第一个百万美元，而他当时仅有23岁。

创业之初，格蒂很有点不畏艰苦的精神。他穿着油腻的工作服，和钻井工人一起在油田里战斗。他说：这也是他成功的一条经验。

他认为，一个公司的负责人能与工人们一起奋斗，结为伙伴，士气必然大涨，成功才会有望。有一次，他发觉自己实在承受不了那种过分的神经紧张，而逃回了简陋的住所，但他连口水都顾不上喝，就又跑回了工地。

1919年，格蒂转到加利福尼亚州南部，进行他新的冒险计划。最初的努力失败了，在这里打的第一口井竟是个"干洞"，未见一滴油。他不甘失败，取得了一块还未被别人发现的小田地的租权，决心继续再钻。然而这块小田地实在太小了，不过比一间小小的房屋的面积略大一点，而且只有一条狭窄的通路可进入此地，载运物资与设备的卡车根本无法开进去。他采纳了一个工人的建议，决定采用小型钻井设备。他和工人们一起，从老远的地方，把物资和设备一件件扛到这块狭窄的土地上，然后再用手把钻机重新组合起来。办公室就设在泥染灰封的汽车上，奋战了一个多月，终于在这里打出了油。

随后，他移至洛杉矶南郊，进行新的钻探工作。这是一次更大的冒险，因为购买土地、添置设备以及其他准备工作，已花去了大笔资金，如果在这里不成功，那么，他已赚取到的财富将会毁于一旦。他亲自担任钻井监督，每天在钻井台上战斗十几个小时。打入3000米，未见有油。打入4000米，仍未见有油。当打入4350米时，终于打出油来了。不久，他又完成了第二口井的钻探工作。仅这两口油井，就为他赚取了 40 多万美元的纯利润。

格蒂的冒险一次次地获得成功，促使他去冒更大的险。1927 年，他在克利佛同时开四个钻井，又获得成功，收入增加 80 万美元。这时，他建立了自己的储油库和炼油厂。1930 年他父亲去世时，他个人手头已积攒下数百万美元了。随后的岁月，机遇也常伴格蒂身边。他所买的租田，十之八九都会钻出油来。他的事业一直顺风顺水，使他成为世界驰名的富豪。

不按常理出牌，时不时地在自己做出判断后的领域冒点险，这就是格蒂成功的秘诀。

其实不仅是格蒂，任何一个想追求成功、改变现状的人，都必须时不时地冒点险，这样才能够快捷、及时地抓住成功的机遇，才能不为错失机遇而后悔不已。

现实主义比悲观主义要好

所谓的现实主义者，就是在看问题的时候能事实就是，不夸大也不缩小。

而悲观主义是一种与乐观主义相对立的消极的人生观。悲观主义者认为恶（消极）是统治世界的决定力量，人生注定遭受灾难和苦恼，善良和积极根本毫无意义。

很明显，悲观主义者的思想是极端的、是片面的。事实上，现实社会不是由悲观的力量主宰，一个人之所以觉得生活是无意义的，主要是因为他们的心是悲观的。换句话说，现实的情况或许根本没有悲观主义者眼中那么不乐观，只是他们以自己悲观消极的想法看待客观世界，把现实是或多或少地丑化了。

与悲观主义者相比，现实主义者能够正确看待问题，正确定位自己，即便是遇到困难，他们也会从实际出发去解决问题，而不是一味抱怨自己的命不好，一味抱怨上天对自己不公平，更不会夸大事情的消极面。

一位著名女导演大学毕业后的第一份工作是做场记，作为新人，其实就是打杂的。而第一天接到的第一个任务竟然是抄写电话簿——导演让她把一本厚厚的电话簿抄写到一个新的本子上。

一个大学毕业生干上了抄写员的工作，在很多人看来这着实让人郁闷让人痛苦。但这位女大学生并没有多想，而是花了好几天时间认认真真地把活干完，然后交到导演手里。结果她不久就被导演提拔为副导演，此后她的导演路开始一帆风顺起来。

多年后，她有一次问起带她入门的导演，为什么当年对她这么信任，没多久就能把副导演的工作交给她。导演告诉她，就是她抄写的电话簿让他对她的看法有了质的突破。当初让她抄电话簿，因为觉得她是个新人什么都干不了。可是当一本工工整整的电话簿交到自己手里时，导演知道这是个认真仔细的人——这样的人工作上值得信赖。

很多新人面对这样的情况，要么抱怨上司不理解自己，要么抱怨现实太过冷酷，上天对自己不公平。事实真的是这样吗？其实不然，并不是外界对自己多残酷，也并不是命运不公平，而是他们自己没有正确认识自己的能力。

其实，在工作和生活中，很多事情也是这样，现实的人能看到事情好的一面，也能承认暂时的困难，而悲观的情绪则会使一切变得灰暗。因此，我们要让自己的生活变得明朗，就要摆脱这种悲观情绪，就需要进行积极的心理调适，让悲观离开我们的生活。

做一张"乐观、悲观对照表"

做一张"乐观、悲观对照表"：在一张大白纸上画一条竖线，分成左右两栏，左边写上乐观，右边写上悲观，然后把它贴在床头。每天睡觉之前，把心中乐观的和悲观的感觉如实地写在表的左右两栏，全部写完以后，把悲观的部分用黑笔一个个地划掉，同时把悲观的感觉从心里赶出去，然后看着乐观的部分，出声念一次。这样心中就会和这张表一样，充满乐观的感觉。

有时虽然会发现悲观的因素占多数，但也无妨，只要你有勇气把它划掉，你就能够战胜它，同时还能增加你的自信。掌握了诀窍，不写在纸上也可以，在脑中、在心里也有效。

笑疗

可以尝试每天大笑三次。方法是看喜剧、听相声等，很快便会有悲观情绪减轻的感觉。

学会躲避挫折

遇到情绪扭转不过来的时候，不妨暂时回避一下。只要一曲音乐，会将你带到梦想的世界。如果你能跟随欢乐的歌曲哼起来，手脚拍打起来，无疑，你的心灵会与音乐融化在纯净之中。同样，看场电影、散散步、和孩子玩玩，都能把你带到另一个情绪世界。

正如尼采所说："受苦的人，没有悲观的权利；失火时，没有怕黑的权利；战场上，只有不怕死的战士才能取得胜利；也只有受苦而不悲观的人，才能克服困难，脱离困境。"

你是问题的解决者

浮躁已经成了整个社会的通病。很多人做事都急于求成，不愿意踏踏实实地去努力，总想走捷径、"抄近路"。

一遇到挫折、坎坷，首先不是去反省自己的努力够不够，而是先抱怨生不逢时，遗憾没有生在一个好的环境下，没有给自己一个公平合理的环境去打拼天下。可是，这样的一颗心就如同在温水中浮起来的茶叶，只能漂浮，却沏不开自己的香味。

所以，年轻人要想有所成就，首先就要沉下心来苦练内功，因为只有功力到了，一切问题才能解决。

1947年，美孚石油公司董事长贝里奇到开普敦巡视工作，在卫生间里，看到一位黑人小伙子正跪在地上擦洗黑污的水渍，并且每擦一下，就虔诚地叩一下头。贝里奇感到很奇怪，问他为什么要这样做，黑人小伙子答道："我在感谢一位圣人。"

贝里奇好奇地问他："为什么要感谢那位圣人？"小伙子说："是他帮助我找到了这份工作，让我终于有了饭吃。"贝里奇笑了，说："我也曾经遇到过一位圣人，他使我成了美孚石油公司的董事长，你想见见他吗？"小伙子说："我是个孤儿，从小靠教会养大，我一直都想报答养育过我的人。这位圣人如果能让我吃饱之后，还有余钱，我很愿意去拜访他。"

贝里奇说："你一定知道，南非有一座有名的山，叫大温特胡克山。据我所知，那上面住着一位圣人，他能给人指点迷津，凡是遇到他的人都会有很好的发展前途。20年前，我到南非时登上过那座山，正巧遇上他，并得到他的指点。如果你愿意去拜访他，我可以向你的经理说情，准你一个月的假。"这位小伙子是个虔诚的教徒，很相信神的帮助，他在谢过贝里奇后就上路了。

30天的时间里，他一路披荆斩棘，风餐露宿，终于登上了白雪皑皑的大温特胡克山。然而，他在山顶徘徊了一整天，除了自己，没有遇到任何人。他不得不失望地回来了。当他见到贝里奇后，说的第一句话就是："董事长先生，一路上我处处留意，但直到山顶，我发现，除我之外，根本没发现什么圣人。"贝里奇说："你说得很对，这个世界上能够挽救你的圣人，首先就是你自己。"

20年后，这位黑人小伙子成为美孚石油公司开普敦分公司的总经理，他的名字叫贾姆讷。

这样的传奇其实每天都在上演，总有人在披荆斩棘、风餐露宿中发现了只有自己才能解救自己。

不要盯着不属于自己的东西不放

生活中，很多人不停地追求越来越高的物质生活，他们好像从来就不曾满足过，幸福的滋味对他们而言好像只在梦里出现过。为什么会这样？是因为他们的贪欲在作怪。如果他们能静下心来，思考一下如果自己不像现在这么贪婪就好了。

事实就是如此，我们每一个人都可以品尝幸福的滋味。只要我们顺着自己的本性，不妄自攀比，不向外强求，我们获得的很多东西将使我们感受到幸福。但是，一旦我们陷入了贪婪之中，总是和别人做比较，我们是不会感到幸福的。而一些追求简单的人，他们没有强烈的物欲，邪恶也不会侵袭他的身心，他们却可以比谁都幸福。

佛陀出家成道之后，他的儿子、孙子都相继跟他出家了。佛陀只好在王族中找了一个叫跋谛的人继承了国家王位。哪知道跋谛当上国王不久，国家就灭亡了，跋谛也跟着佛陀出家了。

跋谛出家之后，每天三呼："我真快乐！我真快乐！我真快乐！"其他弟子听了之后，以为他舍不下过去的荣华富贵，断不了尘根，在那里自我安慰，都很鄙视他。

佛陀于是叫来了所有的弟子，当面问跋谛："你忘不了过去的快乐时光吗？为什么总大喊三声'我很快乐'？"

跋谛说："佛陀，我并没有回想过去不快乐，而是因为我现在很快乐啊。过去我每日担惊受怕，怕别人贪图我的国家，怕别人伤害我的性命，所以我过得很苦。而今我虽然出家，过着清贫的日子，但是我心中非常满足，因为我有饭吃，能睡觉，自由自在，我怎么能不快乐呢？"

有饭吃，能睡觉，自由自在，人得这三者，还有什么不满足呢？难道锦衣玉食、奢华生活就能够让人大自在吗？

不对物质过分追求是一种心理健康的表现，而永不餍足则是一种畸形心理，其病因多是权力、地位、金钱之类引发的。这种病态如果发展下去，人心就成了饕餮，其结局是自我爆炸、自我毁灭。世间一切我们能抓住的只是很少的一部分，又何苦为了抓住更多而失去更多呢？

佛陀派阿难外出化缘，阿难托钵行脚，路遇一双穷人。一个少年扶着一个老妇人，看上去像是母子，二人身着破烂的衣服，看起来似乎是乞丐。

那个小乞儿将老妇人背到了一棵大树下对老妇人说："母亲，我去祈求些饭菜，您在这里等我。"于是起身离开。老妇人在乞儿走开的时候脸上露出了满足的笑容，笑容中的美感令阿难深为感动，那是安详而欣慰的笑容，没有对生活的怨怼，反而是充满爱和希望。

不久，阿难看到那乞儿拖着化缘来的一碗汤饭，欢欢喜喜地回来，并将汤饭高高举过头顶，跪下来如同供奉神明一样举给母亲，并一口一口地喂母亲吃饭，期间不忘问母亲是否饱足。

老妇人吃饱之后，乞儿还给她拭嘴，这才又到人群中给自己讨饭吃。

阿难正在替乞儿担忧，怕他饿了肚子，却见他捡起地上别人丢弃的食物果腹，然后回头找自己的母亲，将母亲背走了。

这对乞丐母子虽然过得非常辛苦，却一派母慈子孝的模样，让阿难颇受触动：即便卧于淤泥，吃着陋食，却能安贫乐道，满心欢喜，知足得乐，是应该受到敬重。

生活让我们明白：即使你拥有整个世界，你一天也只能吃三餐。这是思悟后的一种清醒，谁真正懂得它的含义，谁就能活得轻松，过得自在，白天知足常乐，夜里睡得安宁，走路感觉踏实，蓦然回首时才会没有遗憾！

人赤条条地来到这个世界上，不可能永久地拥有什么。现代西方经济学最有影响力的经济学家凯恩斯曾经说过，从长期来看，我们都属于死亡，生命是这样短暂，即使身在陋巷，我们也应享受每一刻美好的时光。

幸福不在万物之中，它存在于看待万物的自身态度之中。如果你总认为自己拥有的还不够多，想要的还很多，你就会无视自己手中的幸福，而一心盯着那些不属于你的东西。如果在欲望的追求中度过一生，那么人生就没有什么幸福可言了。

得失看得轻一点，名利看得淡一点

生命中总有得失，甚至我们每一天都徘徊于得与失之间。很多人觉得自己失不得，也失不起，对于他们来讲，失去的不仅仅是物质，同时也失去了一个人心理上的平衡。

聪明地看待得失，对一个人的一生大有裨益。在智者眼中似乎从来是无得亦无失，他们总能得之泰然，失之也泰然。李白有诗说："天生我材必有用，千金散尽还复来。"商人胡雪岩在家道衰败时，家人们为财去楼空而哭泣叹息，他却说："我胡雪岩本无财可破，当初我不过是个月俸四两银子的伙计，眼下光景没有什么不好。以前种种，譬如昨日死，以后种种，譬如今日生吧。"他失去了一手经营的万贯家财，却没有失去心理上的平衡。

日本有一位企业老总，每天坚持写一篇"光明日记"，记录的全是快乐的事情。他把每个月末召开的工作例会取名为"快乐例会"，在具体检查和布置工作之前，要求各部门经理用3分钟时间向大家汇报本月最快乐的事情，而他总是带头把快乐传给大家，引得全场哈哈大笑。这位老总就是日本最大的零售集团"八佰伴"公司总裁和田一夫。有记者问和田一夫，为什么他能在如此短的时间内反败为胜、东山再起？和田一夫快乐地答道："因为失败了我也能笑出来！"

"失败了也能笑出来"不正好印证了"谁笑到最后，谁笑得最好"这句话吗？无论在什么情况下，哪怕是受到致命的打击，如果能像和田一夫那样，坚持笑下去，快乐地笑下去，不过分计较得与失，或者我们收获得更多。得不狂喜，失不悲泣，方可成就大事业、大幸福。

这个世界有太多的诱惑，功名利禄，声色犬马，人总容易在欲望中迷失。浮生若梦，人不过是宇宙中的一个过客，当他离去的时候，身后的名声也随即迅速落入忘川。马可·奥勒留在《沉思录》中这样说："每个人生存的时间都是短暂的，他在地球上居住的那个角落是狭小的，最长久的名声死后也是短暂的，甚至这名声也只是被可怜的一代代后人所持续，这些人也将很快死去，他们甚至于不知道自己，更不必说早已死去的人了。"

在现实生活中，一些人整日为了功名利禄杀红了眼睛，为了蝇头小利不惜出卖自己的灵魂，为了纸醉金迷的无尽欲望迷失了自己的本性。人活一世，草活一秋，无论是贫穷还是富有，为什么不能让自己活得洒脱一些呢？

所以看透一点，淡泊一点，用清醒的心智和从容的步履走过岁月。虽然我们渴望成功，渴望生命能在有生之年奏出美妙的乐章，但我们真正需要的是一种平平淡淡的快乐生活。生活，并不是只有名和利。量力而行，坦然自若地去追求属于自己的真实，做到宠亦泰然，辱亦淡然，有也自然，无也自在。这样生活不是轻松得多吗？

在平日忙碌而充实的生活中，忙使你有所收获；岗位平凡但却乐在其中；虽斗室而居，但衣食自足。普普通通如一棵草，平平凡凡如一朵花，但同样可以骄傲，默默绽放的花朵也会芳香宜人！

用平常心生活，不过分苛求得失

"心平常，自非凡"，生活当中，很多人并不是被自己的能力所打败，而是败给自己无法掌控的情绪。人生不如意之事十之八九，在现实生活中，在激烈的竞争形势与强烈的成功欲望的双重压力下，许多人往往会出现焦虑、急躁、慌乱、茫然等困扰工作的情绪。这些情绪一齐发作，常常会让人丧失对自身定位的能力，变得无所适从，从而大大影响个人能力的发挥，使自己的工作效能大打折扣，生活也因此变得混乱不堪。

可是，如果我们能沉住气，怀一颗平常心，不过分苛求得失，反而能在不经意间收获成功。就像有人说的，一个人只有心稳了，手才稳，事才稳。

2004 年 8 月 21 日，在雅典奥运会女子 75 公斤以上级举重比赛中，在抓举比赛结束后，唐功红的成绩依然靠后，夺金形势堪忧。好在挺举是她的优势，如果唐功红能超常发挥，仍然有机会向金牌发起冲击。挺举比赛开始，在抓举中成功举起 125 公斤的美国选手哈沃蒂第一把就成功举起了 150 公斤，第二把又举起了 152.5 公斤，第三把举起了 155 公斤，总成绩 280 公斤。而在前两次失败后，乌克兰选手维克托第三次终于成功举起了 150 公斤，总成绩也是 280 公斤。波兰选手罗贝尔第一把成功举起了 165 公斤，但在第二把 167.5 公斤时重心偏后失败，第三次试举失利，最终成绩 295 公斤。韩国选手张美兰出场第一把就成功举起了 165 公斤，但在举 170 公斤时告负，第三次试举时，张美兰举起了 172.5 公斤。这一切，给唐功红夺金增添了不小得难度。

轮到唐功红出场了，抓举落后对手 7.5 公斤的她，必须奋力一搏。这时候她心里只想着一句话，那是教练对她说过的："拼了，你随意去举，举起举不起都是英雄，死也要死在举重台上。"

杠铃重量已是 172.5 公斤，第一举重心偏后没有成功。第二次登场，唐功红咬紧牙关，成功举起了这一重量，显示了她超群的挺举实力。第三把唐功红要了 182 公斤，只见她顶住压力，顽强挺举了这个重量，最终以 302.5 公斤的总成绩拿到了这块金牌，打破了世界纪录。

"拼了，你随意去举，举起举不起都是英雄，死也要死在举重台上。"勇者的气魄在这一刻展现得淋漓尽致。这时候的唐功红心里并没有想着要赢、要胜利，她想的只是尽力而为。

最终，她以一颗平常心收获了沉甸甸的奖牌。

无论做事还是做人，我们除了要善于抓住时机，懂得运用必要的技巧之外，还需要沉得下心来，保持一颗平常心。这种平常心，对于一名想要有所成就的人来说是十分重要的。

所谓平常之心，就是不能只想成功，而拒绝失败、害怕失败，要能正确对待成功与失败。成功了，不骄傲自满，不狂妄自大；失败了，也应该平静地接受。失败也是生活中不可缺少的内容，没有失败的生活是不存在的。生活中没有常胜将军，任何一个渴望成功的人，都应该以一颗平常心平静地接受生活给予的各种困难、挫折和失败。

张薇大学毕业后求职受挫，最后终于在一家小公司里谋得一份业务员的工作。尽管这份工作与她名牌大学的学历不符，但她并不计较，因为她懂得：一个人只有让自己的心灵回归到零，保持一颗平常心，学会忍耐，才能在这个社会上立足，才会取得事业的发展。面对习钻的同事和无理取闹的客户，她时刻提醒自己：我是在学习，我要坚持。她咬紧牙关，忍受着各方面的压力，在一次次的挫折中总结经验、积攒力量。两年后，凭借出色的业务能力、坚忍的态度和坚韧的品格，她成为该公司的业务经理。

生活中，这种不计较得失、不苛求回报的平常心是非常重要的。

无论面对成功或失败，都必须保持一种健康平常的心态。保持一颗平常之心，并不是放弃进取之心、成功之心，而是通过平常心，使进取之心、成功之心得到升华。保持平常心，实质是让外在的世界和内心保持一个平衡点，有了这种平衡，悲、欢、离、合皆能内敛，人会少些焦虑、少些浮躁，多一份安适、多一份恬静。

顺天而行，不为名利所困

有一位高僧，是一座大寺庙的住持，因年事已高，心中思考着找接班人。

一日，他将两个得意弟子叫到面前，这两个弟子一个叫慧明，一个叫尘元。高僧对他们说："你们俩谁能凭自己的力量，从寺院后面悬崖的下面攀爬上来，谁将是我的接班人。"

慧明和尘元一同来到悬崖下，那真是一面令人望而生畏的悬崖，崖壁极其险峻、陡峭。

身体健壮的慧明，信心百倍地开始攀爬。但是不一会儿他就从上面滑了下来。

慧明爬起来重新开始，尽管他这一次小心翼翼，但还是从悬崖上面滚落到原地。

慧明稍事休息后又开始攀爬，尽管摔得鼻青脸肿，他也绝不放弃……

让人感到遗憾的是，慧明屡爬屡摔，最后一次他拼尽全身之力，爬到一半时，因气力已尽，又无处歇息，重重地摔到一块大石头上，当场昏了过去。高僧不得不让几个僧人用绳索将他救了回去。

接着轮到尘元了，他一开始也和慧明一样，竭尽全力地向崖顶攀爬，结果也屡爬屡摔。

尘元紧握绳索站在一块山石上面，他打算再试一次，但是当他不经意地向下看了一眼以后，突然放下了用来攀上崖顶的绳索。然后他整了整衣衫，拍了拍身上的泥土，扭头向着山下走去。

旁观的众僧都十分不解，难道尘元就这么轻易地放弃了？大家对此议论纷纷。只有高僧默然无语地看着尘元的去向。

尘元到了山下，沿着一条小溪流顺水而上，穿过树林，越过山谷……最后没费什么力气就到达了崖顶。

当尘元重新站到高僧面前时，众人还以为高僧会痛骂他贪生怕死、胆小怯弱，甚至会将他逐出寺门。谁知高僧却微笑着宣布将尘元定为新一任住持。众僧皆面面相觑，不知所以。

尘元向其他人解释："寺后悬崖乃是人力不能攀登上去的。但是只要于山腰处低头看，便可见一条上山之路。师父经常对我们说'明者因境而变，智者随情而行'，就是教导我们要知伸缩退变啊！"

高僧满意地点了点头说："若为名利所诱，心中则只有面前的悬崖绝壁。天不设牢，而人自在心中建牢。在名利牢笼之内，徒劳苦争，轻者苦恼伤心，重者伤身损肢，极重者粉身碎骨。"然后，高僧将衣钵锡杖传交给了尘元，并语重心长地对大家说："攀爬悬崖，意在勘验你们的心境，能不入名利牢笼，心中无碍，顺天而行者，便是我中意之人。"

不去追求虚假的得益，实实在在地施为，高僧传达的正是这个意旨。现实生活中，名与利通常都是人们追逐的目标。虽然人人都道"富贵人间梦，功名水上鸥"，可真正要人放弃对名利的追求，是难而又难的。对于名利的追求，已经渗入我们的骨髓了。谁不爱名利呢？

一个人，心要像明月一样皎洁，像天空一样淡泊，才能做到与人无争、与世无争。人世皆无争，才能安心做一名淡泊的人。世间的人在忙些什么呢？其实不外乎名、利两个字。万物自闲，全是因为人们自己在争名夺利。不入名利牢笼，才能专注于眼前事、当下事，没有烦忧，达到洒脱的精神境界。

第三章

不要总是强迫自己

人生的幸福路，就是不走极端

在生活中，很多人之所以不幸福，是因为他们喜欢走极端。老是苛求这个，苛求那个，最后使自己的生活完全失去了乐趣。

现实生活中，喜欢走极端的大有人在，最明显的一类喜欢走极端的人就是完美主义者，对于完美主义者来说，他们绝对不允许自己的生活出现瑕疵。

《绝望主妇》的女主角之一 Bree，就是最为典型的完美主义者。

她做事力求一百分，无论是家务、烹饪、仪容和相夫教子，她都尽心尽力。她永远会让房间一尘不染，烫平每件衣物，经常通过聚会来表现自己是优秀的女主人。

她是一个自我要求严格的人，出门时，从头到脚都要整整齐齐、干干净净。同时，她对家人也要求严格，用完的东西一定要放回原位，连筷子、汤匙的摆法和朝向都要一致。

她的过分刻意和挑剔，使得丈夫和两个孩子在家里感到很不安，因为他们必须按照 Bree "完美"的安排去生活，从吃早餐、袜子的颜色到交男女朋友都有规定，一旦做错，Bree 会立刻纠正和提醒。家里所有的人在她的"完美"之下都有一种窒息感。

当丈夫心脏病突发去世之后，Bree 并没有像其他人一样悲恸欲绝，她关心的焦点是如何操持一场完美的葬礼。在葬礼中，一向端庄稳重的 Bree 做了一件异常疯狂的事：当牧师请众亲友向她丈夫的遗体告别时，Bree 大声喊停，原因竟然是她不能忍受婆婆给丈夫戴的那条"可笑的黄色领带"。于是，她在众目睽睽下，解下朋友的领带为丈夫换上。完成这一切后，她才露出了满意的笑容。

这样的行为在很多人看来不可理喻，但是了解了完美主义者的思维方式和关注焦点，Bree 的行为就不那么难以理解了。完美主义者对自己的感觉和感受，常用自我麻醉的方法来进行压抑和否定。面对生活中的摩擦和矛盾，完美主义者往往难以平心静气与人进行很好的沟通，达成一致意见，而是按照自己所理解的完美方案去要求对方，从而不能使问题得到解决。

完美主义者对待感情很忠诚，因为他们的内心不允许他们做不道德的事情。同时，他们也要求对方做到绝对忠诚，一旦发现对方有不忠的行为，完美主义者会非常愤怒而绝望。受到伤害的完美主义者往往会用毁灭感情的方式来做一个彻底的了结。

所以，我们要明白：人生的幸福路，就只不走极端。比方说，一个人要老实，但是不能太老实。一方面太老实的人没什么个性没什么特点，另一方太老实也被看成是无能的表现。要聪明，但不能太聪明，小心聪明反被聪明误。与其在生活中一味地追求拔尖，不如追求适用。就像有人说的那样，在学习的时候，我们要做一个锥体，用心钻研；在做人的时候要做正方体，方方正正；在为人处世的时候，我们要做球体，圆圆融融。

一个人在生活中，与其过分地追其极端，不如追求平衡。只要我们的内心平稳，只要我们的心灵足够舒服，我们就没有必要走极端路线。

确立自己的评判标准

不要让众人的意见淹没了你的才能和个性。太在乎别人的意见或者是别人对自己的反应，你就会迷失自我。你只需听从自己内心的声音，做好自己就足够了。

一位小有名气的年轻画家画完一幅画后，拿到展厅去展出。为了能听取更多的意见，他特意在他的画作旁放上一支笔。这样一来，每一位观赏者，如果认为此画有败笔之处，都可以直接用笔在上面圈点。

当天晚上，年轻画家兴冲冲地去取画，却发现整个画面都被涂满了记号，没有一个地方不被指责的。他十分懊丧，对这次的尝试深感失望。

他把他的遭遇告诉了另外一位朋友，朋友告诉他不妨换一种方式试试。于是，他临摹了同样一张画拿去展出。但是这一次，他要求每位观赏者将其最为欣赏的妙笔之处标上记号。

等到他再取回画时，结果发现画面也被涂遍了记号。一切曾被指责的地方，如今却都换上了赞美的标记。

"哦！"他不无感慨地说，"现在我终于发现了一个奥秘：无论做什么事情，不可能让所有的人都满意。因为，在一些人看来是丑恶的东西，在另一些人眼里或许是美好的。"

不同的人在面对同一件事物时，往往会发出不同的感慨，持有相异的观点。有时同一个人关于同一事件的观点，也会因时间的推移而变化，如果我们想用追随他人的喜好的方法来讨好他们的话，那将是一件非常辛苦的事情。不被他人的评论所左右，找到那片属于自己的天空，才能活出真正的自我，才能在充满坎坷的人生道路上走得更踏实。

但可惜的是很多时候，我们在通向成功的奋斗之路上常常会被一些人和事所干扰，最终失去了真实的自我，在歧路上越走越远，找不到回头的道路。

其实，生命是属于你自己的，每个人都有一片属于自己的独特天空。你所要做的只是不要被别人的言论所左右，找到那片属于你自己的天空，这样你就能创造出一片属于自己的精彩。

白云守端禅师有一次和他的师父杨岐方会禅师对坐，杨岐问："听说你从前的师父茶陵郁和尚大悟时说了一首偈，你还记得吗？"

"记得，记得。"白云答道："那首偈是：'我有明珠一颗，久被尘劳关锁，一朝尘尽光生，照破山河万朵。'"语气中免不了有几分得意。

杨岐一听，大笑数声，一言不发地走了。

白云怔在当场，不知道师父为什么笑，心里很烦，整天都在思索师父的笑，怎么也找不出他大笑的原因。

那天晚上，他辗转反侧，怎么也睡不着，第二天实在忍不住了，大清早去问师父为什么笑。

杨岐禅师笑得更开心，对着失眠而眼眶发黑的弟子说："原来你还比不上一个小丑，小丑不怕人笑，你却怕人笑。"白云听了，豁然开朗。

是啊，身为一个凡人，我们有时还比不上一个小丑。放开自己，挣脱别人对我们的束缚，我们才能活得更洒脱。

避免监督自己的想法

在许多人的脑子里，总是会出现一种想法——"我们应该……"这样的想法其实有一种自我限定、自我监督或者事后诸葛亮的成分。因为这样的"应该"是我们给自己设定了一个目标，这个目标或许能够成功或许不能，有时候，这个"应该"的目标设定的过大过强，超出了我们的能力范围，就有可能给我们带来过重的负担和压力。

那么，我们应该怎样处理这种"应该"带来的压力呢？

首先，对抗"应该"的一个方法就是告诉自己"应该"命题与现实不符。比如，当你说"我应该做……"时，你假设事实上自己不应该做。真相通常与你的想象正好相反。

其次，在口头语言上进行替换。比如用别的词来取代"应该"，运用双栏法等。口头语"要是……就好了"或"我希望我能……"会很有益，而且听起来更现实，也不让人心烦。比如，不说"我应该能够让我妻子快乐，"而说"要是现在能让我妻子快乐就好了，因为她好像很难受。我可以问一问她为什么难过，看看我有没有什么办法帮助她"；不说"我不应该吃冰激凌"，而是说"要是没吃冰激凌就好了"。

再者，就是对自己的反省和叩问："谁说应该？哪儿写着说我应该"。这样做的目的是让你意识到你是在毫无必要地批评自己。由于你是规则的最终制定者，所以一旦你感到这些规则无益，你就可以改变规则或废除规则。假定你对自己说你应该能够让双亲一直生活快乐。如果经验告诉你这样想毫无必要也没有好处，你就可以重写规则，让规则更有效。你可以说："我可以让双亲有时感到快乐，但是肯定不能让他们一直快乐。最终，他们是会感到快乐的。"

另外，还有一种更简单实用的方法——腕表法。一旦你相信应该命题不利于你，你就可以把它们记录下来。每出现一个应该命题，你就摁一下表。你还要根据每天的工作总量建立一套奖励机制。记下的应该命题越多，你所得到的奖赏也就越多。过上那么几周，你每天的应该命题总量就会下降，你就会发现自己的内疚感就减少。

最后，战胜"应该"的另外一个有效方法就是问："为什么我应该？"然后你就可以审视你所遇到的证据，以揭示其中不合理的逻辑。运用这种方法你可以把应该命题降低到尽可能的限度。

在你成长的过程中，你要经常告诉自己，"学会接受你的局限性，你就会变成一个更为幸福的人"。

不强迫自己做不想做的事

我们的只有一次生命，而且还相当短，为什么要在自己不想做的事情上浪费自己的生命呢？

有一天，如来佛祖把弟子们叫到法堂前，问道："你们说说，你们天天托钵乞食，究竟是为了什么？"

"世尊，这是为了滋养身体，保全生命啊。"弟子们几乎不假思索。

"那么，肉体生命到底能维持多久？"佛祖接着问。

"有情众生的生命平均起来大约有几十年吧。"一个弟子迫不及待地回答。

"你并没有明白生命的真相到底是什么。"佛祖听后摇了摇头。

另外一个弟子想了想又说："人的生命在春夏秋冬之间，春夏萌发，秋冬凋零。"

佛祖还是笑着摇了摇头："你觉察到了生命的短暂，但只是看到生命的表象而已。"

"世尊，我想起来了，人的生命在于饮食间，所以才要托钵乞食呀！"又一个弟子一脸欣喜地答道。

"不对，不对。人活着不只是为了乞食呀！"佛祖又加以否定。

弟子们面面相觑，一脸茫然，都在思索另外的答案。这时一个烧火的小弟子怯生生地说道："依我看，人的生命恐怕是在一呼一吸之间吧！"佛祖听后连连点头微笑。

故事中各位弟子的不同回答反映了不同的人性侧面。人是惜命的，希望生命能够长久，才会有那么多的帝王将相苦练长生之道；人是有贪欲的，又是有惰性的，所以才会有那么的"鸟为食亡"的悲剧发生；而人又是向上的，所以才会有那么多"只争朝夕"、从不松懈的生活。

这些弟子看到的都只是生命的表象，而烧火的小弟子的彻悟，却在常人之上。人这一生，犹如一呼一吸，生和死，只是瞬间的转化。天地造化赋予人一个生命的形体，让我们劳碌度过一生，到了生命的最后才让人休息，而死亡就是最后的安顿，这就是人一生的描述。世间的痛苦与幸福，都不过是生命的衍生。倘若没有了生命，便没有痛苦，幸福也无从谈起。

生命之旅，即使短如小花，也应当珍惜这仅有的一次生存的权利。生命是虚无而又短暂的，它在于一呼一吸之间，如流水般消逝，永远不复回。要让生命更精彩，我们理应在有限的时间里，绽放幸福的花朵。

在有限的生命里，我们应该秉持一种乐观心态，让我们的生命活得更精彩、更有价值，让可贵的生命变成有质量的生命。

对每个人来说，生命有长有短，生命的质量也有很大的不同。什么是生命的质量？生命的质量是霍金在残疾之后的坚强不息，是海伦在失明之后活下去的勇气，是世人孜孜不倦追求幸福的过程。我们无法掌握生命的长度，但我们能改变生命的质量。只要活出有质量的人生，瞬间生命也能绽放永恒的绚烂。

所以，把握住短暂的生命，把生命的热情倾注在自己喜欢做、渴望做的事情上，把自己的人生变成有质量的人生，莫到年华流逝时，才感慨时光错付而追悔不已。走自己的路，让别人去说，人生在世，何必事事都在乎世人的眼光，又何必因自己想做的事与世俗眼光相左而放弃自我的坚持？生命短暂，何必花费过多时间在自己不愿做的事情上呢？虽然人活在这个世界上，不可避免地会遇到一些违背心愿的事，但是关键在于能否在做了这些事之后还能继续坚持自己的理想，且坚持不懈地走下去。人这一生，要拿得起放得下，勿在不愿做的事情上花费太多时光，消耗自己短暂的人生。做自己想做的事，过自己想过的生活，燃烧自己生命的激情，一呼一吸间的短暂生命会因此而丰盈，从而变得充满质感，充盈为有质量的人生，洋溢着幸福。

不求最好，但求"最满意"

许多人过于认真，认为做到极致才是最好的选择，才是足以表现我们能力的最佳手段。但是，在现实生活中，我们为了确保时间、效率，当我们做不到极致完美时，其实，做到"够好"也是让大家可以接受的。

迪诺总是追求完美的外表，所以她花许多时间来修饰自己的头发、衣服、妆容等。令她苦恼却又控制不住的事是，在上班之前，她总是需要花上近两个小时的时间去尝试她认为合适的衣服和首饰。朋友和同事们都对她说，她这样的行为是对时间和精力的巨大浪费。于是，迪诺开始降低自己对完美外形的要求。起初她担心如果只停留在满意阶段，自己可能会落伍、没有吸引力，而且太普通。在之后的几个早晨，她还是花了超出预计的时间。但是，还是有几个早上，她强迫自己对穿着、妆容的修饰点到即止，只做到"足够好""刚刚满意"的程度。而迪诺也从这几个"足够好"中明白了，她并不需要成为最好的、最美的，她没有必要非得有一身最完美的服装，她只需要和别人做到一样就可以了。

"满意"就是心理学家用来解决过度研究倾向的一个概念。"满意"就是"某选择满足最低要求"。环视周围，看看其他人的选择，这是找到最低要求的一种方法。关注"满足"，而不是完美，你就能制定合理的目标，并使用"够好"的标准去满足目标。

世间没有绝对纯美的事物。人也是如此，智者再优秀也有缺点，愚者再愚蠢也有优点。对人多做正面评估，不以放大镜去看缺点，避免以完美主义的眼光，去观察每一个人。以宽容之心包容他人缺点，责难之心少有，宽容之心多些。

对于任何人来讲，不完美永远是客观存在的。所以，我们没必要一定要完美，也没有完美的人。对此采用的比较有效的解决方案是，尽可能地为信息收集设定一个时限。比如，有人为炒股殚精竭虑，熬夜去搜索更多有关股票和投资的信息。这种希望做到最好，并"利益最大化"的行为，就是一种对于完美的追求。如果我们在搜索信息前设定一个时限，则有助于从对信息的偏执性关注中转移出来。

假如我们使用情感标准而非理性标准来决定多少信息才算得上充分，设限也是有帮助的。我们的搜索标准可能会是"感觉舒适为止"，或者"直到我没有任何疑虑为止"。在搜索信息之前设限，是制止没完没了的信息搜集的一个办法。

人不总是十全十美的。在提出自己的要求之前，应当客观地认识自己。其实人生当有不足才是一种"圆满"，因为不完美才让人们有盼头、有希望。古人常说人生不如意事十之八九，聪明的人常想一二，就是这个道理。

健康根本无须怀疑

疑病者可出现紧张、焦虑，甚至惶惶不安，反复要求医生进行检查和治疗，并对检查结果的细微差异十分重视，认为这种差异证实了自己疾病的存在。对于别人的劝说和鼓励不是从正面理解，常认为是对自己的安慰，更证明自己疾病的严重性。患者受疑病观念的驱使，东奔西走，到处求医，寻求"最新"诊断。

欧云是一家科研单位的技术员，平时对身体健康较关注，一旦觉得什么地方不舒服，便要找医书杂志对照研究一番。有一天他在图书馆一本科普杂志中看到一篇短文，叙述喉癌的早期症状，以帮助病人尽早发现并治疗。当时他正好患感冒，嗓子有点发炎。他觉得自己的症状与书中所述很相似，便疑心自己得了喉癌，心情非常紧张。次日就到单位门诊部检查，医生诊断为风寒喉炎，并说吃点感冒药就会好转。欧云吃了几天药，嗓子炎症果然消失了，这才放下心来。时隔不久，他发现自己身上蚊咬处有些红肿，又非常紧张，认为这是一种不祥之兆，马上去医院检查，医生说这是虫咬皮炎，无须特殊处理。对这样的诊断欧云很不放心，又到医学书店翻阅有关皮肤病的书籍，看后觉得自己的疙瘩已经癌变了。于是丢弃工作，到处求医。他去过的所有皮肤科，医生均诊断为皮炎，但他都不相信。起初他常与医生争辩，后来渐渐改变了策略，为了得到更多的检查，他表面上装作恭恭敬敬，表示要听医生的话，而用拐弯抹角的方式，一再请求医生给他做个小手术，把疙瘩取出来做病理化验，以解除其疑虑。没办法，医生只好按其要求做了，结果当然不是癌变，但他内心仍不放心，并认为红肿消失了、疙瘩没有了，可能是癌的转移和扩散。就这样，他疑神疑鬼，整日惶惶不安，简直闹到不能再活下去的地步。

生病看医生，这是正常现象。可是有的"病人"反反复复看医生，却始终查不出什么病，这就令人费解了。其实，这种人确实有病，只是他的病不是在身上，而是存在于思想上、精神上。这种病叫作"疑病症"。他们经常的表现可概括为疑病性烦恼、疑病性不适感和感觉过敏、疑病观念，对自身健康过分关注。

疑病者的注意力全部或大部分集中于健康问题，以致学习、工作、日常生活和人际交往常受到明显影响。

事实上，我们的健康无须怀疑，一旦你陷入疑病的深渊，不必害怕，现在教你五招保持健康的方法：

保持乐观

俗话说："笑一笑，十年少。"乐观的情绪不仅能使你显示青春活力，还将有助于增强机体免疫力，使你免受疾病的侵袭。

坦然面对生活中的压力

在快节奏的都市生活中，人们会面临种种压力，勇敢地面对现实，把压力当作是一种挑战，这样将更有利于人的身心健康。

学会包容别人

怀有怨恨心理的人情绪波动较大，不是整天抱怨，就是后悔；不是对人怀有敌意，就是自暴自弃。这样容易患心理障碍。所以，平时应学会抛弃怨恨，原谅别人，更要原谅自己。

富有幽默感

有人称幽默是"特效紧张消除法"，是健康人格的重要标志。

选择正确方式发泄情绪

不善于用语言来表达自己的忧伤或难过的人容易患病，而压抑愤怒对机体也同样有害，更不能用酗酒、纵欲等不健康的生活方式来逃避现实。伤心的人痛哭一场，或与知心朋友谈谈心，或参加剧烈的体育运动后，常会感到心情舒畅，这就是宣泄感情的意义。

让"强迫症"不再强迫你

强迫症又称强迫性神经症，是病人反复出现的明知是毫无意义的、不必要的，但主观上又无法摆脱的观念、意向和行为。其表现多种多样，如：反复检查门是否关好，锁是否锁好；常怀疑被污染，反复洗手；反复回忆或思考一些不必要的问题；出现不可控制的对立思维，担心由于自己不慎使亲人遭受飞来横祸；对已做妥的事，缺乏应有的满足感……

对于强迫症的发病原因，一般认为主要是精神因素。现代社会压力大，竞争激烈，淘汰率高，在这种环境下，内心脆弱、急躁、自制能力差、具有偏执性人格或完美主义人格的人很容易产生强迫心理，从而引发强迫症。通常，他们会制订一些不切合实际的目标，过度强迫自己和周围的人去达到这个目标，但总会在现实与目标的差距中挣扎。此外，自幼胆小怕事、对自己缺乏信心、遇事谨慎的人在长期的紧张压抑中会焦虑恐惧，易出现强迫症行为。

需要指出的是，像反复检查门锁这种强迫心理现象在大多数人身上都曾发生过，如果强迫行为只是轻微的或暂时性的，当事人不觉痛苦，也不影响正常生活和工作，就不算病态，也不需要治疗。如果强迫行为每天出现数次，且干扰了正常工作和生活，就需要治疗了。

李广栋是某修配厂的一名工人，平时非常怕脏，只要别人碰过的衣物就丢弃，只要手碰了一下某种东西，就洗刷不止。三年前李广栋刚去这工厂不久，生活上有些不适应，热心的老工人袁师傅对他比较关心，在生活上关照他，业务上指导他，因此关系比较密切。后来，李广栋听人说袁师傅曾患有肝炎，因而十分紧张，怕传染上肝炎，于是将所有被袁师傅接触过的衣物器皿丢掉，被袁师傅碰过的东西，如自己再碰着就不断地洗手，直洗到双手发白，皮肤起皱才罢休，否则就会内心紧张不已，甚至感到思维都不灵活了。自己明知这样洗是不必要的，但无法控制。在朋友的劝说下，李广栋去找心理学专家进行咨询，经诊断他患上了强迫症。

"强迫症"并不可怕，关键在于你能否勇敢理智地面对它，战胜它，让它再也"强迫"不了你。如果你有此决心，不妨试试以下几种方法进行自我调适。

顺其自然法

任何事情顺其自然，该咋办就咋办，做完就不再想它，有助于减轻和放松精神压力。如有东西忘了带就别带它好了，担心门没锁好就不锁，东西没收拾干净就脏着。经过一段时间的努力来克服由此带来的焦虑情绪，症状是会慢慢消除的。

夸张法

患者可以对自己的异常观念和行为进行戏剧性的夸张，使其达到荒诞透顶的程度，以致自己也感到可笑、无聊，由此消除强迫性表现。

活动法

患者平时应多参与一些文娱活动，最好能参加一些冒险和富有刺激的活动，大胆地对自己的行动做出果断的决定，对自己的行为不要过多限制和发表评价。在活动中尽量体验积极乐观的情绪，拓宽自己的视野和胸怀。

自我暗示法

当自己处于莫名其妙的紧张和焦虑状态时就可以进行自我暗示。比如："我干吗要这样紧张？一次作业没做是没有关系的，只要向老师讲清原因就可以了。就是不讲，老师也不会批评；就是批评了，又有什么好紧张的，只要虚心听取下次改了就行，何必那样苛求自己呢？谁没有犯过一点过失呢？"

满灌法

满灌法就是一下子让你接触到最害怕的东西。比如说你有强迫性的洁癖，请你坐在一个房间里，放松，轻轻闭上双眼，让你的朋友在你的手上涂上各种液体，而且努力地形容你的手有多脏。这时你要尽量地忍耐，当你睁开眼，发现手并非想象的那么脏，就会知道不能忍受只是想象出来的。若确实很脏，你洗手的冲动会大大增强，这时你的朋友将禁止你洗手，你会很痛苦，但要努力坚持住，随着练习次数的增加，焦虑便会逐渐消退。

当头棒喝法

当你开始进行强迫性的思维时，要及时地对自己大声喊"停"。如果你在自疗的过程中遇到困难，请别忘了向你身边的朋友或心理学家寻求帮助。

克服强迫症的规则手册

1. 下决心寻求一些改变。想象一下克服强迫症后你的生活会变得多么美好。强迫症经常会影响你的生活，很轻易就能完成的事情你却会因此而变得异常艰难。你的工作、人际关系、休闲娱乐以及许多其他事情都可能受到它的干扰。然而，想要改变这一切，你可能需要承受一些不适。

2. 认清你的强迫症为何是负面的。看看你周围的人是否抱持着同样的想法，他们大多是如何行事的，坦然面对生活，接受生活，一切并没有想象中的那么复杂。

3. 分析你的强迫想法的消极信念。想想这些想法是否有存在的必要性？它们是否合理？是否会对你的生活产生消极的影响？你是否有必要抑制这些想法？

4. 试着改变你想法的位置。欢迎它们的到来，关注你的想法，就如同照看一个孤独的人。

5. 不要监督自己的想法。当强迫念头出现的时候，你可以试着转移方向。你可以把注意力转移到其他事物上去，诸如数一数有多少物件，描述它们形状和颜色的不同等。

6. 因势利导，不要压抑你的想法。也许你会害怕自己发疯，那么为何不每天重复这个念头15分钟呢？你会发现，你根本不会疯掉，事实上，你很快会感到厌倦。

7. 消灭强迫行为。找寻能够引发你强迫念头和强迫行为的一些特定要素。比如，如果你有洗手强迫症，那么弄脏手就可能是诱因。用手触碰一些脏的东西，擦拭擦拭地板，或是从废纸篓里捡一些垃圾等。弄脏你的双手，然后一小时不洗手，忍受那种焦虑感。如果你害怕犯错，那就在做文案或算账的时候犯几个错试试，看看会发生什么。尝试这种带有效应预防的暴露疗法是一个不错的选择。

8. 推迟强迫行为发生。如果一开始很难消灭强迫行为，那就先试着推迟进行强迫行为。一旦你注意到强迫念头产生的时候，那么请在实施强迫行为前，先等上 30 分钟，逐渐减弱你实施强迫行为的欲望。

9. 修正和中止强迫行为的发生。你的强迫行为或许会十分顽固。要消除强迫行为，需要对其做一些修正。比如，当你感到必须一遍遍重复做什么事情的时候，中途穿插一些其他的事来干扰和中断这种重复。就拿洗手强迫症来说，你可以试试用另一种方式来清洗。许多人会一直重复他们的强迫行为，直到获得一种完成感。试着改变这种状况，提前终止强迫行为，不让自己满足。

10. 为复发做好准备。强迫症并非一去不复返，即便你成功地治好了强迫症，那些想法和冲动还是很有可能会卷土重来。不过不用担心，这只意味着你需要再次实施你所学到的一些治疗方法。

第四章

正确的为人处世之道

在社交场合尽量展现你的笑容

很多人都会选择和每天面带微笑的人交往。要问原因，人们大多会这样回答，看上去舒服啊！但是蒋先生似乎并不明白这其中的道理，以至于在跟人打交道的时候受了冷遇，原本可以谈成的合作也泡了汤。

蒋先生是一家商贸公司的老板，这几年生意做得还算顺利。2008 年开始的全球金融危机给他的事业带来了不小的冲击，接不到出口订单，货物在仓库里堆积如山，工人们又要求涨工资，这让蒋先生很是烦恼，他整天都在为资金的事而犯愁。就在蒋先生为公司的事忙得焦头烂额之际，又因为儿子的学习和妻子闹了矛盾，夫妻关系一下子跌到了谷底。面对整天愁眉苦脸的蒋先生，他的好友决定帮他一把。

好友邀请蒋先生参加了在上海举办的一次商务宴会，他告诉蒋先生，将有很多投资人参加这个宴会，是个非常好的融资机会。但是在宴会上，蒋先生总是板着一张脸，别人一看到他那张脸就对他退避三舍。好友给他介绍了一个来自福建的投资人，这个投资人原本不想和蒋先生说话，但碍于好友的面子，还是勉强和他谈了几句，但关于投资的事只字不提。

结果，在这个商务宴会上，蒋先生一份投资都没有拿到。

蒋先生因为一脸"苦大仇深"，而让别人退避三舍，不想与他接近，他也因此失去了与人深入交谈、获得投资的机会。可见一张微笑的脸对于人与人的亲近是多么的重要。

众所周知，微笑能让人情绪放松，能让人感到愉悦，能让人获得信任，也能让人感到被尊重、被关心。当人们面对一个面带微笑的人时，他的防备心理就会降低，而他希望结交对方的愿望会随之增强，这种欲望会随着交往的深入一直持续下去。这其实就是"亲和效应"在人们内心所起的作用。亲和效应是人们的一种心理定式。心理定式指的是对某一特定活动的准备状态，它可以使我们在从事某些活动时能够相当熟练，节省很多时间和精力。

从微笑这一现象来说，当对方通过这一表情来传达某种积极交往的信号时，我们便会在心中形成相应的情绪反应，这种反应就是一种过程。我们会在这个过程中感受到对方的需求，为呼应这种需求，我们也会相应地在脸上表现出积极的交往信号，与之产生共鸣，从而为彼此的交往打下坚实的基础。

这一过程具有不可替代的专注性，这种关注能让我们将更多的关注目光放在微笑的"甲"身上，而不是冷若冰霜的"乙"身上。尤其值得注意的是，这种专注性会让我们在与对方交往前就消除紧张感和防备性。

人际交往是一个互动的过程，你给予对方什么，对方也会给予你什么。倘若你想让对方感受你的温暖，在人际交往中营造和谐的气息，就请不要吝啬你的微笑。面对他人，翘起嘴角，微微眯缝眼睛，然后伸出手，向对方说道："你好！"

不自信的表现会给人极差的印象

习得性无助有一个重要的表现那就是不自信。一个人如果不够自信，在与他人打交道的时候，就会扭扭捏捏，这样会给人留下极差的印象。没有一个人想成为不自信的人，因此，在生活中，我们就要有意识地建立自己的自信。

卡耐基说："自信才能成功。"自信，是我们需要的第一缕阳光，它是人生不竭的动力，能够帮我们战胜自卑。你相信自己会成为什么样的人，并且去做了，你自然就会成为自己所希望的那种人。

世界上没有两片完全相同的树叶，人也是这样，每个人都是上帝的宠儿，都是独一无二的，所以我们应该相信自己。

我们每个人在世界上都是不可替代的，所以我们应该自信，只有自信才能自强，只有自强才能演好自己的角色，不管是主角还是配角。

自信的人，不会自卑，不会贬低自己，也不会把自己交给别人去评判；自信的人，不会逃避现实，不会做生活的弱者。他们会主动出击，迎接挑战，演绎精彩人生；自信的人，不会跟自己过不去，只会鼓励自己。他们会既承担责任，又缓解压力，他们会在生活的道路上游刃有余，笑看输赢得失。

自信是一种心理状态，可以通过自我暗示培养起来。积极的自我暗示，意味着自我激发，它是一种内在的火种、一种快捷的自我肯定；它可以使我们的心灵欢唱，建立自信，走向成功。

自我暗示的方法很多，每个人遇到的压力不同，自我暗示的方法也不会相同，可以从以下这些方面来树立自信，萌生一股新生的力量。

第一，在心中描绘一幅自己希望达成的成功蓝图，然后不断地强化这种印象，使它不致随着岁月流逝而消退模糊。此外，相当重要的一点是，切莫设想失败，亦不怀疑此蓝图实现的可能性。因为怀疑将会对行动构成危险性的障碍。

第二，当你心中出现怀疑本身力量的消极想法时，要驱逐这种想法，必须设法发掘积极的想法，并将它具体说出来。

第三，为避免在你的成功过程中构筑障碍物，所以可能形成障碍的事物最好不予理会，最好忽略它的存在。至于难以忽视的障碍，就下番功夫好好研究，寻求适当的处理良策，以避免其继续存在。不过，最好彻底看清困难的实际情况，切勿夸张，使其看来显得更加困难。

第四，不要受到他人的威信影响而试图仿效他人，须知唯有自己方能真正拥有自己，任何人都不可能成为另一个自己。

第五，寻找对你了如指掌且能有效提供忠告的朋友。你必须了解自卑或不安的所在。虽然这问题往往在少年时期便已发生，但了解它的来源将使你对自己有所认知，并帮助你获得援救。

第六，正确评估自己的实力，然后多加一成，作为本身能力的弹性范围。切忌形成本位主义是有其必要的，但是适度地提高自信心也是相当重要的事。

自信是一个人心理的建筑工程师。自信一旦与思考结合，就能激发潜意识来激励人们表现出无限的智慧和力量，使每个人的欲望转化为物质、金钱、事业等方面的有形价值。

所以，遇事要用正确的思维方式，不要完全信你听到的、看到的一切，也不要因为他人的批评、鄙视而轻视自己，摒除自卑感产生的压力，找回坚定的自信。唯有如此，你的生命中才能处处充满灿烂的阳光。

丧失自我是痛苦的根源

我们都会相信每个人都有属于自己的社会面具，但却很难相信这种面具有一天会生锈，再也取不下来，使我们丧失人生中最美好的时光。

一位心地善良、英勇善战的骑士，他屡立战功，受到国王和百姓的赞赏，获得了一副金光闪闪的盔甲。骑士身披闪耀的盔甲，随时准备跳上战马，向邪恶的骑士挑战，杀死作恶多端的恶龙，拯救遇难的美丽少女……即使在家里，他也穿着轧轧作响的盔甲自我陶醉，吃饭睡觉都不愿意脱下。他美丽的妻子朱丽叶和可爱的儿子克里斯托弗都记不清他的面容了，最后连他自己也忘记了自己的真面孔。

终于有一天，妻子对他说："你爱盔甲远甚于爱我。"她和儿子准备离开他了，这时，骑士才感到惊慌，他想脱下盔甲，可是盔甲已经生锈，再也脱不下来了！骑士请求全国最有名的大力士铁匠帮忙，却还是无功而返。骑士终于意识到问题的严重性，于是他做出了一个重大的决定，到远方寻找能解开盔甲的人。在国王的小丑乐袋的指点下，他决定去漫无边际的大森林中寻找亚瑟王的老师、神秘的魔法师默林。

从此，骑士在默林的指导下开始了解脱盔甲、寻找自我的征程。就像那个快乐的小丑乐袋所说的那样——万般痛苦须遍尝。骑士历尽艰辛，在历经沉默之堡、知识之堡和志勇之堡后，终于在真理之巅放下自己人格的面具。

正如骑士一样，我们在繁忙的世间，在日复一日的生活和工作中，为保护自己，穿上了层层包裹的沉重盔甲，终于有一天，我们会和骑士一样，发现它竟然再也脱不下来了。正如李嘉诚先生所言："骑士习惯了成功，没有注意到盔甲已开始生锈。"

因为这些盔甲，我们再也感受不到一个吻的暖意，再也闻不到空气中飘来的花儿的清香，再也无暇聆听触动心扉的大自然的天籁……最可怕的，是对这种种"感受不到"的无动于衷。

骑士也许不比我们多数人聪明，但他比我们多数人都要勇敢。为了认识真正的自我，为了学习如何爱自己，爱别人，他带着当啷作响的盔甲，拖着羸弱的身体，穿过沉默、知识和志勇三座古堡，靠自信战胜了"疑惧之龙"，终于踏上了真理之巅，重获自由的身体。

其实，人生就是一个不断找回自我的过程。世人一味追求外物的时候，很少有人能够去注意自己，并意识到自己的重要性。丧失自我，是现代人痛苦的根源。一个人如果失去了独特性，丧失了个性，丧失了对自我生活的理解，那就意味着你对这个社会来说可有可无，谁都可以代替你，你也就没有了存在的价值。

当没有人主宰自己的灵魂时，灵魂就会盲从别人。生命的可贵之处，在于做自己，走自己的路。你无法取悦于每一个人，如果你试着去取悦每一个人，那你将会失去自我。

人的自我认定往往是受经验的影响或听从别人的看法。你想要把什么套在你身上，给自己贴上什么样的标签，你就会成为什么样的人。你怎样认定自己，就会有怎样的人生。

找回失去了的自我，认识自己，认识自己的能力，认识自己的快乐，走出平庸，真正踏上人生的征途。

把别人当成标准，只会失去自我

做人永远要以自己的意志为转移，不要总是效仿别人，必须懂得坚持自我。很多失败者之所以会失败，是因为他们对自身的宝藏视而不见，反而拼命地去羡慕别人，模仿别人。殊不知，成功的真谛就就在于坚持自我。

古语说："以铜为镜，可以正衣冠；以人为镜，可以明得失。"意思是说，每个人都是一面镜子，我们可以从别人身上发现自己，认识自己。然而，如果一个人总是拿别人当镜子，那么那个真实的自我就会逐渐迷失，难以发现自己的独特之处。

话说有一只兔子长了三只耳朵，因而在同伴中备受嘲讽戏弄，大家都说它是怪物，不肯跟它玩。为此，三耳兔很是悲伤，时常暗自哭泣。

有一天，它终于作了决定，把那一只多来的耳朵忍痛割掉了。于是，它就和大家一模一样了，也不再受到排挤，它感到快乐极了。

时隔不久，因为玩游戏而进入另外一片森林，天啊！那边的兔子竟然全部都是三只耳朵，跟它以前一模一样！由于它少了一只耳朵，所以，这里的兔子都嫌弃它，不理它，它只好怏怏地离开了。从此，它领悟到一个真理：只要和别人不一样，就是错的！

故事中的那只兔子总把别人当成自己的标准，结果总是使自己陷入尴尬的境地。在现实生活中，像寓言中的兔子一样的人大有人在，我们总是把别人当成自己的标准，总是在一味地模仿中失去了自我。

每个人都有自己的生活方式与态度，都有自己的评价标准。我们可以参照别人的方式、方法、态度来确定自己采取的行动，但千万不能总拿别人当镜子。总拿别人做镜子，傻子会以为自己是天才，天才也许会把自己照成傻瓜。

胡皮·戈德堡成长于环境复杂的纽约市切尔西劳工区。当时正是"嬉皮士"时代，她经常模仿着流行，身穿大喇叭裤，头顶阿福柔犬蓬蓬头，脸上涂满五颜六色的彩妆。为此，她常遭到附近人们的批评和议论。

一天晚上，胡皮·戈德堡跟邻居友人约好一起去看电影。时间到了，她依然身穿扯烂的吊带裤，还是那一头阿福柔犬蓬蓬头。当她出现在她朋友面前时，朋友看了她一眼，然后说："你应该换一套衣服。"

"为什么？"她很困惑。

"你扮成这个样子，我才不要跟你出门。"

她怔住了："要换你换。"

于是朋友转身就走了。

当她跟朋友说话时，她的母亲正好站在一旁。朋友走后，母亲走向她，对她说："你可以去换一套衣服，然后变得跟其他人一样。但你如果不想这么做，而且坚强到可以承受外界嘲笑，那就坚持你的想法。不过，你必须知道，你会因此引来批评，你的情况会很糟糕，因为与大众不同本来就不容易。"

胡皮·戈德堡受到极大震撼，她忽然明白，当自己探索一条可以说是"另类"存在方式时，没有人会给予鼓励和支持，哪怕只是理解。当她的朋友说"你得去换一套衣服"时，她的确陷入两难抉择：倘若当时为了朋友换衣服，日后还得为多少人换多少次衣服？她明白母亲已经看出她的决心，看出了女儿在向这类强大的同化压力说"不"，看出了女儿不愿为别人改变自己。

人们总喜欢评判一个人的外形，却不重视其内在。要想成为一个独立的个体，就要坚强到能承受这些批评。胡皮·戈德堡的母亲的确是位伟大的母亲，她懂得告诉她的孩子一个处世的根本道理——拒绝改变并没有错，但是拒绝与大众一致也是一条漫长的路。

胡皮·戈德堡这一生始终都未摆脱"与众一致"的议题。她主演的《修女也疯狂》是一部经典影片，而其扮演的修女就是一个很另类的形象。当她成名后，也总听到人们说："她在这些场合为什么不穿高跟鞋，反而要穿红黄相间的快跑运动鞋？她为什么不穿洋装？她为什么跟我们不一样？"可是到头来，人们最终还是接受了她的影响，因为她是那么与众不同，那么魅力四射。

倘若今天为某个人换衣服，往后的日子里，不知要为多少人换衣服。换来换去，还有自己吗？做人亦如同穿衣，不能改来改去，否则，也就不会有自己了。做人永远要以自己的意志为转移，人活一世，不可能让所有人满意，重要的是要保存一个真实的自我。其实，生活中原本就没有什么一成不变的条条框框，只要你去改变，按自己的方式生活，世界也会随着你变。

学会分享，才能在需要时得到

如果一个人一心只想让自己成功，那么他往往很难走向成功，而如果他心里只想着让别人成功，那么他走向成功的道路也会变得越来越宽。

一个精明的荷兰花草商人，千里迢迢从遥远的非洲引进了一种名贵的花卉，培育在自己的花圃里，准备到时候卖上个好价钱。对这种名贵花卉，商人爱护备至，许多亲朋好友向他索要，一向慷慨大方的他却连一粒种子也不给。

第一年的春天，他的花开了，花圃里万紫千红，那种名贵的花开得尤其漂亮。第二年的春天，他的这种名贵的花已繁育出了五六千株，但他发现，今年的花没有去年开得好，花朵略小不说，还有一点点的杂色。到了第三年，名贵的花已经繁育出了上万株，令他沮丧的是，那些花的花朵已经变得更小，花色也差不多了，完全没有了它在非洲时的那种雍容和高贵。当然，他也没能靠这些花赚上一大笔。

难道这些花退化了吗？可非洲人年年种养这种花，大面积、年复一年地种植，并没有见过这种花会退化呀。他百思不得其解，便去请教一位植物学家。

植物学家问他："你的邻居种植的也是这种花吗？"

他摇摇头说："这种花只有我一个人有，他们的花圃里都是些郁金香、玫瑰、金盏菊之类的普通花卉。"

植物学家沉吟了半天说："尽管你的花圃里种满了这种名贵之花，但和你的花圃毗邻的花圃却种植着其他花卉，你的这种名贵之花被风传授花粉时，染上了毗邻花圃里的其他品种的花粉，所以你的名贵之花一年不如一年，越来越不雍容华贵了。"

商人问植物学家该怎么办，植物学家说："谁能阻挡住风传授花粉呢？要想使你的名贵之花不失本色，只有一种办法，那就是让你邻居的花圃里也都种上你的这种花。"于是商人把自己的花种分给了自己的邻居。次年春天花开的时候，商人和邻居的花圃几乎成了这种名贵之花的海洋——花朵又肥又大，花色典雅，朵朵流光溢彩，雍容华贵。这些花一上市，便被抢购一空，商人和他的邻居都发了大财。

想要自己有名贵的花园，就必须让自己的邻居也种上同样名贵的花。精神世界也是这样的，一个人想要维持自己品德的高尚，如果不懂得和别人分享，就只能是孤芳自赏，甚至获得自闭与不通事理的骂名。

有时候，分享并不是多么伟大的情操。分享是为了在我们需要时的得到，营造一个好人缘、和睦的生活及工作环境。在分享中，我们得到的远比分享的多得多。

所以，面对生活中的得失时，我们的目光不要太短浅，心胸不要太狭窄。学会分享，这其实是一项大智若愚的长远投资，有利于提升我们的形象，有利于改善我们的生存环境，有利于我们在这个人情味十足的社会中立足并发展。

出头，出头，不要出过头

涧谷把自己放低，才能得到一脉流水；人只有把自己放低，才能吸纳别人的智慧和经验。

在现实生活中存在着这样一些自视颇高的人，他们锋芒毕露，处世不留余地，咄咄逼人。他们虽然有充沛的精力、很高的热情，也有一定的才能，但这种人却往往在人生旅途上屡遭挫折。这其中的重要原因就是过于出头，而没能将自己的才华发挥出来。

有一位分配到某单位的大学生，从下车间开始，就对单位这也看不惯，那也看不顺。未到一个月，他给单位领导上了洋洋万言意见书，上至单位领导的工作作风与方法，下至单位职工的福利，都一一列出了存在的问题与弊端，提出了周详的改进意见。由此，他被单位的某些掌握实权的领导视为狂妄、骄傲乃至精神病，不仅没有采纳他的意见，而且借别的理由将他辞退。

这个大学生作为锋芒毕露者的典型，在新的人际关系圈子中未能处理好包括上下级关系在内的各种关系，加上又不注意讲究策略与方式，结果不仅妨碍了个人才能的发挥，还招来了嫉妒和排斥。

每个人都希望自己可以出人头地，但是这条出头之路不能走得太急躁。很多人刚受到一些表扬，就以为自己马上可以出名而天下知，但结果却是相反，人们还是逐渐遗忘了他。

一年夏天，一位乡下小伙子登门拜访年事已高的爱默生。小伙子自称是一个诗歌爱好者，从7岁起就开始进行诗歌创作，但由于地处偏僻的乡村，一直得不到名师的指点，因仰慕爱默生的大名，故千里迢迢前来寻求文学上的指导。

这位青年诗人虽然出身贫寒，但谈吐优雅，气度不凡。老少两位诗人谈得非常融洽，爱默生对他非常欣赏。

临走时，青年诗人留下了薄薄的几页诗稿。

爱默生读了这几页诗稿后，认定这位乡下小伙子在文学上将会前途无量，决定凭借自己在文学界的影响大力提携他。

爱默生将那些诗稿推荐给文学刊物发表，但反响不大。他希望这位青年诗人继续将自己的作品寄给他。于是，老少两位诗人开始了频繁的书信来往。

青年诗人的信长达几页，大谈特谈文学问题，激情洋溢，才思敏捷，表明他的确是个天才诗人。爱默生对他的才华大为赞赏，在与友人的交谈中经常提起这位诗人。青年诗人很快就在文坛有了一点小小的名气。

但是，这位青年诗人以后再也没有给爱默生寄诗稿来，信却越写越长，奇思异想层出不穷，言语中开始以著名诗人自居，语气越来越傲慢。

爱默生开始感到了不安。凭着对人性的深刻洞察，他发现这位年轻人身上出现了一种危险的倾向。

爱默生去信邀请这位青年诗人前来参加一个文学聚会。他如期而至。在这位老作家的书房里，两人有一番对话：

"后来为什么不给我寄稿子了？"

"我在写一部长篇史诗。"

"你的抒情诗写得很出色，为什么要中断呢？"

"要成为一个大诗人就必须写长篇史诗，小打小闹是毫无意义的。"

文学聚会上，这位被爱默生所欣赏的青年诗人大出风头。他逢人便谈他的伟大作品，表现得才华横溢，锋芒咄咄逼人。虽然谁也没有拜读过他的大作品，即便是他那几首由爱默生推荐发表的小诗也很少有人拜读过，但几乎每个人都认为这位年轻人必将成大器。否则，大作家爱默生能如此欣赏他吗？

青年诗人继续给爱默生写信，但从不提起他的大作品。信越写越短，语气也越来越沮丧，直到有一天，他终于在信中承认，长时间以来他什么都没写。以前所谓的大作品根本就是子虚乌有之事，完全是他的空想。

他在信中写道："很久以来我就渴望成为一个大作家，周围所有的人都认为我是个有才华有前途的人，我自己也这么认为。我曾经写过一些诗，并有幸获得了阁下您的赞赏，我深感荣幸。

"使我深感苦恼的是，自此以后，我再也写不出任何东西了。我认为自己是个大诗人，必须写出大作品。在现实中，我对自己深感鄙弃，因为我浪费了自己的才华，再也写不出作品了。而在想象中，我是个大诗人，我已经写出了传世之作，已经登上了诗歌的王位。

"尊贵的阁下，请您原谅我这个狂妄无知的乡下小子……"

这个年轻人是急于出头、缺乏耐心的典型。虽然开始时他有超出一般人的才华，但稍微受到赞扬，他就急切地以为自己可以和大人物相提并论，忽视了出头要走的基本的道路。要想登上胜利的巅峰，急躁是要不得的，所有成功都需要自己一步步努力和攀爬，否则胜利也只是想象而已。

人际交往之道要摒弃势利

尽管人们在社交中需要分清主次，有轻有重，不可能平均用力，等齐划一。但人情练达的人，在保证"重点"的时候，绝不忽略"一般"，绝不会让亲疏带上尊卑功利的色彩。

在生活中，所有人都会讨厌势利眼，而势利眼也很难会有真诚和真心的朋友。在与人相处时不要过分地亲近或疏远任何人。既不要过于亲近比我们高的尊贵的人。也不要过于疏远那些地位比较低的人，尽管人们的社会角色和社会地位不同，但每个人都需要受到尊重，维护面子的心理需求是一致的。如果我们忘记这一事实，与他们交际时，对"重要人物"谦卑有加，而对其他人却毫不在意，则会刺伤后者的自尊，失去一大批人，这样的人际代价是不值得的。

有这样一场家宴：宴席上坐着男主人、男主人单位的领导以及几位同事，圆桌上的酒菜已经摆得让人感觉十分满意了，可是，围着花布裙的主妇还是一个劲地上菜，嘴上直对领导说："没有什么好吃的，请领导对付着用点！"

男主人则站起来，把领导面前吃得半空的菜盘撤掉，接过热菜又放在他面前，热情有余地给领导夹菜、添酒，而对其他同事只是敷衍地说声"请"。

面对这样"尊卑有别"的款待，试想男主人的几位同事将做何感想？即便不觉得难堪，也会觉得主人对他们款待不同。也许未等宴席告终，有些同事就"有事"告辞了。

像这样的宴席，男主人眼里只有领导，而慢待他人，使同事们的自尊心和面子受到损伤，非但不能增进主客间的友谊，反而会造成心理隔阂，稍做权衡就会发现如此尊卑有别的待客之道实属不智之举。

人情练达的人，不会过分亲近权势大的、疏远权势小的，而是两者取其中，"公事公办"，不搞拉拉扯扯那一套，也不会把精力和心思花费在研究某某人的背景之上。

以权势决定关系亲疏，实则亲一时，疏一世。凡是这样"套"来的亲，没有长久的。因此权势本身就不是永恒的，而是无常的，那么以此为筹码的亲疏一定不会长远，这是必然的。真正做到不以权势为标准决定亲疏远近，十分了不起，那是真正参透了，想开了，才是练达为人之道。

汉代有一位非常有名的清廉又重义的人，叫朱晖。他在读书的时候偶然结识了一位大官张堪，恰是他的同乡。张堪很器重他，朱晖因为自己只是一个大学士，不敢与之来往太密。有一次，张堪对朱晖说："你真是一个自持的人，值得信赖，我想将妻儿子女托付于你。"朱晖因为张堪是一位德高望重的前辈，对此重言不晓得做什么反应，只是恭敬地拱手相应。后来，张堪死了，身后没有留下什么丰厚遗产。朱晖此时早已与张堪无甚交往，但闻讯之后，感于张堪的知遇，竟千方百计地济以钱粮，前去嘘寒问暖。朱晖的儿子对他说："爸爸，我们以前并不曾听到你与张堪有什么厚交，你为何如此善待他的家人？"朱晖回答说："张堪生前，曾对我有知己相托之言，我当时已有备于心。做人不能分其尊卑欺骗别人，更不能欺骗自己。"

尽管人们在社交中需要分清主次，有轻有重，不可能平均用力，等齐划一。但圆润为人的人，在保证"重点"的时候，绝不忽略"一般"。比如，去某单位办事，恰巧遇见了三个都认识的人，都好久未见了，其中一位正是自己急于寻找求助办事的，你怎么对待呢？是抓住一人，不计其余，还是逐个关照，热情寒暄一番，然后和其他人说明情况，保证重点？这就是一个技巧。

在当今社会，人际交往中流行一句口头禅："好使不？"即有用吗？尊者，有用、好使则亲；卑者，没用、不好使则疏远。这里的"好使""不好使"和权势有着密切联系。趋炎附势者，都想直接从权势者那里获取一些功利。

"好使"则亲，完全是急功近利、实用主义。人们议论某人实用主义作风，往往说他"尽拣有用的交"，就是这个意思。善于广交朋友，这未必不是好事，还说明此人有公关能力。但专拣有权的、有用的交，不交那些地位低下的、无权无势的，与"好使"者亲，与无能的疏远，这就势必在亲情、友情、同志情中夹杂了功利目的。假如人际关系中专以"好使"论亲疏，最终必然会导致弱肉强食，恃强凌弱。摒弃势利的为人之道，须持不尊不卑的姿态，与他人和谐相处。

越是饱满的谷穗垂得越低

古人常说："谦卑者其实最高贵。"这是因为谦卑是高贵者的通行证，君子懂得谦让，因此行万里也会路途顺畅。小人好争斗，因此还未动步，路已被堵塞。

我们看体育比赛，知道一个运动员要跳高，就必须先蹲下，没有人可以直着双腿而跳得高的。一个运动员在田径比赛时，特别是短距离比赛时，要跑得快，就必须先弯下腰，向前倾斜力度更大。因为这样会跑得更快。

大凡成功的人在遇到瓶颈时，他会以退为进，退也是一种谦虚。真正有大成就者、成大事业者无不是谦虚好学的人。他们以谦卑的心态、感恩的心态去面对任何一件事情，任何一个人。

山外有山，楼外有楼，强中自有强中手。无论你今天多么优秀，事业多么成功，你一定还可以找到比你更优秀，比你更成功的人。

明人陆绍珩说："人心都是好胜的，我也以好胜之心应对对方，事情非失败不可。人都是喜欢对方谦和的，我以谦和的态度对待别人，就能把事情处理好。"

有一个人寿保险公司的推销员，他曾经多次向一位客户推销保险，任凭他磨破了嘴皮，客户就是不买他的账。但就在最近，他听说那位客户投保了另一家保险公司，而且数额不小。推销员百思不得其解。这是为什么呢？原来在他第一次向客户推销不成临离开时，他说了一句表示决心的话："我将来一定会说服你的。"而那位客户也回敬了一句："不，你做不到——毫无希望！"推销员就这样失去了一笔大生意。

如果这位推销员早知道陆绍珩所说的做人原则，他就可能不会犯这个错误了。无论是推销商品，还是说服人做某事，都要记住这个原则。我们要让别人同意自己，就要考虑到对方和我们一样，有好胜的愿望，有受到尊重的要求，有需要顾全的脸面。

做人一定要谦虚随和，只有这样，才能使你得到更大利益，获得更大成功。

老子曾经告诫世人："不自见，故明；不自是，故彰；不自伐，故有功；不自矜，故长。"

这句话的大意是，一个人不自我表现，反而显得与众不同；一个不自以为是的人，会超出众人；一个不自夸的人会赢得成功；一个不自负的人会不断进步。

你谦虚时就显得对方高大；你朴实和气，他就愿与你相处，认为你亲切、可靠；你恭敬顺从，他的指挥欲得到满足，认为与你配合得很默契、很合得来；你愚笨，他就愿意帮助你，这种心理状态对你非常有利。相反，你若以强硬姿态出现，处处高于对手，咄咄逼人，容易让对方产生一种逆反心理，使交往和工作难以继续。

不论你想要取得什么样的成功，谦虚都是必要的品质。在你到达成功的顶峰之后，你会发现谦虚十分重要。因为只有谦虚的人才能得到智慧。

第五章

抚平过去的伤痛，保证美好的未来

不再为过去的失败纠结

很多人在失去的时候会痛惜不已，原因是怕再也找不到比失去的更好的东西了，比如说爱情。

事实上，无论是对于爱情还是对于其他东西，我们的感情并没有我们想象的那么脆弱。一件东西丢失了，起初会伤心、痛心，但随着时间的推移，这件东西在我们的视线中会慢慢地模糊，甚至有一天想不起它的样子。所以，在失去的时候，不要将自己浸泡在自己所设置的伤感、悲痛氛围中，因为这样的表现并不能挽回什么。

如果只是留恋那个不适合你的人而错过了真正属于你的人，那就更得不偿失了。

在人的一生中，最害怕的不是失去什么，而是在失去之后，丧失了对未来的希望。所以，对于我们来说，在失去之后，要相信：与其为过去的失败纠结，不如为新的成功探险。要相信下一个人会更好，下一次机会会更好。

曾经拿过多项国内外奖项的中国队选手桑兰，在1998年第四届美国友好运动会上，因试跳时不慎从空中跌落，导致第六根和第七根脊梁骨错位，胸部以下失去知觉。在遭受如此重大的变故后，桑兰却表现出难得的坚毅。她的主治医生说："桑兰表现得非常勇敢，她从未抱怨什么，对她我能找到的词就是'勇气'。"就算是知道自己再也站不起来之后，她也绝不后悔练体操，她说："我对自己有信心，我永远不会放弃希望。"

之后，桑兰加盟了星空卫视，成为《桑兰 2008》节目的主持人，并且在众多媒体上开设了她的体育评述专栏。

虽然已经无法在赛场上奋斗，但是桑兰说："我会在主持人的岗位上继续为我喜爱的运动事业做贡献。虽然我没有经验，还有身体的原因，但是我一定能面对的，我正在充实自己，学习文化。我可以做得很好的。"

虽然不能再回到赛场上，但是桑兰的生活也一样很精彩。美国总统克林顿、卡特和里根都曾给桑兰写过信，赞扬她的勇气。

桑兰相信未来，相信自己，相信在下一次的尝试中自己会做得更好，她赢得许多人的尊敬。

我们渴望收获，渴望得到，但是人生并不是一个只有收获的过程。在人生中，少不了的是失去。有些机会失去了，就不要再后悔。世界上没有卖后悔药的，不管你多么后悔，失去的也不会回来。何况，一味地后悔只能让你生活变得越来越糟。

法国著名的作家蒙田曾经说过："如果允许我再过一次人生，我愿意重复我现在的生活。因为，我一向不后悔自己的过去，不惧怕自己的未来。"一个人如果经常后悔自己的过去，那他就没有更多的精力去关注现在，现在抓不牢，等到现在逝去了，他们又开始后悔。就这样，他们只能永远生活在后悔的恶性循环里。

为什么要这样折磨自己呢？一次的失去并不代表永远失去。失之东隅，收之桑榆，或许你这次失去的根本就是不合适的，下一次出现的才是正确的，才是最好的。

既然我们有勇气让自己继续走下去，为什么没有勇气让自己相信下一次才是最好的呢？

那些不能看开的不如遗忘

学习比较难还是遗忘比较难？大部分人在一开始都会回答是学习比较难，忘却比较容易。

美国有一位著名的经济学家说："世界上最难的事不是让人们接受新思想，而是使他们忘却旧观念！"

不知你有没有这样的经验，当你去劝说某人的时候，某人总是抱着一个旧观念不放，怎么也听不进你给他讲的新观念。

"Forget it！"的意思是："忘记它！"如果把这个单词拆分一下就变成了"For get it！"——"忘记它是为了得到它！"

迪伊·霍克是维萨信用卡网络公司的创办人。在1997年7月的美国《优秀企业》杂志上，迪伊·霍克和几个精英人物共同提出：目前企业所面临的问题不是学习而是忘却！就好比一个电脑，如果你对它内在的程序、内在的文件资料统统都不满意，而电脑的空间已经满了，你准备怎么做呢？是不是要先删除旧的程序、旧的文件？然后才能够再装入新的程序、新的文件。所以，问题永远不在如何使头脑里产生崭新的、创造性的思想，而在于如何从头脑里淘汰旧观念。旧的观念不除去，新的观念很难根植发芽。

著名的管理学大师彼得·杜拉克曾说道："创新起始于舍弃，它不在实施新措施，而在于舍弃的是什么。"所以请你就在此刻写下你最需要舍弃的三件事项，在上面画上一个大大的"×"，并且大喝一声：Forget it！要知道：旧的不去，新的不来。主动舍去那些经常困扰着你、对你没有任何用处的烦恼或无用的知识，让你的思想和有用的知识占据你的心灵吧。

忘却有时是件好事，有些事情记得太清楚，反而让大家日子都难过，偶尔神经粗一点，自己不必受苦，也不让别人受苦。

忘掉背后带来的是释放，一个常常回头看的人，就没有机会向前看，当我们辛苦拖着一箩筐的愤怒或不谅解时，如何能努力向前奔呢？

把一些不能看开的痛苦当成垃圾丢掉吧！当你愿意把那些根深蒂固、盘根错节的记忆一一放掉时，你将会经历轻松和得胜。因为痛苦的重担放下了，所以你会轻松；因为你不再被仇恨所辖制了，所以你会得胜。

不为往事悔恨，不为未来担忧

生活里，在实际事物上所利用的时间，我们称之为钟表时间。但是在实际事物被解决或者尚未解决的时候，我们容易产生一种心理时间，即对过去的深切怀念和对未来过度的憧憬。然而不管心理时间定格在过去还是未来，都不利于我们对现在的把握。因为昨天只是一种记忆，随着时间的推移，这种记忆会逐渐被淡忘；明天还是一种虚幻，只会增加莫名的痛苦。

人的一生最有害的两种情绪莫过于为往事而悔恨、为未来的事情而担忧。如果你真的被这两种情绪所用，那你就是生活在乌托邦之中。它不会帮你改变过去与未来，却会使你陷入惰性与悲观的泥潭，失去现在。

无论我们的身体和心灵都生活在现在，也只能为现在而存在，为什么要去一遍又一遍地回顾往事、忧虑未来呢？实际上，过去的事情不论值得流连还是悔恨，那只是毫无意义的心理反应，"过去"已经过去了，已经不存在了，而未来尚未到来，也是不存在的。人生就像爬山登高，爬在中途的时候，不必往下看，也不要过多地往上看。因为你不大可能看到顶峰，不大可能看得很远、很清楚，何必要为看不清楚的未来费神费力，分散注意力呢？

有一个国王，常为过去的错误而悔恨，为将来的前途而担忧，整日都郁郁寡欢，于是他派大臣四处寻找一个快乐的人，并把这个快乐的人带回王宫。这位大臣四处寻找了好几年，终于有一天，当他走进一个贫穷的村落时，听到一个快乐的人在放声歌唱。寻着歌声，他找到了正在田间犁地的农夫。

大臣问农夫："你快乐吗？"农夫回答："我没有一天不快乐。"

大臣喜出望外地把自己的使命和意图告诉了农夫。农夫不禁大笑起来，他又说道："我曾因为没有鞋子而沮丧，直到我有一天在街上遇到了一个没脚的人。"

快乐是什么？快乐就是珍惜你现在拥有的一切。快乐就是如此简单。

有人为低工资而懊恼、忧郁，猛然发现邻居大嫂已经下岗失业，于是马上又暗暗庆幸自己还有一份工作可以做，虽然工资低一些，但起码没有下岗失业，心情转眼就好了起来。每个人总是看重自己的痛苦，而对别人的痛苦往往忽略不计。当自己痛苦不堪的时候，要是能够换一个角度来思考，痛苦的程度就会大大减弱。人生最可悲的事情不是不知该怎样抉择，而是当你手中牢牢抓住许多东西时，你却不懂得去珍惜。

从前有一个流浪汉，不知进取，每天只知道手上拿着一个碗向人乞讨度日，最后终于有一天，人们发现他潦倒而死。他死后，只剩下了他天天向人要饭的碗，有人看到了这个碗，觉得有些特别，带回了家里仔细研究才发现，原来流浪汉用来向人乞讨的碗，竟是价值连城的古董。

人往往只为了寻求自己手中没有的东西，而忽略了已经属于自己的财富。我们应该多注意自己手中所捧的那只碗，不要总是眼高手低，一味地羡慕别人，而忘了自己本身原有的价值。

当然，也有将心理时间定格在未来的人，他们主张为将来牺牲现在。采取这种态度生活，那就意味着没有现在，只有未来，不仅要避免目前的享受，而且要永远回避幸福。因为他们所指望的将来的那一天一旦到来，也就成为那时的现在；而在那时的现在又要为那时的将来做准备。如此明日复明日，今天为将来，幸福岂不是永远可望而不可即吗？

当然，寄希望于未来，如果作为学习和工作上的奋斗目标，期望生活改善，事业有成，这并不错。人应该生活在希望中，以此来促使自己从消沉的情绪中解脱出来，但其实质仍是为了抓住现在的时光去做脚踏实地的努力，而不是回避现实去空想未来多么美好。当那一天真的到来时，却往往是平淡无奇的，不如想象的那么美好。激动一时之后，又会面临新的矛盾和难题。这种把未来理想化的想法是脱离实际的幻想。

由此可见，不论是过去还是未来，都不是我们人生的主旋律。我们只有摆脱心理时间，才能更好地把握人生。

不要拒绝失败

在职场中打拼，谁都难免会遭受挫折与不幸，甚至失败。有的人心理素质较差，意志力不强，在工作时一遇到挫折，就会渐渐对自己失去信心，认为自己这也不行那也不行，给自己贴上"失败者"的标签。这样，即使有好机会使问题出现转机，也被这拉长的苦脸吓跑了。

失败算什么？在挫折和失败面前，我们必须有狼一样永不言败的心态：惭愧而不气馁，内疚而不失望，自责而不伤感，悔恨而不丧志。感激失败的考验，从失败中走出一条新路，才有希望摘取成功的桂冠。

一家大公司要招聘10名职员，经过一段时间严格的笔试、面试，公司从300多名应聘者中选出了10名佼佼者。

发榜这天，一个青年见榜上没有自己的名字，悲恸欲绝，回到家中便要悬梁自尽，幸好亲人及时发现，他才没有死成。

正当青年悲伤之时，从公司却传来好消息：他的成绩本是名列前茅，只是由于计算机的错误，才导致了落选。

正当青年一家大喜过望之时，却又从公司传来消息：他被公司除了名。原因很简单，公司的老板认为："如此小的挫折都经受不了，这样的人肯定在公司里干不成什么大事。"

检验一个人，最好是在他失败的时候，看失败能否唤起他更多的勇气；看失败能否使他更加努力；看失败能否使他发现新力量，挖掘潜力；看他失败了以后是更加坚强还是就此心灰意冷。

感谢失败吧，每一次失败，都是一次超越的机会，逃离失败，躲避失败，就会把一个人的活力与成长力剥夺殆尽，使人变成行尸走肉。所以，失败是超越自我的重要推动力。每一次失败，都能磨炼你的技巧，提高你的勇气，考验你的耐心，培养你的能力。

美国成功学专家拿破仑·希尔在总结了自己的 7 次失败之后说："看起来像是失败的，其实却是一只看不见的慈祥之手，阻拦了我的错误路线，并以伟大的智慧强迫我改变方向，向着对我有利的方向前进。"失败是超越自我的坐标，一旦发现此路不通，便要另辟蹊径，当许许多多这样的坐标明显地标示出来后，通往成功之路就更加清晰了。

迈尔·戴尔在培训员工时常常说："不要粉饰太平。"他的意思是说，我们不要试图把错误的事情用各种理由加以美化，即使暂时掩盖了真相，然而问题迟早都会出现，所以直接面对最好。每当他的经营出现问题后，他都会以积极的态度正面迎接问题，而不是找理由逃避问题，也从不找借口搪塞。他以这种斩钉截铁地态度去面对所有错误，坦白承认说："我遇到问题了，我负有责任，因此我必须进行修正。"他很清楚，如果自己不这么做，别人这样做了，成功就会属于别人。

几年前，宜家不得不收回一种儿童玩具，并下令停止生产这种玩具。因为玩具的眼睛有脱落的危险，对儿童的安全不利——幸运的是，宜家在出现问题之前就发现了这种情况。可是，停产又带来了另外一个问题。这种玩具由印度一家工厂生产，该工厂有600名雇员，一时间，600名工人无工作可做，因此，宜家先后派了几名设计师到工厂去查看情况，看看有什么解决办法。然而，前面的几个设计师去了之后没有任何成效，宜家总部陷入了恐慌。而此时，另一个平时不太引起大家注意的设计师安娜主动请缨，并相信肯定会有办法来解决的。

安娜查看了工厂以及所用的材料，她与供应商一起工作，从不同的角度进行分析论证。一条路线走不下去，再换一条。就这样，安娜真的是穷尽了各种可能，经过几个通宵的努力，终于开发出了一个全新系列的产品，取名"法姆尼"。两个星期后，她带着法姆尼返回了瑞典，这是一种带有手臂的精美靠垫，产品推出后立即受到宜家人以及顾客的喜爱。法姆尼取得了巨大的成功。更值得一提的是，顾客对这种产品的需求很大，仅靠原有的600名雇员已不能完成任务，后来工厂又招收了许多新的雇员。

不敢失败实质上是人生的真正失败。一帆风顺的人达不到创造的顶峰，他们的潜力也就不可能真正发挥出来。

感激失败吧：

失败并不意味你是一位失败者——失败只是表明你暂时尚未成功。

失败并不意味着你一事无成——失败表明你得到了经验。

失败并不意味着你浪费了时间和生命——失败表明你有理由重新开始。

失败并不意味着你必须放弃——失败表明你还要继续努力。

失败并不意味着你永远无法成功——失败表明你还需要一些时间。

失败并不意味着命运对你不公——失败表明命运还有更好的给予。

宿命只是弱者安慰自己的借口

当遭受了挫折或磨难时，消极的人们往往会发出"命该如此"的感叹，这就是宿命论的表现。事实上，这不过是他们不愿面对现实，逃避问题的一个借口。

宿命是人们一种安于命运的思想，认为一个人的命运在出世之前已由上天注定，人只能服从上天的安排，不能违抗。

相信宿命的人们常常以弱者自居，他们认为自己是"不幸"的人，他们因为这一观念的负面影响而变得消极，可以说，宿命论会无情地打击个人奋斗的信心。

在很多人心中，宿命论的影子非常之浓厚，比如"生死有命，富贵在天"的说法，这就给那些逃避现实的人们一个安慰的借口，退缩的理由。他们宁愿相信有某种奇特的力量超乎他们的掌握，也不愿努力奋斗改变现状。

事实上，宿命只不过是弱者安慰自己的一个借口。很多人之所相信宿命的说法，是因为他们走不出自己设置的心理枷锁。而一旦突破了这道枷锁，也许可以看到许多别样的人生风景，甚至可以创造新的奇迹。

华龙集团的创办人卢俊雄10岁时便开始瞒着家人，带着10元钱独闯武汉。正因为他挑战命运的意志，最终改写了他的人生。

1980年，借父亲给的三本邮票，卢俊雄参加了在广州文化公园举行的全国首届邮票展销会。但他并不满足于此，他用卖报攒下的钱在火车站、邮票公司等处炒起了邮票，迈出了创业第一步。

读初二时，他成立了广州第一个自发性的中学生社团："省实"集邮社。他帮爱集邮的学生代买各种邮票，从中赚取"劳务费"。后来，他将自己对集邮的感受写成文章，寄给杂志社，竟获刊登。一些邮票商竟纷纷来函寄钱，托他购买邮票。

卢俊雄也开始进入了"国际市场"。念大二时，卢俊雄做了另一次跋涉：给深圳大学的一个勤工俭学者批发贺卡。他以高价卖出了批发商最便宜的积压品。10天不到他就赚了3000多元。

卢俊雄通过《集邮杂志》和邮票公司搜集了全国2000多个集邮爱好者的姓名、地址，用卖贺卡赚的3000多元钱办了份双面8开铅印的《南华邮报》免费寄给这些人。到1989年，《南华邮报》已发行5万份，拥有5万个客户。1991年，由于股市整顿，邮票市场非常兴旺，邮票上涨了5倍，卢俊雄大获其利。

搞了两年的邮票生意，卢俊雄又开始在市中心旧房子上打主意。在刚刚兴起的房地产业，卢俊雄抓住了历史性的机遇。他生意兴隆，财源广进，再一次取得了成功。

在不断前进探索的过程中，卢俊雄一步步地迈向了成功，难道说上天就单单青睐于卢俊雄吗？他这一路上走来，每一步成功都是上天的垂爱吗？当然不是，这一切都是靠他自己的努力。

生活中，弱者往往消极等待，而强者却主动出击，寻求机遇。人生难免有失意的时候，面对失意，强者以一颗自强不息的心不断进取，弱者就是面对一张薄纸，也不愿伸手戳破。其实，有时候，我们只要换个位置，换个角度，换个思路，就能摆脱宿命的"安排"。

打破惯性思维，不做经验的奴隶

日常生活中，我们要处理事情或者是解决问题时，一般都会按照自己的方式，这种方式一旦反复被运用，就形成了思维定式。思维定式有时对常规思维是有利的，它可使思考者在处理同类问题的时候少走弯路。然而，思维定式也有它的弊端，特别是当我们处理一些新情况的时候，思维定式就会阻碍我们用新观念、新方法、新思路去创造性地解决问题，使人失去创新和发展的源泉和动力。

生活中，很多人都会或多或少受惯性思维的影响。一个人如果习惯了惯性思维模式，那么他的创新思维就会受到障碍。

曾经有一个科学家做了这样一个实验：他把50名愿意参与实验的志愿者带到一个房间，房间里放着五颜六色的各种物体。科学家要求试验者只是盯着蓝色的物体看50秒，然后让他们闭上眼睛。这时，科学家提了一个问题：大家刚才看到了多少个红色的物体？多少个黑色的物体？多少个绿色的物体？这下，所有的试验对象都呆住了，哑口无言，回答不出来。

这些参与试验的人们之所以答不出科学家的问题，就是因为思维惯性在起作用。因为他们最初看到的是蓝色物体，思维里就形成关注蓝色物体的定势，而不再专注其他颜色的东西。由此看来，有时候复杂的不是问题本身，而是我们思考问题的方式。

很多时候，人们在考虑问题的同时，把自己生平所有积累的经验和知识不自觉地就加了进去。殊不知，这不只是一个人的思维惯性，更是一个沉重的思想包袱。我们要想摆脱这个思维负担，就必须要改变自己的思维方式。

人是惯性的动物，抗拒改变是自然反应，也是必然的过程。并不是每一个人都能立即一心一意地接受改变，接受新事物就意味着放弃旧有的东西，意味着改变旧有的生活模式。但是人类天生是拒绝改变的，所以抗拒改变成了人的本能。

一个人很可能因为习惯了，或害怕失败，或者是反对任何新的尝试，甚至是只想保持眼前舒适顺畅的生活而毫不思变。有时候，他们以"大家都是这样做的""我做这一行以来，从没听说过这种事……"等理由来告诫自己，可事实上，一旦自我设限，只会墨守既有规则，有趣的新组合以及打破规则的创新就永无出头的机会。不管怎样，抗拒改变的心态只会牵绊你前进的脚步。

如果将一只青蛙放到80度的热水中，它会马上跳起来直到逃出热水来拯救自己，但是如果将这只青蛙放到一锅冷水中，青蛙是不会跳跃的，因为这是它喜欢的环境。当青蛙被放到80度的热水中的时候，它很快就发现了变化，它知道继续待在这种水里是危险的，是在做错误的事情，必须逃出去才能存活。当我们慢慢给锅加热的时候，就会发现这只青蛙很可能最终被烫死在锅里。因为水温变化太慢，青蛙感觉不到，等到它感觉到必须离开的时候，它已经丧失了生理的机能。

自然界里最后能生存下来的物种，并不是那些最强壮的物种，也不是那些最聪明的物种，而是那些最能适应环境变化的物种。人类也是如此，我们要学会从不同的角度去考虑问题，从而找出解决困境的最佳方式，摆脱思维惯性给我们带来的负面影响。

恩格斯说："人类地球上最美的花朵是思维着的精神。"我们生活在地球上，一切事物时刻都在运动着、变化着，根本就没有绝对静止的东西，更没有一成不变的东西。如果一个人要想准确认识这个世界，就不能用老眼光和习惯的思维方式来看待和理解它。我们只有学会突破旧的观念和想法，用创新发展的眼光看问题，用与时俱进的理念来处理问题，只有如此，我们才能抓住问题的关键点，才能达到意想不到的效果，让自己尽快成功。

把心重新放到起点上

归零的心态就是一切从头再来，就像大海一样把自己放在最低点，吸纳百川。归零的心态就是空灵、谦虚的心态，它并不是一味地否定过去，而是要怀着否定或者说放下过去的一种态度，去接纳新事物，追求更多的收获。有句话说：谦虚是人类最大的成就。谦虚让你得到尊重。越饱满的麦穗越弯腰。不要自以为是，虚心使人进步，骄傲使人落后。

有一个故事，讲的是知了学飞。它看见大雁在空中自由自在地飞翔，十分羡慕，就请大雁教它飞翔，大雁高兴地答应了。

但学习是一件很辛苦的事。大雁给它讲怎样飞，它听了几句，就不耐烦地说："知了！知了！"大雁让它多试着飞一飞，它只飞了几次，就自满地嚷道："知了！知了！"秋天到了，大雁要到南方去了，知了虽然很想和大雁一起远行，可是，它扑腾着翅膀，怎么也飞不高。

望着大雁在云霄之上高飞，知了十分懊悔自己当初太自满，没有努力练习。可为时已晚，它只好叹息道："迟了！迟了！"

在现实生活中，有多少人像知了一样自以为是，结果在最后只有感叹"迟了"。自满者总是认为自己能力很高，不能虚下心弯下腰，这样的故步自封，只会让自己走向退步。

古时候一个佛学造诣很深的修行者，听说某个寺庙里有位德高望重的老禅师，便去拜访。老禅师的徒弟接待他时，他态度傲慢，心想："我是佛学造诣很深的人，你算老几？"后来老禅师十分恭敬地接待了他，并为他沏茶。可在倒水时，明明杯子已经满了，老禅师还不停地倒。他不解地问："大师，为什么杯子已经满了，还要往里倒？"禅师说："是啊，既然已满了，干吗还倒呢？"禅师的意思是，既然你已经很有学问了，为什么还要到我这里求教？

老禅师无疑是个智者，他看出修行者过于自满，未必能从自己这里学到真东西。我们每个人都一样，若太过骄傲，就无法虚心向别人学习。

很多人都这样认为：自己学过的东西是不会消失的，只要保有它们，就不愁吃不到饭。但在进步的社会中，不刷新你的知识，是很容易贬值的，人们常说"谦虚使人进步"，谦就是一种礼貌，一种礼节上的心态，虚就是一种空杯心态，把自己归零去学习。

一个已经装满了水的杯子是难以再装别的东西了，人心也是如此。

人们生来本站在同一起跑线上，可为什么所达到的高度不同？有的功成名就，有的却一事无成？主要在于，前者总是"留一些空杯子"虚心接纳，而后者却自我满足，自以为是，最终自己淘汰了自己。

人生旅行，就是汲取各种养分、滋养生命的过程。如果我们带着太多的自满上路，就像那个装满水的杯子，再也容不得半点水进入，这将是人生最大的悲哀。在人生的旅途中，每一个即将上路或已在路上的年轻人，一定要牢记，不论什么时候，都要给自己留一些"空杯子"，虚心求教。学无止境，心有空余，才能装物。

不要抓住错误不放

当刘翔从北京奥运会赛场上退下来的时候，他说，下一次我一定会做得很好；当程菲因为一个动作而出现失误的时候，她说，下一次我会吸取教训。尽管因为没有注意到自己的伤而导致不能坚持到最后，但是刘翔没有一直活在悔恨之中，而是鼓足了勇气面对未来的路；尽管练习了多次的动作没能发挥到最好，但是程菲也没有抓住自己过去所犯的错误不放，而是在总结了经验之后，期待另一次精彩的绽放。

可是，在生活中，有太多的人喜欢抓住自己的错误不放：没能抓住发展的机遇，就一直怨恨自己不具慧眼；因为粗心而算错了数据，就一直抱怨自己没长大脑；做错了事情伤害到了别人，会为没有及时的道歉而自责很久……

人生一世，花开一季，谁都想让此生了无遗憾，谁都想让自己所做的每一件事都永远正确，从而达到预期的目标。可这只能是一种美好的幻想。人不可能不做错事，不可能不走弯路。做了错事，走了弯路之后，有谴责自己的情绪是很正常的，这是一种自我反省，是自我解剖与改正的前奏曲，正因为有了这种"积极的谴责"，我们才会在以后的人生之路上走得更好、更稳。但是，如果你纠缠住"后悔"不放，或羞愧万分，一蹶不振；或自惭形秽，自暴自弃，那么你的这种做法就是愚人之举了。

卓根·朱达是哥本哈根大学的学生。有一年暑假，他去当导游，因为他总是高高兴兴地做了许多额外的服务，因此几个芝加哥来的游客就邀请他去美国观光。旅行路线包括在前往芝加哥的途中，到华盛顿特区做一天的游览。

卓根抵达华盛顿以后就住进威乐饭店，他在那里的账单已经预付过了。他这时真是乐不可支，外套口袋里放着飞往芝加哥的机票，裤袋里则装着护照和钱。所有的一切都很顺利，然而，这个青年突然遇到晴天霹雳。

当他准备就寝时，才发现由于自己的粗心大意，放在口袋里的皮夹不翼而飞。他立刻跑到柜台那里。

"我们会尽量想办法。"经理说。

第二天早上，仍然找不到，卓根的零用钱连两块钱都不到。因为一时的粗心马虎，让自己孤零零一个人待在异国他乡，应该怎么办呢？他越想越是生气，越想越是懊恼。

这样折腾了一夜之后，他突然对自己说："不行，我不能再这样一直沉浸在悔恨当中了，我要好好看看华盛顿，说不定我以后没有机会再来，但是现在仍有宝贵的一天待在这个国家里。好在今天晚上还有机票到芝加哥去，一定有时间解决护照和钱的问题。"

"我跟以前的我还是同一个人，那时我很快乐，现在也应该快乐呀。我不能因为自己犯了一点错误就在这白白的浪费时间，现在正是享受的好时候。"

于是他立刻动身，徒步参观了白宫和国会山，并且参观了几座大博物馆，还爬到华盛顿纪念馆的顶端。他去不成原先想去的阿灵顿和许多别的地方，但他能看到的，他都看得更仔细。

等他回到丹麦以后，这趟美国之旅最使他怀念的却是在华盛顿漫步的那一天——因为如果他一直抓住过去的错误不放，那么这宝贵的一天就会白白溜走。

放下过去的错误，向前看，才能有更多的收获。我们一生当中会犯很多错误，如果每一次都抓住错误不放，那么我们的人生恐怕只能在懊悔中度过。很多事情，既然已经没有办法挽回，就没有必要再去惋惜悔恨了。与其在痛苦中挣扎浪费时间，还不如重新找一个目标，再一次奋发努力。

怀旧情绪适可而止

淑娟是某校一位普通的学生，她曾经沉浸在考入重点大学的喜悦中，但好景不长，大一开学才两个月，她已经对自己失去了信心，连续两次与同学闹别扭，功课也不能令她满意，她对自己失望透了。

她自认为是一个坚强的女孩，很少有被吓倒的时候，但她没想到大学开学才两个月，自己就对大学四年的生活失去了信心。她曾经安慰过自己，也无数次试着让自己报以希望，但换来的却只是一次又一次的失望。

以前在中学时，几乎所有老师跟她的关系都很好，很喜欢她，她的学习状态也很好，学什么会什么，身边还有一群朋友，那时她感觉自己像个明星似的。但是进入大学后，一切都变了，人与人的隔阂是那样的明显，自己的学习成绩又如此糟糕。现在的她很无助，她常常想："我并未比别人少付出，并未比别人少努力，为什么别人能做到的，我却不能呢？"

进入一个新的学校，新生往往会不自觉地与以前相对比，而当困难和挫折发生时，产生"怀旧心理"更是一种普遍的心理状态。淑娟在新学校中缺少安全感，不管是与人相处方面，还是自尊、自信方面，这使她长期处于一种怀旧、留恋过去的心理状态中，如果不去正视目前的困境，就会更加难以适应新的生活环境、建立新的自信。

不能尽快适应新环境，就会导致过分的怀旧。一些人在人际交往中只能做到"不忘老朋友"，但难以做到"结识新朋友"，个人的交际圈也大大缩小。此类过分的怀旧行为将阻碍着你去适应新的环境，使你很难与时代同步。回忆是属于过去的岁月的，一个人应该不断进步。我们要试着走出过去的回忆，不管它是悲还是喜，不能让回忆干扰我们今天的生活。

一个人适当怀旧是正常的，也是必要的，但是因为怀旧而否认现在和将来，就会陷入病态。

不要总是表现出对现状很不满意的样子，更不要因此过于沉溺在对过去的追忆中。当你不厌其烦地重复述说往事，述说着过去如何如何时，你可能忽略了今天正在经历的体验。把过多的时间放在追忆上，会影响你的正常生活。

我们需要做的，是尽情地享受现在。过去的东西再美好抑或再悲伤，那毕竟已经因为岁月的流逝而沉淀。如果你总是因为昨天错过今天，那么在不远的将来，你又会回忆着今天的错过。在这样的恶性循环中，你永远是一个迟到的人。

隆萨乐尔曾经说过："不是时间流逝，而是我们流逝。"不是吗？在已逝的岁月里，我们毫无抗拒地让生命在时间里一点一滴地流逝，却做出了分秒必争的滑稽模样。

说穿了，回到从前也只能是一次心灵的谎言，是对现在的一种不负责的敷衍。史威福说："没有人活在现在，大家都活着为其他时间做准备。"所谓"活在现在"，就是指活在今天，今天应该好好地生活。这其实并不是一件很难的事，我们都可以轻易做到。

太阳每天都是新的

人的一生中会遇到各种各样的困难和挫折，逃避和消沉是解决不了问题的，唯有以乐观的阳光心态去迎接生活的挑战，才有机会成功。阳光的人每天都拥有一个全新的太阳，积极向上，并能从生活中不断汲取前进的动力。

"不论担子有多重，每个人都能支持到夜晚的来临。"19世纪的浪漫主义代表、小说《金银岛》的作者罗勃·史蒂文生写道："不论工作有多苦，每个人都能做他那一天的工作，每一个人都能很甜美、很有耐心、很可爱、很纯洁地活到太阳下山，而这就是生命的真谛。"不错，生命对我们所要求的也就是这些。可是住在密歇根州沙支那城的薛尔德太太，在学到"要生活到上床为止"这一点之前，却感到极度的颓丧，甚至于几乎想自杀。

1937年薛尔德太太的丈夫死了，她觉得非常颓丧——而且几乎一文不名。她写信给她以前的老板李奥罗区先生，请他允许她回去做她以前的老工作。她以前靠推销《世界百科全书》过活。两年前她丈夫生病的时候，她把汽车卖了，如今于是她勉强凑足钱，分期付款才买了一部旧车，又开始出去卖书。

她原想，再回去做事或许可以帮她解脱她的颓丧。可是要一个人驾车，一个人吃饭，几乎令她无法忍受。有些区域简直就做不出什么成绩来，虽然分期付款买车的数目不大，却很难付清。

1938年的春天，她在密苏里州的维沙里市，见那儿的学校都很穷，路很坏，很难找到客户。她一个人又孤独又沮丧，有一次甚至想要自杀。她觉得成功是不可能的，活着也没有什么希望。每天早上她都很怕起床面对生活。她什么都怕，怕付不出分期付款的车钱，怕付不出房租，怕没有足够的东西吃，怕她的健康情况变坏而没有钱看医生。让她没有自杀的唯一理由是，她担心她的姐姐会因此而觉得很难过，而且她姐姐也没有足够的钱来支付自己的丧葬费用。

然而有一天，她读到一篇文章，使她从消沉中振作了起来，使她有勇气继续活下去。她永远感激那篇文章里那一句令人振奋的话："对一个聪明人来说，太阳每天都是新的。"她用打字机把这句话打下来，贴在她的车子里，这样，在她开车的时候，每一分钟都能看见这句话。她发现每次只活一天并不困难，她学会了忘记过去，不想未来，每天早上都对自己说："今天又是一个新的生命。"

她成功地克服了对孤寂和对需要的恐惧。她现在很快活，也还算成功，并对生命充满了热忱和爱。她也知道，不论在生活上碰到什么事情，都不要害怕；她也知道，不必怕未来，每次只要活一天——而"对一个聪明人来说，太阳每天都是新的"。

在日常生活中可能会碰到令人兴奋的事情，也同样会碰到令人消极的、悲观的事，这本来应属正常，但如果我们的思维总是围着那些不如意的事情转动的话，也就相当于往下看，那么，终究会摔下去的。因此，我们应尽量做到脑海想的、眼睛看的，以及口中说的都应该是光明的、乐观的、积极的，相信每天的太阳都是新的，每一天都是一个新的开始。

第五篇
从抑郁的泥沼中走出来

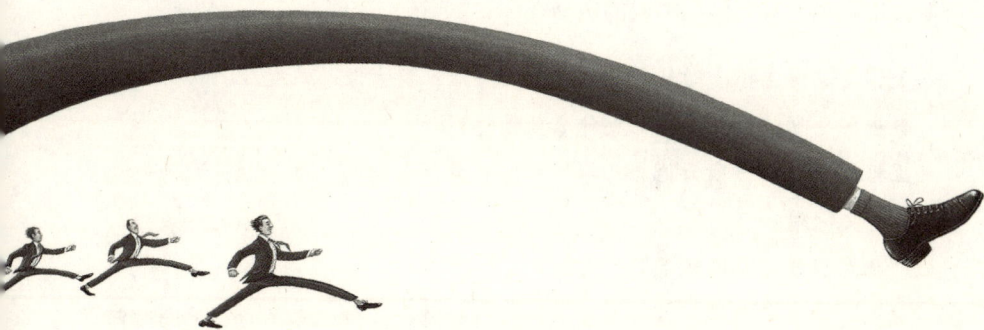

第一章

从否认中觉醒，摆脱"认同"上瘾症

别因追求肯定而使自己受挫

生活中，当我们遇到比较重要的事情而不能做出决定时，总是会向身边的人诉说，以征求他们的意见，从而有利于做出正确而明智的选择。如果是这样倒也无可非议，但有的人往往过于在意别人的看法，尤其当别人的意见与自己完全相反时，他们往往会产生受挫心理，并开始怀疑自己，因而迟迟不敢做出决定，甚至做出错误的选择。

美国前总统里根小时候曾经去一家制鞋店，要求做一双鞋。

鞋匠问年幼的里根："你要什么款式的？"

里根摇了摇头，因为他自己也不知道想要什么样的。这个鞋匠以为他没有听懂，又问道：

"你是想要方头鞋还是圆头鞋？"

里根真不知道哪种鞋适合自己，好像哪种都行，但又都不行。他一时回答不上来。无奈之下，鞋匠告诉说："那你先回去好好考虑，想清楚了再来告诉答案。"

三天过去了，里根还是没有去找鞋匠。鞋匠正着急，却看到里根在街上和几个孩子玩耍，于是又问起鞋子的事情。里根仍然犹豫不决，他看了一眼身边的小伙伴，似乎想请他们给自己做出决定，而这些孩子有的说圆头好看，有的说方头漂亮。

鞋匠看里根还是举棋不定，就说："行了，不难为你了，我知道该怎么做了。两天后你来取新鞋。"

两天后，里根兴奋地去店里取鞋，当他接过鞋子却发现鞋匠给自己做的鞋子一只是方头的，另一只是圆头的。

"怎么会这样？"他感到纳闷。

"等了你几天，你都拿不出主意，当然就由我这个做鞋的来决定啦。这是给你一个教训，不要让人家来替你做决定。"鞋匠回答。

里根后来回忆起这段往事时说："从那以后，我认识到一点：自己的事自己拿主意。如果自己遇事犹豫不决，就等于把决定权拱手让给了别人。一旦别人做出糟糕的决定，到时后悔的是自己。"

有时候，我们犹豫不决时，想从别人那儿得到确认和肯定。这一方法也未尝不可，毕竟一个人的智慧是有限的，别人可能为我们提供更有价值的建议。我们也许能从别人那里获得更多信息，从而从更合理的角度看待问题。

当你困惑的时候，想找朋友谈谈你的决定是可以理解的，这可能很有帮助。可是，如果你不断地寻求确认和肯定，最后可能会将朋友赶走。他们可能对你这种没完没了的追问产生反感，甚至觉得你根本不信任他，有的朋友会认为你没有独立做决定的能力。一旦留下这样的印象，他们将会离你而去。

燕子是一个大四的学生，学习优秀，人缘也好。但最近一段时间，宿舍里几个姐妹都没有以前热情了。事情是这样的：

燕子一直暗恋她的一个高中同学，那个男生在附近的大学。几年来，他们常有来往，关系不错，似乎超越了普通朋友的界限，燕子却也从来没有明确表达过自己的意思。但最近燕子从别的同学口中得知，这个男生好像与他们班的一个女孩走得很近。这样一来，燕子开始纠结，不知怎么办才好。

刚开始，燕子先是一个个咨询宿舍的姐妹们，有人建议她与其这么痛苦不如主动表白；也有人说你们都这么多年了，他应该早知道你的心思。如果他明白你的想法却迟迟按兵不动，说明他对你没意思，如果是这样，你又何必自找尴尬呢？

可是燕子还是这两种建议之间犹豫不决。后来，她把这件事直接提到晚上的临睡之前进行讨论。姐妹明白，说来说去就是两种方法，这种事情只有燕子才能做决定。当她再挑起这个话题时，姐妹们都佯装睡着，不再发表任何意见。

宿舍的几个女孩之所以不再接燕子的话茬，是因为她们觉得燕子不是在寻求建议，只是一种简单的倾诉，可这种反复的诉说已经让她们觉得厌烦。

由此看来，自己的事情就要自己做决定。如果情况真的让你感觉棘手，可以请他人帮忙出谋划策，但是这并不是让你盲从。别人的意见可以当作参考，自己必须进行全面权衡再作取舍。

勇敢地去做你害怕的事

恐惧是我们生活和事业成功的最大障碍。它具有极大的破坏力，而且往往潜藏在潜意识之中，不知不觉地促使我们消极地去看待世界。它会让我们凡事往坏处想，进一步加重这种害怕的心理，直接影响我们的工作和生活中的各个方面。为了铲除这种心理，我们必须向恐惧挑战，勇敢去做自己害怕的事情。

所有的恐惧心理都是经由引起恐惧的事件或想法一再重演而后天形成的。所以，你也可以不断用鼓励的行动来对抗恐惧，破除害怕心理。举例来说，假如你害怕拜访陌生人，克服害怕的方式就是不断面对他直到这种害怕消失为止。这是建立人生信心与勇气最好、最有效的方法。

李兵刚刚从事销售工作时，还是比较有信心的，他一天拜访几十家客户，但由于工作经验不足，推销方式不当，常常被客户拒之门外。被拒的次数多了，时间一长，李兵患上了"敲门恐惧症"。

后来，李兵甚至不敢再去拜访客户，无奈之下，他去请教心理医生，医生弄清他的恐惧原因之后说："假定你现在站在即将拜访的客户门外，我来问你几个问题，请你如实回答。"

李兵点了点头，表示同意。下面是他们之间的对话。

医生：请问，你现在位于何处？

李兵：我正站在客户家门外。

医生：那么，你想到哪里去呢？

李兵：我想进入客户的家中。

医生：当你进入客户的家以后，你想想，最坏的情况会是怎样的？

李兵：大概是会被客户赶出来。

医生：被赶出来后，你又会站在哪里呢？

李兵：还是站在客户家的门外呀！

医生：那不就是你此刻所站的位置吗？最坏的结果不过就是回到原处，又有什么好恐惧的呢？

李兵听了医生的话，惊喜地发现原来敲门根本不想他想象的那么可怕，从这以后，当他来到客户门口时，再也不害怕了。他对自己说，让我再试试，说不定就能获得成功，即使不成功也不要紧，我还能从中获得一次宝贵的经验。不要紧，最坏最坏的结果就是回到原处，对我没有任何损失。

李兵终于战胜了"敲门恐惧症"。由于克服了恐惧，他当年推销成绩十分突出，被评为"优秀推销员"。

恐惧和自我肯定的关系就像跷跷板一样。害怕程度越高，自我肯定程度就愈低。你采取行动去提升自我肯定程度就会降低你的恐惧。采取任何行动去降低你的恐惧就会增加自我肯定，改善绩效。

世上没有什么事能真正让人恐惧，恐惧的原因是自己吓唬自己。不少人碰到棘手的问题时，习惯设想出许多莫须有的困难，这自然就产生了恐惧感，遇事你只要大着胆子去干时，就会发现事情并没有自己想象的那么可怕。

人活在自己心里而不是他人眼里

人生来时双手空空，却要让其双拳紧握；而等到人死去时，却要让其双手摊开，偏不让其带走财富和名声……明白了这个道理，人就会对许多东西看淡。幸福的生活完全取决于自己内心的简约而不在于你拥有多少外在的财富。

18世纪法国有个哲学家叫戴维斯。有一天，朋友送他一件质地精良、做工考究、图案高雅的酒红色睡袍，戴维斯非常喜欢。可他穿着华贵的睡袍在家里踱来踱去，越踱越觉得家具不是破旧不堪，就是风格不对，地毯的针脚也粗得吓人。慢慢地，旧物件挨个儿更新，书房终于跟上了睡袍的档次。戴维斯穿着睡袍坐在帝王气十足的书房里，可他却觉得很不舒服，因为"自己居然被一件睡袍胁迫了"。

戴维斯被一件睡袍胁迫了，生活中的大多数人则是被过多的物质和外在的成功胁迫着。很多情况下，我们受内心深处支配欲和征服欲的驱使，自尊和虚荣不断膨胀，着了魔一般去同别人攀比，谁买了一双名牌皮鞋，谁添置了一套高档音响，谁交了一位漂亮女友，这些都会触动我们敏感的神经。一番折腾下来，尽管钱赚了不少，也终于博得别人羡慕的眼光，但除了在公众场合拥有一两点流光溢彩的光鲜和热闹以外，我们过得其实并没有别人想象得那么好。

从某种意义上来说，人都是爱好虚荣的，不管自己究竟幸福不幸福，常常为了让别人觉得很幸福就很满足。人往往忽视了自己内心真正想要的是什么，而是常常被外在的事情所左右，别人的生活实际上与你无关，不论别人幸福与否都与你无关。幸福不是别人说出来的，而是自己感受的，人活着不是为别人，更多的是为自己而活。

一个人活在别人的标准和眼光之中是一种痛苦，更是一种悲哀。人生本就短暂，真正属于自己的快乐更是不多，为什么不能为了自己而完完全全、真真实实地活一次？为什么不能让自己脱离总是建立在别人基础上的参照系？

当我们把追求外在的成功或者"过得比别人好"作为人生的终极目标的时候，就会陷入物质欲望为我们设下的圈套。它像童话里的红舞鞋，让人一眼望去，便对它充满无限的喜爱。不管这双舞鞋是否适合自己的双脚，都会毫不犹豫地将其穿上，感受那一刻最令自己兴奋的感觉。而当这种感觉消散后，留给我们的其实只有无尽的空虚。

我们不可能让所有的人满意

世界一样，但人的眼光各有不同。做人，不必花大量的心思去让每个人都满意，因为这个要求基本上是不可能达到的。如果一味地追求别人的满意，不仅自己累心，还会在生活和工作失去了自己！

　　生活中我们常常因为别人的不满意而烦恼不已，我们费尽了心思去让更多的人对自己满意，我们小心翼翼地生活，唯恐别人不满意，但即便是这样还会有人不满意，所以我们为此又开始伤神，很多时候，我们忙活工作或者生活其实花不了太多的时间，而只是我们将大量的时间都花在了处理如何达到别人满意的这些事情上，所以身体累，心也累。

　　一个农夫和他的儿子，赶着一头驴到邻村的市场去卖。没走多远就看见一群姑娘在路边谈笑。一个姑娘大声说："嘿，快瞧，你们见过这种傻瓜吗？有驴子不骑，宁愿自己走路。"农夫听到这话，立刻让儿子骑上驴，自己高兴地在后面跟着走。

　　不久，他们遇见一群老人正在激烈地争执："喏，你们看见了吗，如今的老人真是可怜。看那个懒惰的孩子自己骑着驴，却让年老的父亲在地上走。"农夫听见这话，连忙叫儿子下来，自己骑上去。

　　没过多久又遇上一群女人和孩子，几个女人七嘴八舌地喊着："嘿，你这个狠心的老家伙！怎么能自己骑着驴，让可怜的孩子跟着走呢？"农夫立刻叫儿子上来，和他一同骑在驴的背上。

　　快到市场时，一个城里人大叫道："哟，瞧这驴多惨啊，竟然驮着两个人，它是你们自己的驴吗？"另一个人插嘴说："哦，谁能想到你们这么骑驴，依我看，不如你们两个驮着它走吧。"农夫和儿子急忙跳下来，他们用绳子捆上驴的腿，找了一根棍子把驴抬了起来。

　　他们卖力地想把驴抬过闹市入口的小桥时，又引起了桥头上一群人的哄笑。驴子受了惊吓，挣脱了捆绑撒腿就跑，不想却失足落入河中。农夫只好既恼怒又羞愧地空手而归了。

　　笑话中农夫的行为十分可笑，不过，这种任由别人支配自己行为的事并非只在笑话里出现。现实生活中，很多人在处理类似事情时就像笑话里的农夫，人家叫他怎么做，他就怎么做，谁抗议，就听谁的。结果只会让大家都有意见，且都不满意。

　　谁都希望自己在这个社会如鱼得水，但我们不可能让每一个人满意，不可能让每一个人都对我们展露笑容。每个人的利益是不一致的，每个人的立场、主观感受是不同的，所以想面面俱到、不得罪任何人，是绝对不可能的！

做人无须在意太多，不必去让每个人满意。凡事只要尽心，按照事情本来的面目去做就好。

面对批评，不管对错先考量一番

一个人无论什么时候都要虚心接受他人的批评，然而真正能够做到这一点的人却不多。有的人总是刚愎自用，受不得半句批评；有些人当面千恩万谢地接受，转身却忘得一干二净；有的人当面硬不认错，死要面子，其实心里也清楚自己做错了。

面对批评，这些做法都是错误的，不但不能达到解决问题的目的，还会给他人留下"固执""傲慢"的坏印象。

对待批评，正确的态度应该是从积极的方面来理解，应该把朋友的批评看作改进自我、完善个性、克制情绪、提高心理承受力以及激发斗志的机会。

李升由打杂工一跃而成为一家建筑公司的工程估价部主任，专门估算各项工程所需的价款。有一次，他的一项结算被一个核算员发现错了2万元，经理便把他找来，希望他以后在工作中细心一点。李升反而大发雷霆："那个核算员没有权力复核我的估算，没有权力越级报告。"老板问他："那么你的错误是确实存在的，是不是？"李升说："是的。"经理见他如此态度，本想发作一番，念及他平时工作成绩不错，便小事化无不再说什么了。不久，李升又有一个估算项目被查出了错误。经理把他找来，刚说他的错误，李升就立刻翻脸："好了，好了，不用啰唆了。我知道你还因为上次那件事怀恨于我，现在特地请了专家查我的错误，借机报复。"经理等他发泄完了，便冷冷地说："既然如此，你不妨自己去请别的专家来帮你核算一下，看看你究竟错了没有。"李升果然请别的专家核算了一下，发现自己确实错了。经理对李升说："现在我只好请你另谋高就了，我们不能让一个不许大家指出他的错误、不肯接受别人批评的人来损害公司的利益。"

负面回应批评反映了一个人不良的做事态度，会严重影响一个人的人际关系和自我提升能力。缺点、错误是一个人成功的大敌，而批评的作用就在于指出缺点，引起你的警觉，如果一个人不能善待别人的批评，那你的缺点就永远无法改正。

事实上，我们每个人都应该接受来自他人的善意批评，因为人非圣贤，孰能无过，而且往往是错的时候比对的时候多。

善意的批评是人生中不能缺少的，它是我们增长见识必须付出的代价。这就要求我们正确看待批评，不管别人对我们的批评是对还是错，与其生气不如先考量一番，有则改之，无则加勉。

一个人要想成功，就要把批评当镜子，用这块镜子来照照自己，看自己到底存在哪方面的问题，并加以改正。虚心接受别人的批评，往往可以赢得别人的好感和尊重，这对你事业的成功不无好处。

一位顾客从食品店里买了一袋食品，打开一看，食物都发霉了。他怒气冲冲地找到营业员："你们店里卖的什么东西，都发霉了！你们这不是拿顾客的健康开玩笑吗？！"几个顾客闻声赶了过来。这个营业员面带笑容，连声说："对不起，对不起！没想到食品会变质，这是我们工作的失误，非常感谢您给我们指出来，您是退钱还是换一袋呢？如果换一袋的话，可以在这里就打开来给您看一看。"面对这位营业员诚恳的微笑，并听到他真诚地说了对不起，那位顾客还能说什么呢？他又重新换了一袋，旁边的几个顾客也夸营业员的服务态度好，食品店以后的生意更加红火。

要学会把他人的批评当成宝，乐于接受建设性的批评并且遵照执行。

以下这些方法将指导你更好地对待批评：

1.想一想到底是不是自己的错。先把利己主义抛到一边，如果朋友批评得有道理，就要客观地倾听他们的看法，并切实了解清楚，接下来应该想想如何解决问题。

2.不要寻找替罪羊。不要试图争辩、迁怒他人或是矢口否认，以为事情能就此淡化。解释往往会被看成借口或否认。

3.要合作，不要对抗。即使因为并不相干的事情受到了批评，也不一定非要选择对抗性的做法，不要给人留下"小家子气"的印象，多一些容人之量，和对方一起找到真正的问题才是解决之道。

请不要怀着敌意来看待批评，忠言逆耳，你要仔细聆听，了解他人的批评是否具有建设性。它能让你变得足智多谋、沉稳成熟。若懂得冷静聆听批评，既能保持情面，又对加深友谊具有积极的效益。固然有些批评是尖酸刻薄的，你也要淡化处理，这样他人才会越来越喜欢给你以忠言和卓见。

修复心灵上那道细微的害羞伤疤

英国早期的著名思想家约翰·洛克这样说过：不良礼仪有两种，第一种就是忸怩羞怯，我们只有克服害羞，才能让别人尊重我们。

人的害羞心态似乎是一种与生俱来的品质。从某些领域来看，害羞并不一定是一个完全贬义的词，有人甚至认为"适当的害羞是一种美德"。的确，害羞与不害羞究竟是好是坏，不能一概而论，但都不能超过一个有限的"度"。如果一个人害羞过了度，那么，他的生活就会充满痛苦。

徐欢是一名刚走上工作岗位的小伙子。尽管已经大学毕业参加了工作，但他对与其他人交往有一种恐惧感，见到人脸就红。尤其是陌生人，如果与他们在一起时，他便会感到一种莫名其妙的紧张。当他与别人并肩而坐的时候，心中总是想要看看别人，这种欲望很强，但又因为恐惧而不敢转过脸去看。如因有事必须与他人接触时，不论对方是男是女，徐欢一走近对方，便感到心慌、神情紧张、面部发热，不敢抬头正视对方。如果与陌生人坐在一起，相距两米左右时，他就开始感到焦虑不安、手心出汗，神情也极不自然。由于这一原因，他很害怕与别人接触，进而害怕出去做业务，这影响了他的工作成绩和正常的生活，徐欢的内心感到非常痛苦。

徐欢表现出来的是一种典型的过度害羞心态。过度的害羞只会使人消极保守，沉溺在自我的小圈子里，不利于一个人的成功，甚至有可能造成心理障碍。

美国著名的心理专家朱迪斯·欧洛芙博士在其《正向能量》中说："害羞是一种毫无意义的感觉，只会给内心带来痛苦，让你体会挫败，产生退缩心理，同时吸干你的生命力。"不仅如此，朱迪斯·欧洛芙还把害羞描述为"从内心深处狠狠地剜了一刀"，把害羞比喻成人们能量场中一道细微的伤口。

朱迪斯·欧洛芙博士指出每个人都会对某些事情感到羞耻，只是害羞的程度不同。我们要想将状态调整到最佳，就必须要克服害羞。具体该怎样做？以下是几点克服害羞的小方法：

1. 做一些克服羞怯的运动。例如：将两脚平稳地站立，然后轻轻地把脚跟提起，坚持几秒钟后放下。每次反复做 30 下，每天这样做两三次，可以消除心神不定的感觉。

2. 深呼吸。害羞使人呼吸急促，因此，要强迫自己做数次深长而有节奏的呼吸，这可以使一个人的紧张心情得以缓解，为建立自信心打下基础。

3. 与别人在一起时，不论是正式或非正式的聚会，开始时不妨手里握住一样东西，比如一本书、一块纸巾或其他小东西，这对于害羞的人来说，会感到舒服而且有安全感。

4. 学会专心地、毫不畏惧地看着别人。试想，你若老是回避别人的视线，老盯着一件家具或远处的墙角，不是显得很幼稚吗？难道你和对方不是处在一个同等的地位吗？为什么不拿出点勇气来，大胆而自信地看着别人呢？

5. 平时多读一些书，开阔视野。经常读些课外书籍、报纸杂志，开阔自己的视野，丰富自己的阅历，你就会发现，在社交场合你可以毫无困难地表达你的意见。这将会有力地帮助你树立自信，克服羞怯。

6. 在参加社会活动时，应该尽量坐在社交场合的中心位置，有意暴露自己。害羞的人参加社交活动总喜欢坐在角落里，这样确实不容易引起别人的注意，但也失去了别人认识他的机会，于是就会造成一种结果，少了许多给他人一些接触你的机会。

7. 在与别人谈话过程中练习克服害羞心理。在与别人交谈时，眼睛尽量注视着对方；说话声音大一些，并且要尽量有条理、有见地。如果遇到别人没有回答你的问话的情况，就再说一遍，不要害怕会惹人不高兴。

没有人生来就是失败者

没有人生来就是要失败的。如果我们生来就坚信自己可以胜利，不管遇到多大的挫折都让自己站起来，那么，我们最后十有八九能成功。就像罗曼·罗兰所说的："任何事只要你想要，而且是一定要，那么十之八九能成"。

　　闻名商界的"世界船王"包玉刚刚开始经营航运业时，仅靠一条破船闯大海。当时曾引起不少人的嘲弄，但包玉刚并不在乎别人的怀疑和嘲笑，他相信自己会成功。他抓住有利时机，正确决策，不断发展壮大自己的事业，终于成为雄踞"世界船王"宝座的华人巨富。

　　包玉刚中学毕业后当过学徒、伙计，后来又学做生意。30岁时曾任上海工商银行的副经理、副行长，并小有名气。31岁时包玉刚随全家迁到香港，他靠父亲仅有的一点资金，从事进口贸易，但生意毫无起色。他拒绝了父亲要他投身房地产业的要求，表明了从事航运的打算。因为包玉刚的父辈没有从事过航运业，当时航运竞争也十分激烈，风险极大，亲朋好友均纷纷劝阻他。但是包玉刚却信心十足，他经过周密的分析，认为航运业会有很广阔的发展前景，并且香港背靠大陆、通航世界，是商业贸易的集散地，其优越的地理环境有利于航运业的发展。

　　包玉刚确信自己能在大海上开创一番事业。于是，他抛开了他所熟悉的银行业、进口贸易，投身于他并不熟悉的航运业，他的举动遭到了很多人的哂笑。对一个穷得连一条旧船也买不起的外行，谁也不肯轻易把钱借给他，人们根本不相信他会成功。他四处告贷，但到处碰壁，尽管钱没借到，但他经营航运的决心却更大了。后来，在一位朋友的帮助下，他终于贷款买来一条20年航龄的烧煤旧货船。

　　从此，包玉刚就靠这条整修一新的破船，扬帆起锚，跻身于航运业了。经过包玉刚的苦心经营，他所创立的"环球航运集团"，在世界各地设有20多家分公司，曾拥有过200多艘载重量超过2000万吨的商船。他拥有的资产达50亿美元，曾位居香港十大财团的第三位。

　　包玉刚的平地崛起，令世界上许多大企业家为之震惊：他靠一条破船起家，经过无数次惊涛骇浪，渡过一个又一个难关，终于建起了自己的王国，结束了洋人垄断国际航运业的历史。回顾一下他成功的道路、他在困难和挑战面前所表现出的坚定信念，难道不能使我们有所启迪吗？

　　包玉刚的这种自我肯定的力量为其事业的成功提供了精神动力，在商界留下了美名。一些人总是奇怪自己为什么在社会中如此卑微，如此不值一提，如此无足轻重，其中的原因就在于他们不能像包玉刚那样自信地、那样积极地去思考。他们没有建设者、胜利者或征服者的心态，他们总给人以软弱无力的印象。

如果我们始终如一地以一种自信的心态来生活，那么我们的生活中将充满阳光。

任何时候，都不要急于否定自己

英国著名政治改革家和道德家塞缪尔·斯迈尔斯认为，一个人必须养成肯定事物的习惯。如果不能做到这点，即使潜在意识能产生更好的作用，仍旧无法实现愿望。与肯定性的思考相对的，就是否定性的思考，一个人如果习惯了否定性的思考，那么他看什么都是消极的。

人类的思考容易向否定的方向发展，所以肯定思考的价值愈发重要。如果一个人经常抱着否定想法，那他必然无法期望理想人生的降临。习惯用否定思维思考的人，他们往往对自己缺乏自信，他们经常否定自己，他们老是认为"凡事我都做不好""人生毫无意义可言，整个世界只是黑暗""过去屡屡失败，这次也必然失败""没有人肯和我合作""我是一个没什么能力和特长的人"……抱着这种想法，他们的生活往往不快乐。

当我们问及此种想法为何产生，得到的回答多半是："我本来就是这样，我对我自己也没什么信心"，尤其是忧郁者，他们会异口同声地说："我也拿自己没办法。"然而，换一个角度去想，现实并不如你所想象的那么糟。

肯定了自我，有了乐观而积极的想法，我们才会找到新的人生方向和意义。诸如失恋、失业之类的残酷事实，有时会不可避免地发生，但千万不要因此而绝望地否定自己，从此就一蹶不振。只要我们肯定自己的能力，相信自己还可以继续生活下去，就没什么可以阻挡我们前进的。

特别是当我们处于绝望的状态时，我们更应肯定自己，告诉自己凡事只有尝试过了才知道结果，不要在一切行动还没开始之前，就先下结论断定自己不行。

两兄弟相伴去遥远的地方寻找人生的幸福和快乐。他们一路上风餐露宿，困难重重，在即将到达目的地的时候，遇到了一条风急浪高的大河，而河的彼岸就是幸福和快乐的天堂。关于如何渡过这条河，两个人产生了不同的意见，哥哥建议采伐附近的树木造成一条木船渡过河去，弟弟则认为无论哪种办法都不可能渡得了这条河，只能等这条河流干了，才能走过去。

于是，建议造船的哥哥每天砍伐树木，辛苦而积极地制造船只，同时学会了游泳；而弟弟则每天只知道消极等待，等待河里的水快快干掉。直到有一天，已经造好船的哥哥准备扬帆的时候，弟弟还在讥笑他的愚蠢。

不过，哥哥并不生气，临走前只对弟弟说了一句话："你没有去做这件事，怎么知道自己不行？"

能想到等河水流干了再过河，这确实是一个"伟大"的创意，可惜这是个注定永远失败的创意。这条大河终究没有干枯掉，而造船的哥哥经过一番风浪最终到达彼岸，两人后来在这条河的两岸定居了下来，也都有了自己的子孙后代。河的一边叫幸福和快乐的沃土，生活着一群自信的人；河的另一边叫失败和失落的荒地，生活着一群不断否定自我的人。

在我们的身边经常听到这样的声音，"我不行""我不能"。你真的不可能吗？你真的不行吗？不一定。你没去尝试，你怎么知道自己不行？

经常把"我不行""我不能"挂在嘴边，是一种愚蠢的做法。为什么这么说，因为如果我们常常说自己不行，就相当于给了自己一个消极的心理暗示。你的意识会接受并慢慢记住这个指令，时间长了，你真的就会朝着这个方向发展。

所以，你永远不要说"我不行""我不可以""我一定做不到"之类的话。记住一个吸引力法则：你想美好的事情，美好的事情就真的会跟随而来；你想消极的事情，事情就会朝着消极的方向发展。因此，无论什么时候，无论做任何事情前，我们都不要急于否定自己。

自卑在于认为自己不配得到幸福

自卑者时常会觉得自己不配得到幸福。外貌平凡的女孩子认为自己不配得到爱情的甜蜜，因为她们看到"白马王子"身边依偎着常常是美丽的女子；经济拮据的小伙子认为自己不配得到爱情的幸福，因为在他们眼中，好女孩都需要一个有钱的男人来作为依靠。越是有这种与事实不太相符的想法，自卑者心中的自卑感就越是强烈，而自卑感的强烈也直接降低了他们捕捉幸福的敏锐程度。

　　尖嘴猴腮的狸猫与人见人爱的波斯猫同样都能吃到鲜美的鱼肉，因为前者是靠着自己的捕鱼本领获得的美食，而后者的盘中美味则是主人所施舍的。狸猫知道自己不会被人收养为宠物，所以它练就了一身求生的本领，而养尊处优的波斯猫则不需要为生存而有过多的担忧。我们能说狸猫是不幸福的吗？它根本没有因为自己的相貌而自卑，它同样在日光的沐浴下梳理自己的毛发，在幽静的山间饮用甘甜的露水，自由自在地享受生命的美好，而被人们饲养在家中的波斯猫能够享受大自然给予的恩赐吗？

　　玛丽从小就认为自己长得不漂亮，她对自己的外表非常自卑，因此平时走路也是低着头的。有一次，玛丽到一家饰品店去买了一只绿色的蝴蝶结，因为老板不停地赞美她戴上这个蝴蝶结非常漂亮。玛丽虽然对自己的长相不自信，但是听了老板的赞美后心里还是非常高兴的，她决定买下了。因为想要大家都看看她漂亮的蝴蝶结，所以走出饰品店的时候，玛丽不由地昂起了头，就连跨出门槛时与别人撞了一下她都没有在意。

　　出了饰品店后，玛丽往学校的方向去了。她走进教室，迎面碰到了自己的老师，老师边拍着玛丽的肩膀边对她说："玛丽，你抬起头来真漂亮！"走到教室之后，又有很多同学都夸她好看，玛丽觉得一定是蝴蝶结的功劳。回到家后玛丽走到镜子旁边，想要看看自己戴上蝴蝶结后究竟有多么好看，然而让她惊讶的是，蝴蝶结根本就不在她的头上，一定是走出饰品店的时候与别人撞掉了。不过玛丽知道，她以后再也不需要蝴蝶结了。

　　其实，很多人的"自卑"的标签完全是自己给自己贴上去的，就像以前的小玛丽一样。幸运的是，小玛丽因为一朵绿色的蝴蝶结而摆脱了自卑的心理，而其他自卑的人或许还在受着自我的折磨。

　　没有天生的自卑者，将痛苦作为激励自己前进的动力，在努力地工作与学习中将痛苦化作云烟，让它随风而去，这不是一种很完美的方法吗？

把自卑还给上帝

　　世上大部分不能走出困境的人都是因为对自己信心不足，他们就像一颗脆弱的小草一样，毫无信心去经历风雨，这就是一种可怕的自卑心理。所谓自卑，就是轻视自己，自己看不起自己。自卑心理严重的人，并不一定是其本身具有某些缺陷或短处，而是不能悦纳自己，总是自惭形秽，常把自己放在一个低人一等，不被自我喜欢，进而演绎成别人也看不起自己的位置，并由此陷入不能自拔的痛苦境地，心灵笼罩着永不消散的愁云。

湖南有一位大学生，毕业后被分配在一个偏远闭塞的小镇任教。看着昔日的同窗有的分配到大城市，有的分配到大企业，有的投身商海，而他充满梦想的象牙塔坍塌了，烦琐的现实，好似从天堂掉进了地狱。自卑和不平衡油然而生，从此他不愿与同学或朋友见面，不参加公开的社交活动。为了改变自己的现实处境，他寄希望于报考研究生，并将此看作唯一的出路。但是，强烈的自卑与自尊交织的心理让他无法平静，在路上或商店偶然遇到一个同学，都会好几天无法安心，他痛苦极了。为了考试，为了将来，他频频拿起书本，却又因极度的厌倦而毫无成效。据他自己说："一看到书就头疼。一个英语单词记不住两分钟；读完一篇文章，头脑仍是一片空白。最后连一些学过的常识也记不住了。我的智力已经不行了，这可恶的环境让我无法安心，我恨我自己，我恨每一个人。"

几次失败以后他停止努力，荒废了学业，当年的同学再遇到他，他已因过度酗酒而让人认不出了。

一个怀有自卑情结的人，往往坐失良机。当大好的人生机遇出现在眼前时，自卑者往往不敢伸手一抓，不敢奋力一搏。未战心先怯，白白贻误良机。

更重要的是，具有自卑情结，会造成人格和心理的卑怯，不敢面对挑战，不敢以火热的激情拥抱生活，而是卑怯地自怨自艾。久而久之，积卑成"病"，失去应有的雄心和志气。

那我们应该如何克服自卑，建立真正的自信呢？

每天照三遍镜子

清晨出门时，对着镜子修饰仪表，整理着装，务必使自己的外表处于最佳状态。午饭后，再照一遍镜子，修饰一下自己，保持整洁。晚上就寝前洗脸时再照照镜子。这样，一整天你都不必为自己的仪表担心，而会一心去工作、学习。

参加集会时，坐在前面

坐在前排，是培养自信的一个好方法。

坐在前面比较显眼，没错！虽然坐在前排较醒目，但是别忘了想不醒目而成功是不可能的。成功本身就很显眼，引起别人注意可以增强你的心理承受能力。

现在起，你可以在参加各种集会时尽量以坐在前排为原则。只要走入人群，就坐到人群的最前面去。如果你能养成自动坐到前面的习惯，那么，这种习惯会带给你无限自信。

和别人谈话时，注视对方的眼睛

凝神注视对方，等于告诉对方："我是正直的人，对你绝不隐瞒任何事情。我对你说的话，是我打心底里相信的事情。我没有任何恐惧感，我对自己充满了信心。"

微笑，给自己更多自信

微笑是自信缺乏者的特效药，微笑能给自己带来自信，使你祛除恐惧与烦恼，击碎消沉的意志。微笑能唤起对自我的认同，当你微笑时，说明你看重自己和自己的状态，对自己感到满意，这将有助于你更上一层楼；你微笑，在别人看来你是一位大方开朗的人，无形中会吸引对方，由此更能赢得别人的尊重。

任何时候都不要忘了自我赞美

尼采说："每个人距自己是最远的。"这句话的意思是说，人类最不了解的是自己，最容易疏忽的也是自己。

有人说，演员必须有人赞美，如果好长时间没人赞美，他就应自己赞美自己，这样才能使自己经常保持舞台激情。员工需要老板的褒奖，学生需要老师的表扬，孩子需要父母的肯定，都是一个道理。人们的心灵是脆弱的，需要经常的激励与抚慰，常常自我激励、自我表扬，会使自己的心灵快乐无比，并让自己时常存有自信的感觉。

一个人只有时刻保持自信和快乐的感觉，才会使自己在不顺心的生活中更加热爱生命、热爱生活。只有快乐、愉悦的心情，才能激发人的创造力。

只有不断给自己创造快乐，才能远离痛苦与烦恼，才能拥有快乐的人生。

一个喜欢棒球的小男孩，生日时得到一副新的球棒。他激动万分地冲出屋子，大喊道："我是世界上最好的棒球手！"他把球高高地扔向天空，举棒击球，结果没中。他毫不犹豫地第二次拿起了球，挑战似的喊道："我是世界上最好的棒球手！"这次他打得更带劲，但又没击中，反而跌了一跤，擦破了皮。男孩第三次站了起来，再次击球。这一次准头更差，连球也丢了。他望了望球棒道："嘿，你知道吗，我是世界上最伟大的击球手！"

后来，这个男孩果然成了棒球史上罕见的神击手。是自己的赞美给了他力量，是自我赞美成就了小男孩的梦想。也许有一天，我们能像小男孩一样登上成功的顶峰，那时再回首今天，我们会看见通往凯旋门的大道上，除了脚印、汗水、泪水外，还有一个个驿站，那便是自己的赞美。

这种对自我的赞美，正是一颗深深地植根于自己灵魂中的种子，最后一定会在现实生活中结出无数颗能展示生命之美的果实。

当年拿破仑在奥辛威茨不得不面临着与数倍于自己的强敌决战时，拿破仑对即将投入战斗的将士们说："……我的兄弟们，请你们记住：我们法兰西的战士，是世界上最优秀的战士，是永远都不可战胜的英雄！当你冲向敌人的时候，我希望你们能高喊着：我是最优秀的战士，我是不可战胜的英雄！"战斗中，法国将士高喊着"我是最优秀的战士，我是不可战胜的英雄"的口号，他们以一当十，摧枯拉朽，大败奥、俄等国的联军。

赞美自己，你就可从中获得不可战胜的力量；赞美自己，你就可使自己自信的阳光融化心中的任何胆怯和懦弱；赞美自己，你就可以唤醒自己生命里沉睡的智慧和能力，从而推动自己事业的蓬勃发展；赞美自己，你的灵魂从此将不再迷失在绝望的黑暗里……

渴望得到别人的赞美毕竟不如自己赞美自己来得容易。既然我们需要赞美，既然赞美可以让我们更上一层楼，催我们奋进，那么我们为什么不时常赞美自己几句呢？赞美自己几句，为自己喝彩，为自己叫好，你就能体会到成功的喜悦。

别人的否定不会降低你的价值

生命的价值取决于我们自身，除了自己，没人能让我们贬值。很多人在生命中会遇到低谷，有失意的时候，但苦难也不能让生命贬值；相反，它更是财富。

1944年4月7日，施罗德出生在下萨克森州的一个贫民家庭，他出生后第三天，父亲就战死在罗马尼亚。母亲带着他们姐弟二人相依为命。

生活的艰难使母亲欠下许多债。一天，债主逼上门来，母亲除了痛哭无能为力。年幼的施罗德拍着母亲的肩膀安慰她说："别伤心，妈妈，总有一天我会开着奔驰车来接你的！"40年后，终于等到了这一天。施罗德担任了下萨克森州总理，开着奔驰车把母亲接到一家大饭店，为老人家庆祝80岁生日。

1950年，施罗德上学了。因交不起学费，初中毕业后他就到一家零售店当了学徒。贫穷带来的被轻视和瞧不起，使他立志要改变自己的人生："我一定要从这里走出去。"他想学习，他在寻找机会。1962年，他辞去了店员之职，到一家夜校学习。他一边学习，一边到建筑工地当清洁工。这样不仅收入有所增加，而且圆了他的上学梦。

4年后，他进入哥廷根大学夜校学习法律，圆了上大学的梦。毕业之后，他当了律师。32岁时，他当上了汉诺威霍尔律师事务所的合伙人。回顾自己的经历，他说，每个人都要通过自己的勤奋努力，而不是通过父母的金钱来使自己接受教育。这对个人的成长至关重要。

通过对法律的研究，施罗德对政治产生了兴趣。他积极参加政党的集会，最终加入了社会民主党。此后，他逐渐崭露头角、步步提升。1969年，他担任哥廷根地区的主席，1971年得到政界的肯定，1980年当选议员。1990年他当选为下萨克森州总理，并于1994年、1998年两次连任。政坛得志，没有使他放弃做联邦政治家的雄心。1998年10月，他走进联邦德国总理府。

是的，就像施罗德这样，即使再困苦，他的生命也不卑微，也没有贬值。在我们的生活中，或许常常会因角色的卑微而否定自己的智慧，因地位的低下而放弃自己的梦想，有时甚至因被人歧视而消沉，因不被人赏识而苦恼。这个时候，我们就应该大声对自己说：我生命的火焰永不熄灭，总有一天，会照亮大地与天空。

"自古雄才多磨难，从来纨绔少伟男"，人们最出色的工作往往是在挫折逆境中做出的。我们要有一个辩证的挫折观，认识到挫折和教训可以使我们变得聪明和成熟，正是失败本身才最终造就了成功。

第二章

正确评估自己，停止自我折磨

把精力放在自己的优势上

生活中，你虽然没有别人英俊潇洒，但你可能身强体壮；你虽然不会琴棋书画，但你可能思维敏捷，逻辑清晰……上帝不会给人全部，但他绝对不会亏待你，所以你一定要做自己的伯乐，发掘自己的潜能。

查理是一个盲人，但他并不为此忧伤，他相信自己的失明中隐含着一份礼物。因为失明不仅激发他去面对并克服新的挑战，也因为看不见的事实，让他能完全专注于做他能做的事——他经营着一所残障学校。

他说："虽然我无法阅读，也看不见人们的脸，但我可能听见声音，我还可和学生们进行交流，了解他们的想法，并把自己的人生经验告诉他们，促使他们少犯或者不犯错误。"

查理具有演说方面的才能，经常面对一群小朋友演讲。他告诉这些小朋友，无论在人生中遇到什么样的难题，不管这难题有多大或看似多么无法克服，如果能从每一段经历中看到正面意义，就有办法实现梦想。

这些观点对残障的小朋友来说十分重要。他说："也许有些人会对他们说很多事都不可能做到。然而，如果有态度积极正面的人从旁鼓励，他们还是可以达成某些目标的。"

查理的目的就是"我要传达给孩子们的信息，就是不要只看到自己的局限，而是教他们把精力放在他们所拥有的能力、条件及优势上。"

查理本是一个失明的人，但并没有陷入自己的不幸之中，反而关注自己演说的优势才能，告诉孩子们学会重新审视自己的长处，并从中找到正面意义，也就是每件事情的"转机"。

有一个探险家，决定前去非洲的土著中探险。他随身带了一些不怎么值钱的小装饰品，打算送给当地的土著人。在这些东西当中，有两面真人大小的镜子。这天，他走到实在太累了。于是，他就把这两面镜子靠着两棵树放好，然后就坐下来休息。

这时候探险家看到有个土著人，手里拿着长矛正在向镜子走过来，当这个土著人向镜子里走来的时候，他看见了自己的镜像，于是开始向镜子里的对手刺去。当然，他打碎了这面镜子。

这时，探险家向这个土著人走去，说："你为什么要打碎镜子？"土著人回答说："他要杀我，我就先杀了他。"探险家笑了。

探险家让这个土著人放下手中的长矛，把并他带带到第二面镜子前解释说："你看，镜子是这样一个东西：通过它，你可以看到你的头发很浓密，你脸色很红润，你的胸部多么健壮，你的肌肉多么发达。"

土著人回答说："噢，我不知道。"

生活中，成千上万的人都和这个土著人差不多。他们穷其一生与生活抗战，看不到自己的优势。生活中的你绝对不要像土著人那样，穷其一生都不能发现自己的力量。发现你自己、做自己的伯乐，你的人生就是一片光明。

台湾作家三毛曾说："在我的生活中，我就是主角。"你是你命运的主人，你是你灵魂的舵手，不要让自己成为一个生活的看客。一个永远受制于人，被人或物"奴役"的人绝享受不到创造之果的甘甜。

善于驾驭自己命运的人，是最幸福的。在生活道路上，我们不要一味埋怨自己的不幸，而学会关注自己的优势，勇于驾驭自己的命运。只有这样，我们才能调控自己的情感，克服困难，超越挫折，主宰自我，做命运的主人。

评估自己所拥有的能力

遭遇到打击和失败，你首先想到的是什么？是否觉得自己一无所有，简直快不行了？而不止一次遭遇到打击，是否已经耗尽个人的心力，使自己不断衰弱而陷入绝望之境？如果一个人在生活中如果遭遇到连续困难的打击，他可能会忽视自身的真正能力，变得失魂落魄起来。

此时，一味地惋惜已经没有任何用了，事情已经过去了，时过境迁，要做的不是忏悔，而是对自己重新地审视，不是要计较失去了什么，而是评估自己还持有什么！这是相当重要的，务必要对自己所持有的资产重新评估。如果能够以合理、正确的态度进行评估，那将有助于你认清事实，进而了解情况：其实挫折和打击并没有你所想象的那么糟糕。

我们不妨看看一位心理咨询师所提供的案例：

有一次，一位五十来岁的先生来找我寻求帮助与建议，他正处于失意的困境中，并显出绝望无助的模样。他对我表示自己已经不行了，"并悲叹地说，他花了一辈子工夫努力所得到的资产竟突然毁于一旦。我问他："完完全全的吗？"他回答说："是的，一点也不错！现在，我已经上了年纪，即使想东山再起，也没有这个本钱了。而且，我已经信心尽失了。"他继续说着。

我对他的境遇感到遗憾和同情。不过，由于他烦恼的真正原因在于失去希望后一种悲观的阴影进入他的心中，进而扭曲了他的人生观，因此，我试图唤醒他的积极人生。

我对他说："拿张纸来，把你剩余的资产一一记下来。"他叹息地说："没有用的！我刚才不是已经告诉你了，我已经一无所有了。"

"没有关系，让我们试试看。你太太还在你身边吗？"

"你为何这样问？当然在了！她是了不起的女人。我们结婚已经三十多年，不论任何大风大浪，她都绝对不会离开我或提出离婚的。"

"好，就把这点写下来吧——'我的妻子依然跟我同甘苦、共患难，而且绝对不会提议离婚。'现在谈谈你的孩子，你的孩子怎么样呢？"

"我有两个孩子，而且都是好孩子。我很感谢他们曾经很贴心地对我说：'我们喜欢你，我们希望能够帮助爸爸！'"

"那么第二点就是'我有两个深爱着我且希望帮助我的孩子'。"

"你的朋友如何呢?

"我有真正称得上了不起的朋友,他们是善良温和的好人。他们都曾对我表示乐于施以援手,但是他们能帮得上什么忙呢?实际上,他们并不能真的做些什么!"

"好了,第三点也出来了——'我有一些好友,他们乐于帮助我,也对我相当尊敬。'"

"关于你个人的诚信与认真程度如何呢?还有,你有没有做过错事?"

"我的认真态度可说是接近完美的,从过去以来,我一直努力做些正当的事,而且我的良心也没有受到蒙蔽。"

"好的!把第四点的答案写下来吧——诚实。那么,你的健康情况如何呢?"

"我的健康状况良好,我几乎没有因病告假。我想,我的身体是相当健壮的。"

"非常好!现在把第五点的答案记下,良好的健康状况。"

"对于我们政府,你有没有什么意见呢?你认为它将继续繁荣成长并拥有希望吗?"

"是的,我国是一个优秀的国家,我想它是世界上唯一让我想定居的地方。"

"这是第六点答案——'我居住在充满希望的国家里,并且相当乐意居住于此。'"

"现在,把我们拥有的资产列举出来吧!——了不起的妻子,一结婚三十年;愿意帮助我的两个乖顺的孩子;乐于帮助我,并尊敬我的好友;诚实,没有做过可耻的事;良好的健康状况;居住在世上最优秀的国家。"

我将写妥的纸片推向坐在桌子那端的他,并说道:"你看吧!我想你完全持有上面列举的这些资产。虽然,你曾经自以为失去了一切而一无所有……"

他莞尔一笑,对我表示:"我好像没有想过这些事,甚至从来没有思索过。不过,现在我认为事态并不是我想象的那般严重。"他仿若深思地自语道,"如果我能获得某些自信,如果我能自觉有某些力量在我体内,或许我真的能够重新再来！"

主人公的心态从消极走向了积极乐观，这些积极的信仰与观念带领他走出了失败的阴影，并在他的内心打下了一剂强心剂，强大了他的内心，也赋予了他足以克服一切困难的力量。积极向上又斗志昂扬的人怎能不获得成功呢？

正确看待自己

很多人一贯坚持这样的观点：集体主义是无垠的汪洋大海，我只是微不足道的"一滴水"；群体的生活是广阔的森林，我只不过是一棵"无名的小草"；在社会大家庭的荒原里，我永远是人们脚下可有可无的渺小的沙粒。生活大舞台，甘愿做看客，干什么都不行，没有棱角，没有个性，逆来顺受，听天由命，在世界的黯淡角落里，任凭生命的螺丝钉生锈发霉。看轻自己，实在是灵魂的麻醉剂，是健康生命的慢性毒药。

人应该自重，这其中有很多的原因，第一个原因就是你不可能成为别人。我们要做的永远都是自己。尊重自己，是对自己的一种自信，是从心底深处愿意相信自己的能力。

每个人都不可能完美无缺，只有从内心接受自己，喜欢自己，坦然地展示真实的自己，才能拥有成功快乐的人生。伟大的哲学家伏尔泰曾言："幸福，是上帝赐予那些心灵自由之人的人生大礼。"这句话足以点醒每一个追求幸福的人：要做幸福的人，你首先要当自己思想、行为的主人。换言之，你只有做自己，做完完全全的自己，你的幸福才会降临！这就是幸福的秘密。

作为一代名模，辛迪·克劳馥对于青年人来说，几乎是无人不晓。她18岁就进入了大学的校门。大学里的辛迪，是一朵盛开在校园的鲜艳花朵，走到哪里，哪里就发出一阵惊呼。那个时候，她身材修长、亭亭玉立，再加上漂亮的脸蛋，匀称修长的腿，实在是美极了。当时，人们对她赞不绝口，在同学当中，她是那么的引人注目。

在这期间，有一个摄影师发现了她，拍了她一些不同侧面的照片，然后挂在他自己的居室墙上。很快，她被推荐去了模特经纪公司。但是一开始，她就碰了壁。这家公司竟说她的形象还不够美。她感到伤心。而令她更感到伤心的是，那个经纪人认为她嘴边的那颗痣，必须去掉，如果不去掉，她就没有前途。但她不肯去掉。

成名之后，她回忆起这件事的时候说："小时候，我一点儿都不喜欢那颗黑痣，我的姐妹们都嘲笑它，而别的孩子总说我把巧克力留在嘴角了。那颗痣让我觉得自己和别人不一样。后来，我开始做模特儿，第一家经纪公司要我去掉那颗痣。但母亲对我说，你可以去掉它，但那样会留下疤痕。我听了母亲的话，把它留在脸上。现在，它反而成了我的商标。只有带着它到处走，我才是辛迪·克劳馥。"辛迪·克劳馥的经历告诉我们，你才是你自己的中心，一个人无须刻意追求他人的认可，只要你保持自我本色，按自己的方式生活，生活中没有什么可以压倒你，你可以活得很快乐、很轻松。人应该爱自己的全部，那样你才会感到自身的魅力。一旦你看上去既美丽又自信，就会发现周围的人对你刮目相看了。

黄阳光说："其实，生活中，别人怎样看你并不重要，重要的是，你得看重你自己！只要你自己不放弃，你就能活出生命的意义和价值！"

那些成功到达彼岸并能在那里寻得立足之地的人，几乎都是那些能够保持适度的自我尊重的人。他们充满自信、坚忍不拔，以自己的能力给别人留下深刻的印象。

许多失败者并非源于能力的缺失，而是由于没有足够的自尊与自信，不去发掘与锻炼大自然赋予他的才智与能力。压垮他的正是他的能力，他不知道如何释放自己的能力，也不会适当去运用。

也许你正身处逆境，举步维艰；也许你身旁有人乱发议论、指指点点。这时你一定要坚定信念，不要因为别人改变了你的初衷。你不因蚊蝇的骚扰而放弃夏日的愉悦；你不因尘土的张扬远离大漠的壮观；你不因寒风的肆虐拒绝蜡梅的芬芳。相信你的实力，向着信念努力，即使众口铄金，仍壮心不改；纵使千夫所指，仍泰然处之。生如夏花之绚烂，死如秋叶之静美。你的重要，不可替代。自己的亮点要靠自己找出，用你的自信与不羁点亮你人生的明灯。

我们每个人是自己的主人，都可以充分施展自己的才华，所有的成功都来自对自我的正确认识。

不要给自己贴上"失败者"的标签

有些人经常这样否定自己："凡事我都做不好"，"人生毫无意义可言，整个世界只是黑暗"，"过去屡屡失败，这次也一定会失败"，"没有人肯和我结婚"，"我是个不擅交际的人"……持这类想法的人，生活往往并不快乐。

很自卑的你总以为命运在捉弄自己。欣赏别人的时候，一切都好；审视自己的时候，却总是很糟。其实，你不必这样：和别人一样，你也是一道风景，做不了太阳，就做星辰，让自己的星座，发热发光；做不了大树，就做小草，以自己的绿色装点希望；做不了伟人，就做实在的小人物，平凡并不可卑。在变成天鹅之前，我们每个人都是一只丑小鸭。

夏洛特黄蜂队有一位身高仅 1.60 米的运动员，他就是蒂尼·伯格斯——NBA（美国职业篮球联赛）最矮的球星。伯格斯这么矮，怎么能在巨人如林的篮球场上竞技，并且跻身大名鼎鼎的 NBA 球星之列呢？这是因为伯格斯的自信。

伯格斯自幼十分喜爱篮球，但由于身材矮小，伙伴们瞧不起他。有一天，他很伤心地问妈妈："妈妈，我还能长高吗？"妈妈鼓励他："孩子，你能长高，长得很高很高，会成为人人都知道的大球星。"从此，长高的梦像天上的云在他心里飘动着，每时每刻都闪烁着希望的火花。

"业余球星"的生活即将结束了，伯格斯面临着更严峻的考验——1.60 米的身高能打好职业赛吗？

伯格斯横下心来，决定要在高手如云的 NBA 赛场上闯出自己的一片天地。"别人说我矮，反倒成了我的动力，我偏要证明矮个子也能做大事情。"在威克·福莱斯特大学和华盛顿子弹队的赛场上，人们看到蒂尼·伯格斯简直就是个"地滚虎"，从下方来的球 90% 都被他收走……

后来，凭借精彩出众的表现，蒂尼·伯格斯加入了实力强大的夏洛特黄蜂队，在他的一份技术分析表上写着：投篮命中率 50%，罚球命中率 90%……

一份杂志专门为他撰文，说他个人技术好，发挥了矮个子重心低的特长，成为一名使对手害怕的断球能手。"夏洛特的成功在于伯格斯的矮",不知是谁喊出了这样的口号。许多人都赞同这一说法,许多广告商也推出了"矮球星"的照片,上面是伯格斯淳朴的微笑。

成为著名球星的伯格斯始终牢记着当年他妈妈鼓励他的话,虽然他没有长得很高很高,但可以告慰妈妈的是,他已经成为人人都知道的大球星了。

肯定自我,时刻保持乐观而积极的想法,我们的人生才会永远觉得充满意义。诸如生意失败、学业失败、情场失败之类的残酷事实,有时会不可避免地发生在我们身上,然而只要我们不因此否定自己,我们的人生随时都可以重新来过,成功也会随时光顾我们。

过高估计自己只会让自己失去自知

自负心理就是过高地估计个人的能力,失去自知之明。心高气傲的人,总爱抬高自己、贬低别人,把别人看得一无是处,总认为自己比别人强很多;有的人固执己见,唯我独尊,总是将自己的观点强加于人,在明知别人正确时,也不愿意改变自己的态度或接受别人的观点。

自负的人一般很少关心别人,与他人关系疏远。他们经常从自己的利益出发,很少为别人着想。不求于人时,对人缺少热情,似乎人人都应为他服务,其结果往往是门庭冷落。

苏晓是某出版社编辑。她从小时候喜爱文学,上学时曾多次投稿,并做出了一定的成绩。她参加工作后,花很大的心血创作了一部长篇小说。她对自己的小说非常欣赏,自认为是篇非常优秀的作品,将来出版后一定会引起轰动,成为畅销书,自己也将跻身于中国文坛名家之列。

一天,她带着自己的作品,叩开了社长的家门。社长是位资深编辑,在国内颇负盛名。苏晓本希望得到社长的赞美之词,可是,当社长认真看完了她的作品后,并没有对这篇小说大加褒奖,而是对她的作品提出了一些看法及意见,并忠告她还需要加强基本功的训练。

此时,苏晓完全沉醉在自己的作品中,对社长的意见置之不理,甚至还认为社长是嫉贤妒能,社长对自己的小说提出意见是害怕自己一举成名,成为社长的威胁。

此后，苏晓在失望之余非常痛苦，她并没有按照社长提出的修改意见对自己的小说进行修改，而是经常胡思乱想，导致经常失眠，躺在床上翻来覆去睡不着觉，最后不得不去看心理医生。

苏晓的这种情形就是我们通常所说的自负了。既然自负会成为我们性格上的弱点，会阻碍我们前进的脚步，那么，我们就应该培养良好的习惯去克服它，不让它滋生蔓长。

学会谦虚

一颗谦虚的心是与人建立良好关系的敲门砖，就是说，在我们承认自己并非十全十美、尊重他人之前，我们是得不到别人尊重的，也就无法与人进行顺利沟通；一颗谦虚的心是个人自觉成长的开始。你纵有万丈豪气，也绝不能自负半分；纵有超人的才识，也要虚怀若谷。

经常为他人着想

如果心中有他人，处处想着他人，时时关心他人，把"以人为本"作为习惯性的思考，善于和善待人，取他人之长补己之短，就能不断地充实、完善自己，克服自负。

时刻反躬自省

自负者往往是习惯沉浸于虚无的胜利中的幻想者，眼前显现的、耳边响动的永远是早已逝去的鲜花与掌声。他们不能静下心来想一想自己今天都做了些什么，都收获了什么。如果一个人能经常进行自我反省，那么他就不会有自负心理了；如果一个人能不断地提高对自己的要求，那么他就能把昔日的成功化作今日前进的动力了。

总有一张可以拿得出手的牌

上帝是公平的，它赋予每个人一些亮点和暗影。如果我们总是拿别人身上的亮点，同自己身上的暗影相比较，而忘了去找到自身的亮点，那样只能是越比较越灰心，以致心灵终自沉迷于暗淡之中，没了向上的朝气，没了积极的进取，最终让自己的一生少了许多本该拥有的斑斓。

一天，一位年轻人悲伤地跟老师诉说："我简直一无所有——相貌平平，体质单薄，大学没考上，又无一技之长，父母是普通的农民，一点儿家庭背景都没有，找一份工作都很难……"

老师用心地听完他垂头丧气的叙述，平静地说："我给你介绍几个人，你去见见他们，回来我再听你说什么。"

一个终生坐在轮椅上的青年，靠顽强拼搏，成了千万富翁；

一个连小学都没念完的农民，出了七部书，有两部还获过国家级奖励；

一个七次下岗，如今仍每天哼着歌在劳务市场寻找机遇的青年；

一个外出打工的农村姑娘，因偶然得到的一个信息，酝酿出一个大胆的设想，自己富了，还让自己的村子成为远近闻名的富村……

回到老师那里，精神振奋起来的他，激动地大声说道："老师，比起我见到的几位青年，我算是最富有的，我知道自己该怎么去做了。"后来，他真的满怀信心地投入到生活中，靠着热情、勤奋、执着，做出了许多令人惊讶不已的辉煌业绩。

其实，上天是公平的，它在让你失去了一件东西之后，必会让你再拥有一件别的东西。比如有的人没有财富，但他却拥有健康的身体；有的人没有美貌，但他却拥有着令人羡慕的智慧；有的人没有美妙的歌喉，但他却拥有姣好的面容……事实上，每个人的身上都有着自己独特的地方，假如我们能够充分了解自己比别人出色的地方，再了解自身最有特色的地方，我们也能取得令人羡慕的成绩。

生活中，很多人觉得自己哪方面都不行，一方面他们想成功，另一方面他们又只会悲叹自己没有能力没有资本去实现。

为什么有的人在平凡的工作中，却能干出不平凡的业绩，而有的人终生都一事无成呢？问题不在一个人的天赋有多高，而在于一个人能不能认清自己所拥有的一切，不论是你的外貌、你的才能、你的身高、你的人脉，这些都是你的资本。只是有些人不能很好地利用这些资源，结果白白错失了很多机会。

罗琳太太是一家大公司的清洁工，她手脚不是很麻利，但善与人打交道，她的手机也是天天响个不停，好像比公司的经理还要忙。

一天，公司的员工们聚在一起聊天，汤姆突然感叹道："我们连罗琳太太都不如啊！"见到别人诧异，汤姆又说："你猜她每个月能赚多少钱？"

一个清洁工，薪水再高能高到哪去？有人说 500，有人说 800，汤姆摇了摇头，伸出了四个指头，于是有人就"大胆"地预测："不会是 4000 吧，挺厉害的呀。"

"什么 4000？是 4 万美元！她每个月至少可以赚 4 万！"

"不会吧？"大家惊讶得眼珠子都差点掉了下来。

汤姆笑着接着说，"罗琳太太做清洁工只是一个平台，她完全可以做一个 CEO 了！"

原来，罗琳太太借着到公司做清洁工，打听公司里谁需要找钟点工，谁需要租房子，然后就当起了中介，收取中介费。罗琳太太有一套房子，她以 1 万美元的月租把这套房子租给了一个大公司的总裁。

不仅如此，罗琳太太还借清洁工这个平台延伸出的另一项业务——卖保险。公司里面有不少员工都已经向罗琳太太买了几万元的保险。

罗琳太太善于运用自己所拥有的东西，利用善于和人打交道的特长寻找适当的客户，选择合理的沟通方法以及适时地转变经营项目。

因此，不论处于什么样的困境，我们都要相信自己身上永远有着一张拿得出手的牌，只要在生活中不断地发掘自身的潜力、认识自我，我们就可以在关键的时候打出这张牌而获胜。

发挥长处，但不被长处蒙住双眼

人有优点，也有缺点，要全面挖掘自己，我们就必须要看清自己的优点，把自己的优点和优势发挥到最大。

就像有位名人说的那样：一个成功很快的人，是因为找到了他的长处，把他的长处发挥到正确的地方，并且让他的长处发挥到极致。

每个人都有自己的长处，千万不要觉得自己一无是处。因此，在发展之前，先要挖出自己的长处，毕竟一个人做自己有优势的工作，要比做无优势的工作成功快。

当然，除了要找出自己的优势外，我们还要把优势利用到最大极限。生活中，很多人本可以做大事、立大业，但实际上却只是做着小事，过着平庸的生活，原因就在于他们没有去挖掘自己的长处，没有将自己的优势放大。

　　当然，所谓自知者明，一个人不光要看到自己的优点，关键是在优点面前要保持清醒的头脑，不让自己的长处蒙蔽自己的眼睛，让自己在自知中不断提高，不断进取。只有这样，我们才能把长处用到点上，而不是把自己的长处变成短处。

　　一个风光秀丽的小镇上，来了三个旅行者。他们同时住进一家旅店，都打算第二天一早出去游玩。次日清晨，三人一同出门。一个旅客带了一把伞，一个拿了一根拐杖，第三个则两手空空，什么也没拿。一天很快就过去了，傍晚的时候下了一阵大雨，当天色已经黑透的时候，三人陆续回来了。

　　旅店的其他旅客发现了奇怪的一点：带着雨伞的人淋湿了衣服；拿拐杖的人身上沾了不少泥，看起来是摔倒过；而空手者却什么事都没有，浑身上下干干净净。前两人也很奇怪，问第三人这是为什么。第三个旅行者没有回答，而是问拿伞的人："你为什么只是淋湿而没有摔跤呢？""下雨的时候，我仗着手中有伞，就大胆地在雨中走，可风雨太大，衣服还是湿了不少。泥泞难行的地方，因为没有拐杖，走起来小心翼翼，就没有摔跤。"

　　再问拿拐杖者，他说："下雨时，因为没有伞，我就拣能躲开雨的地方走或停下来休息。泥泞难行的地方我便用拐杖拄着行走，反而跌了跤。"空手的旅行者哈哈大笑，说："下雨时我拣能躲雨的地方走，路不好时我细心走，所以我没淋着也没有摔跤。你们有凭借的优势，就不够仔细小心，以为有优势就没问题，所以反而有伞的淋湿了，有拐杖的摔了跤。"

　　在人生的坐标系里，一个人如果站错了位置——用他的短处而不是长处来谋生的话，他可能会在永远的卑微和失意中沉沦。但是，如果一个人很清楚地知道了自己的长处，却把自己的长处放大到了无极限，认为自己有了长处，便高枕无忧起来，那么他的结局很可能就会和故事中被淋湿和摔跤的旅行者一样。

　　的确，长处是我们身上宝贵的资源，它能让我们在某一领域或某一方面有超越别人的本钱。可是如果一个人以为有了优势就可以万事大吉，甚至被自己的长处蒙住了双眼，结果只会是被别人赶上，长处反而变成了自身的约束。

　　因此，时刻保持着清醒和理智，你的雨伞将会为你遮风挡雨，你的拐杖能让你走得更稳。清晰地知晓自我的优势，把它运用在关键的地方，并且时时注意提高运用的效率，合理地运用自己的优势，你的人生之路才能一帆风顺。

别让"身份"扼杀你的未来

人的"身份"是一种"自我认同"，并不是什么不好的事，但这种"自我认同"也是一种自我限制，也就是说："因为我是这种人，所以我不能去做那种事。"而自我认同越强的人，自我限制也越厉害。

有一位研究生，在校时成绩很好，大家都很看好他，认为他必将有一番了不起的成就。后来，他是有了成就，但既不是高官也不是老总，而是卖米线卖出了成就。

原来，他在毕业后不久，得知家乡附近的夜市有一个过桥米线的小摊要转让，他那时还没找到工作，就向家人借钱，把它买了下来。因为他对烹饪很有兴趣，便自己当老板，卖起米线来。他的研究生身份曾招来很多不以为然的眼光，却也为他招来不少生意。他自己倒从未对自己学非所用及高学低用产生过怀疑。

现在，他还在卖米线，但也搞投资，钱赚得比一般人不知多多少倍。

"要放下身份，不要被面子所左右。"这是那位同学的口头禅和座右铭，"放下身份，路会越走越宽。"

那位同学如果不去卖米线，或许也会很有成就，但无论如何，他能放下研究生的身份，还是很令人佩服的。人生在世，必要的时候，实在也要有他的勇气。

博士不愿意当基层业务员，高级主管不愿意主动去找下级职员，知识分子不愿意去做"不用知识"的工作……他们认为，如果那样做，就有损他们的身份和面子。

其实这种"身份"只会让人生之路越走越窄。不是说有"身份"的人就不能有得意的人生，但我们相信，在非常时刻，如果还放不下身份，那么只会让自己无路可走。

你如果想在社会上走出一条路来，就要放下身份，也就是放下你的学历、放下你的家庭背景、放下你的身份和面子，让自己回归到一个普通人。同时，也不要在乎别人的眼光和批评，做你认为值得做的事，走你认为值得走的路。

放下身份的人比放不下身份的人在竞争上多了几个优势：

能放下身份的人，他的思考富有高度的弹性，不会有刻板的观念，而能吸收各种资讯，形成一个庞大而多样的资讯库，这将是他的本钱。

能放下身份的人能比别人早一步抓到好机会，也能比别人抓到更多的机会，因为他没有身份的顾虑。

如果你在追求成功，你就要放下身份，不管以前的你多么高大、多么辉煌，都应该努力使自己心态平和，从零开始，那样的话，你的路才会越走越宽。

取悦世界前先取悦自己

如何取悦自己与如何使自己高兴是两码事，取悦自己就是如何懂得自我欣赏、自我陶醉，使自己有成就感、优越感；更重要的是要对自己有自信。实际上，取悦自我更多的时候是一种态度。

生活美学专家金韵蓉在她的心灵励志作品《谁能写出玫瑰的味道》一书曾讲过关于如何取悦自我的一些经历：

这几年，不管是在写作还是在不同场合分享生活经验时，我都喜欢提到"态度"这个东西。其实这是有缘由的。因为在我这几十年的生命历程中，有过两次和它有关的刻骨铭心的痛楚和觉醒经验，因而促使我能比较深刻地去看待它。

第一次是我刚上大学时。记得那天我在台北的街头等公交车去上学，站在我身旁的是一位金发碧眼的年轻男老外，估计是来我们学校的交换学生或是来学中文的。等车的时间有点儿长，这位老外可能为了打发时间，因此转头问我读的是哪个科系。由于还不太有和老外直接对话的经验，我当时紧张得完全记不得我念的科系的英文该怎么说，所以结结巴巴地答不上来。

没有想到就在我满脸通红、结结巴巴的过程中，那个（没素质的）老外居然用十分鄙夷的眼光斜看着我，并冷冷地撂下一句话：你确定你是大学生？

然后就转过头去，再也不瞧我一眼！

从那天之后，我就发誓要好好把英文口语学好。但那时我还没有领悟并学到"态度"。

第二次惨痛经历是在巴黎。

为了省下地铁钱，我在巴黎时每天都背着大大的书包走三站地往返于学校和住处之间。通往学校的路上有一排精致的商店，每天我背着书包，浏览商店的橱窗，走着走着就到了，因此不觉得路途遥远。在那排商店中，有一间十分精致美丽的服装店，每天"瞻仰"那家服装店的橱窗里所陈列的漂亮衣服，是当时手头拮据的我的一个小小的虚荣梦想。

有天早上上学时，我兴奋地发现这家服装店挂出了换季打3～5折的告示，当时就想，嗯，也许下课回来的路上可以进去看看（此前虽然每天经过，可我从来没敢走进去过）。

当天下午4点左右，我终于走进了这家美丽的小店。小店里除了左右两排吊挂的衣服之外，小小的店中央还摆了两个堆满衣服的花车。许多法国女人在那里挑选并试穿衣服。我怯怯地走近花车，怯怯地看看价格吊牌，怯怯地拿起一条长裤，并怯怯地询问店员我能否试穿。

当时那条长裤并不合身，我因此又拿了另外一条，可惜还是不合身，就在我伸手从花车里准备拿第三条长裤时，当着众人的面，那位（没素质的）法国女店员竟挡住了我的手，冷冷地说：你不可以再试穿了！

我当时只觉得全身的血液都冲到了脸上，身体因羞耻而轻微地颤抖。在一阵晕眩中，我慌乱地拿起收银台边挂着的一串项链，几乎是以"玉石俱焚"的心情，花了120法郎买下了它，然后几乎是脚不着地地逃离了商店。（我为自尊所付出的代价是：连续两个星期只吃得起干干的法棍面包！而那串铭刻着羞辱、依照当时物价所费不菲的项链，早就被我下意识地给丢失了！）

满怀着受伤和羞辱的心情离开了那家商店之后，灰蒙蒙的天空正下着毛毛细雨，我一路跑回住处，和着雨水，我的脸早已被泪水完全浸湿。

当天晚上，心情稍微平复之后，我躺在床上强迫自己回想下午的情景，强迫自己找出问题的原因：为什么别人都可以一再试穿，而我却不能？为什么她敢用这种态度来对待我？

最后，我明白了，因为我"允许"她这么对待我！因为我的态度、我的神情、我的举止都告诉了她——你可以欺负我。

从这件事情之后，我开始学习并慢慢地变得坚强，我从疼痛中看到了相信自己和肯定自己的重要，也了解了在平衡的人际关系中得先学会取悦自己再取悦别人。

尽管生活有些压抑低沉，但人生并不因此而日暮途穷。在取悦别人的同时，更多的人学会了在生活的琐碎中寻找简单的快乐，在枯燥的岁月中感受平淡的幸福，尽管这些快乐和幸福像火柴划出的光芒一样短暂而微弱，但在他们的内心中，还是摇曳出了蓬勃而永恒的春意。也许，这是一种无奈的"韧"的战斗精神；也许，在生活的夹缝中，活得的确有些委曲求全。但正是因为这样一种妥协，在备尝了取悦别人的乏味和枯燥之后，一转身，我们竟因此而成全了自己，平平稳稳地过完了一辈子。

第三章

没有人能阻止你追求梦想和快乐

困难并不能阻碍你获得快乐

人的一生中，每个人都曾沐浴幸福和快乐，也会历练坎坷和挫折。幸福快乐时，我们总是感觉时间的短暂；而痛苦难过时，我们却感觉度日如年。于是，我们总是习惯抱怨生活的不幸，命运的不公，没有快乐的理由。

如果应该有人去抱怨自己的不快乐的话，海伦·凯勒是一个最有理由拒绝快乐的人，但事实上，她却并没有因自身的挫折而放弃追求快乐的权利。

19世纪美国盲聋女作家海伦以自强不息的顽强毅力，在安妮·莎莉文老师的帮助下，掌握了英、法、德等五种语言，完成了一系列著作，并致力于为残疾人造福，建立了慈善机构，被美国《时代周刊》评选为20世纪美国十大英雄偶像。

创造这一奇迹的海伦却是有着常人所无法承受的痛苦经历。1880年6月27日，海伦出生在亚拉巴马州北部一个小城镇上。她在1岁多时，因为连续高烧，治愈后留下了严重的后遗症——失去视力和听力。

她面对黑暗而又无法与人交流的寂寞世界时，海伦并没放弃，而是通过自强不息取得了超常的成就。海伦并没有因此而怨恨生活，反而通过敏感的触觉来感知其他人，来体验爱与被爱的快乐。

在导师安妮·莎莉文的帮助下，海伦学会用顽强的毅力克服生理缺陷所造成的精神痛苦。她热爱生活并从中收获到许多知识，学会了读书和与人沟通，以优异的成绩毕业于美国哈佛大学的拉德克利夫学院，成为一位学识渊博的著名作家和教育家。

这个失明失聪、不能说话的女孩却是一个聪慧和快乐的人。她走遍世界各地，为盲人学校募集资金，把自己的一生献给了盲人福利和教育事业。她赢得了世界各国人民的赞扬，并得到许多国家政府的嘉奖。

海伦一生生活在无光、无声、无语的孤绝岁月，就是这样一个生活在黑暗中的人，却又给人类带来的光明。她靠的是正是一颗不屈不挠的心。她用爱心去拥抱世界，以惊人的毅力面对困境，终于在黑暗中找到了人生的光明面。

海伦的事迹说明，困难并不能阻碍我们获得快乐。当我们遇到坎坷、挫折时，不悲观失望，不长吁短叹，不停滞不前，把它作为人生中一次历练。把它看成是一种人生成长中的常态，这将助你更好地谱写出自己的人生精彩。

漫长的人生中，谁也不可能一帆风顺，谁也难免要经历挫折和坎坷。被挫折历练后的人总是更顽强、更成熟、更加的勇敢，也更能看到近在咫尺的成功。遭受挫折不但可以使人生积累经验，而且挫折可使人生得到不断地升华。所以我们更应该正视挫折珍爱生命。

查尔斯·斯坦梅兹曾是一个非常孤独、非常不快乐的小男孩。他生下来脊柱就奇怪地弯曲着，而且他的左腿也是弯曲的。他的家庭很贫穷，母亲在他一岁前就去世了。因为畸形的身体，他做不到其他孩子能做到的事情，在成长过程中，他经常受到其他孩子的嘲笑。

但上帝并没有忘记这个小孩，作为对他畸形身体的补偿，查尔斯被赋予了敏锐的思想。利用这一先天优势，查尔斯不顾自己的身体缺陷，努力提升自己的智慧。到8岁时，他已经对代数学和几何学有了一定程度的理解。

进入大学后，他在各方面的学习都很优秀。为了凑齐毕业典礼时的一套正装的钱，他很认真地存起每一分钱，但校方却以查尔斯的身体情况为由禁止他参加典礼。

这件事情让查尔斯明白，他需要努力让别人注意他心灵的力量，从而尊敬他；而不是一味用自己的身体赢得别人的同情。

　　毕业以后，查尔斯·斯坦梅兹开始找工作。因为外形的原因，他被拒绝了很多次，最后他在通用电气公司找到一份绘图员的工作，尽管每周的钱不是很多，但是查尔斯·斯坦梅兹依然非常认真非常努力。除了本职工作以外，他还花很多时间进行电子学方面的研究，并在工作的过程中与同事建立起了友谊。

　　一段时间之后，通用电气公司的总裁发现了他的卓越才能，他对查尔斯说："在我们整个工厂，你想做什么就尽管做。如果你愿意，整天做白日梦也可以，我们会为你的白日梦支付工资。"

　　就这样，凭借着自己的努力和实力，查尔斯慢慢积累了财富，有了幸福的家。查尔斯拥有了快乐而充实的生活。经过长期努力、热忱地工作，他一生拥有200多项电子发明专利，并发表了大量关于电子学和工程学的著作。

　　人生必有坎坷和挫折。挫折是成功的先导，不怕挫折比渴望成功更可贵。真正有成就的人，都是在经历了失败和挫折之后才取得辉煌成就的。

　　人生中，快乐带给我们愉悦，痛苦则能带给我们回味。在人的一生中，真正的快乐，我们很难想起，但痛苦却往往难以忘记。既然痛苦不可避免，我们又无法抗拒，为什么不学会面带微笑应对痛苦的来临呢？

激情能克服前进道路上的困难

　　有一种情绪状态叫激情。这种情绪状态，催人奋进。激情与人生成功有着不解之缘。

　　生活中其实没有绝对的困境。困境来自你自己的心。你把自己的心封闭起来，使它陷入一片黑暗，你的生活怎么可能有光明？封闭的心，如同没有窗户的房间，让你处在永久的黑暗之中。

　　美国作家威·莱·菲尔普斯平时很少出门，一天到晚待在书房里，不是写作就是读书。这天他不得不出门，因为他急需到书店找一本书，而他的助手又不在身边。

　　简单收拾一下，他走出家门，来到第五大道上，一边走着一边观望着书店。当他看到第一家书店，就走了进去，一个年纪不到17岁的少年店员，迎面向他走来，询问到："先生，您要什么？"

"我想买一本书。"作家看到这位少年眼睛闪着光芒，话语里含着激情。"您是否知道您来到的是世界上最好的书店？"作家一愣，自己经常阅读，却从来没有思考过这个问题，因为他的需求仅仅是一本很平常的书，走进这家书店纯粹就是想碰一下运气而已。

少年指着一个个货架，向他介绍着一本本图书的装帧、出版时间及作者的大概情况。少年一直在介绍着这些名目繁多的书。作家打断他的话说："等等，小伙子，我只要买一本！"作家有意提醒他。"这我知道，"少年说，"不过，我想让您看看这些书目有多么齐全，种类是多么丰富！"

这时，作家听了少年的话，立刻对这个少年产生兴趣，尤其是那位少年的脸上洋溢着工作的激情。作家略微犹豫了一下，然后对那个少年说："我的朋友，如果你能一直保持这样的热情，如果这份热情不只是因为你感到惊奇，或因为得到了一个新的工作——如果你能天天如此，把这种热心和激情保持下去，总有一天，你会成为一个成功的人。"

似乎每个人都在等待工作的机会，每个人都希望获得提拔的机会。然而，有人很快便获得机会，有人却过了大半辈子都等不到。反省一下自己，想想自己缺乏的到底是什么？是机会，还是一颗旺盛的进取心？

40多岁的张一凡因单位体制改革而被迫下岗后，决定回到自己的家乡，他买了一辆客车在附近的几个小镇来回穿梭拉客。由于生意很好，所以他的干劲儿也非常足。但是，在他干了一年多之后，感觉就越来越不好了。

张一凡开始感觉这种工作状态的枯燥与乏味，每天都是在同样的几条路上跑来跑去。有时候，他看到车上那些昏昏欲睡的乘客，自己也受影响，也总是犯困。

他决定改变这种状态，可如何才能使自己每天都充满激情地工作呢？说实话，他自己也不知道怎么办。于是，他把这种情况向家人讲了，他的家人想到了一个主意。

儿子建议他给乘客讲些笑话，听一些喜欢的音乐，这样他们就会兴奋起来。同时给自己也给他们创造出快乐。

小女儿却要求他把车里环境改变一下，制造出新鲜的感觉，心情也许就会好了。

张一凡觉得他们讲的都很有道理，于是决定马上行动，做出改变。

就这样，他们一家人来到车上，重新把车里的环境布置了一下。然后再找些人们喜欢听的民歌。而安蒂也把自己喜欢的玩具挂在了车上，里面也贴了一些逗乐的笑话。

在第二天出发时，张一凡的客车已经焕然一新。一路上，车内音乐不断，因为都是一些乘客们喜欢的音乐，所以大家都非常兴奋。在经过各个小镇的时候，车上挂着各种小玩具，引来了不少好奇的目光。

后来，张一凡总想法用自己昂扬的精神状态感染乘客，让他们重新快乐起来。他再也没有觉得自己的工作有丝毫的乏味，因为他总是在自己的车上布满了新意，为自己也为乘客创造出了无数的快乐。张一凡说，他现在把自己的这份工作当作一项事业去做。

的确，我们一旦了解自己的热情所在和激发热情，就可以努力将这股热情升华为生命中的重要部分。你可以有效避免大家常犯的错误，为自己的成功和快乐负起责任。你可以让热情成为自己的核心力量。只要我们有勇气跟着内心的声音走，让热情融入我们的生命，就可以打开时间、精力的闸门，释放出威力无比的工作能量，让我们实现自我。

当你觉得缺少了工作激情的时候，不妨换种心情，让自己重新充满活力。神情专注，充满激情的人更容易获得成功。

再试一次就能跨过失败的沼泽地

在我们的周围，有很多人之所以没有成功，并不是因为他们缺少智慧，而是因为他们面对事情的艰难没有做下去的勇气，他们自认为已陷入绝境，只知道悲观失望。

在日本有一个学业优秀的青年，去报考一家大公司，结果名落孙山。这位青年得知这一消息后，深感绝望，顿生轻生之念，幸亏抢救及时，自杀未遂。不久传来消息，他的考试成绩名列榜首，是统计考分时，电脑出了差错，他被公司录用了。但很快又传来消息，说他又被公司解聘了，理由是一个人连如此小的打击都承受不起，又怎么能在今后的岗位上建功立业呢？

其实，人生没有绝望的处境，只有对处境绝望的人。即使自己是一粒细沙，也要相信自己能够成为一颗珍珠。只有抱着这样的信念，我们才能走向成功。

有一位穷困潦倒的年轻人，身上全部的钱加起来也不够买一件像样的西服。但他仍全心全意地坚持着自己心中的梦想，他想做演员，当电影明星。好莱坞当时共有500家电影公司，他根据自己仔细划定的路线与排列好的名单顺序，带着为自己量身定做的剧本前去一一拜访，但第一遍拜访下来，500家电影公司没有一家愿意聘用他。

面对无情的拒绝，他没有灰心，从最后一家被拒绝的电影公司出来之后不久，他就又开始了他的第二轮拜访与自我推荐。第二轮拜访也以失败而告终。第三轮的拜访结果仍与第二轮相同。但这位年轻人没有放弃，不久后又开始了他的第四轮拜访。当拜访到第350家电影公司时，老板竟破天荒地答应让他留下剧本先看一看。他欣喜若狂。几天后，他获得通知，请他前去详细商谈。就在这次商谈中，这家公司决定投资开拍这部电影，并请他担任自己所写剧本中的男主角。不久这部电影问世了，名叫《洛奇》。这位年轻人的名字就叫史泰龙，后来他成了红遍全世界的巨星。

其实，绝望往往是对今后的路没有信心，或者是对曾经得到而又失去感到痛心，所以有人会因此而绝望。人常说："绝境逢生"，这四个字能够出现就有它出现的道理，很多时候，有些事情看起来是没有回旋的余地了，但只要不放弃，很可能就会出现转机。

常言道："留得青山在，不怕没柴烧"，任何时候，只要人在就有希望，遇到任何处境都不至于绝望，流过血，流过泪，付出了汗水，痛哭过后，擦干眼泪，一切可以重新开始。一件事情真正没有希望的时候就是你开始绝望的时候，当你自己放弃了希望，并放弃了努力的时候，就是到了真正绝望的境地了。

所以，不论是遇到什么事情，不论事情看起来如何糟糕，千万不要以为没有办法了。多鼓励自己再试一次，再试一次很可能让自己跨越了苦难的沼泽地。给自己一个机会，生活才会留给自己机会。

实现梦想不容易

生活中的多数人之所以碌碌无为，是因为他们习惯了在生命中随波逐流，完全不知道自己真正想要的是什么。一个心怀梦想的人，清楚地知道生命里缺乏了什么，并积极地寻找，创造出一个美好的未来。

当然，从梦想到现实并不是简单的过程，需要我们付出努力与汗水，承受磨难，超越挫折。在这一过程中，就算我们圆梦失败，也总是会有另一个梦想取代原来的那一个。

梦想破灭、汗水付诸东流，你可以选择痛苦不堪、满怀怨恨，咒骂与抱怨一切的不公。事实证明，这并没有任何意义。相反，如果我们积极去发现另一个梦想，往往会得到意外的惊喜，甚至能够重新唤醒沉睡在我们心中的巨大潜能。

在法国的乡村，有一位普通的邮递员每天奔走于各个村庄，为人们传送邮件。

一天，他在山路上不小心摔倒了，不经意发现脚下有一块奇特的石头，看着看着，他有些爱不释手，最后他把那块石头放进了邮包。

村民们看到他的邮包里有一块沉重的石头，都感到很奇怪。

他取出那块石头晃了晃，得意地说："你们有谁见过这样美丽的石头？"

人们摇了摇头："这里到处都是这样的石头，你一辈子都捡不完的。"可是，他并没有因为大家的不理解而放弃自己的想法，反而想用这些奇特的石头建一座奇特的城堡。

此后，他开始了另外一种全新的生活。白天，他一边送信一边捡这些奇形怪状的石头；到了晚上，他就琢磨用这些石头来建城堡的问题。所有的人都觉得他是疯了，这根本就是不可能的事。

20多年以后，在他住处出现了一座错落有致的城堡，可在当地人的眼里，他是在干一些如同小孩建筑沙堡一样的游戏。

20世纪初，一位记者路过这里发现了这座城堡，这里的风景和城堡的建造格局令他慨叹不已，为此写了一篇文章。文章刊出后，邮差希瓦勒和他的城堡就成为人们关注的焦点，甚至毕加索也专程来拜访。

今天，这个城堡已成为法国最著名的风景旅游点。

据说，那块当年被希瓦勒捡起的石头，被立在入口处，上面刻着一句话："我想知道一块有了愿望的石头能走多远。"

不错，有了对生命的愿望，石头也能远行。可是人们却渐渐忽略了自己的梦想。

在个纷杂的世界，我们每个人都会经历失败，但这并不是一件坏事。因为不经过挫折或严重创伤，我们的人生是不丰富的，思想是不会逐渐变得成熟的。有时，正是这些挫伤本身指引人们去追寻目标。

罗杰是重度残障者：他没有左手臂，右手只有两个手指；左脚有三根脚趾，右脚掌则遭切除，但他却参加了各种各样的体育比赛，他的事迹在当地深受人们的敬佩。之后，他被一些大学邀请前去演讲，他也逐渐成为一个广受邀约的励志演讲者。

他讲起话来慢条斯理、从容不迫，又有幽默感。听众都很专注，但这并非因为罗杰是一个严重的残障者，而是因为他分享了许多了不起的智慧。只要他一开口，听众就被深深吸引。正如他说："生命的悲剧不在于没有达到目标，而在于没有目标可以达成。"

当人们得知他是某网球协会的教练，同时还获得了某知名大学的学位时，不禁问他：是如何做到这一切的？他说："每个人都可以不同凡响，但你首先得去做不同凡响的事。"

罗杰是一个遭遇严重创伤的人，但他感到自己很快乐、满足。因为对他而言，每一天的生活都代表了一个新的挑战与新的目标。缺乏目标对于任何人来说，就像一艘失去动力的船，在海上随波逐流。

生活中，我们必须清楚地明白，每天要做什么，不然终将一事无成。一旦确认了目标，就要坚持梦想，做出规划，付出努力，并确认方向的正确性，以便一路上能随时确认目标落实。在追逐梦想的途中，一旦发生危机，或是遇到阻碍，我们就必须重新规划目标，只有这样，才能顺利地到达目的地，创造出一个美好的未来。

从内心找到乐观

人的一生中，总有顺境与逆境、理想与现实交相呼应。如何面对每天发生的一切，关键还是我们内心的态度。一切的和谐与平衡都是由乐观的向上心理产生与造成的。

乐观不仅是一种积极的性格因素，更是一种生活态度。身患疾病的人如果悲观，可能会加重病情；如果能坚强面对，他可能会战胜疾病。同样，在工作和生活中，很多事情也是如此，乐观会给人带来快乐明亮的结果，而悲观则会使一切变得灰暗。因此，无论在什么情况下，都要保持良好的心态，都要相信阳光总会再来。

王海高考落榜后，学了烹饪专业。开一家有特色的饭店一直是他的梦想，他决定把这一想法付诸行动。开始，由于资金不足，他只得在城郊区开了一店小餐馆。几个月下来，虽说效益不是太好，但也还算过得去。

一天，王海忘记关上餐馆的后门，结果深夜有三个歹徒闯进饭店抢劫，他们要挟王海打开保险箱。由于过度紧张，王海弄错了一个号码，造成抢匪的惊慌，开枪射击王海。幸运的是，王海很快被邻居发现了，紧急送到医院抢救，经过十几小时的手术，王海总算脱离了生命危险。

出院后，王海又把小餐馆开起来了。有顾客听说了这事，来餐馆吃饭时，问起当抢匪闯入那一刻他是怎么想的。

王海答道："当他们击中我之后，我躺在地板上，还记得我有两个选择：我可以选择生，或选择死。我选择活下去。"

"你不害怕吗？"一个顾客追问他。

王海回答说："害怕。虽然医护人员告诉我没事，但是在他们将我推入手术室的路上，我看到医生跟护士脸上忧虑的神情，我真的被吓倒了，他们的脸上好像写着——他已经是个死人了！

"当时有个护士用吼叫的音量问我是否会对什么东西过敏？我说'有。'这时，医生跟护士停下来等待我的回答。我深深地吸了一口气喊着：'子弹！'等他们笑完之后，我告诉他们：'我现在选择活下去，请把我当作一个活生生的人来开刀，不是一个活死人。'"

每天你都能选择享受你的生命，或是憎恨它。这是唯一一件真正属于你的权利。没有人能够控制或夺去你的态度。如果你能时时注意这件事实，你生命中的其他事情都会变得容易许多。

如果一个人对生活抱一种达观的态度，就不会稍有不如意就自怨自艾，只看到生活中不完美的一面。在我们的身边，大部分终日苦恼的人，实际上并不是遭受了多大的不幸，而是自己的内心不够乐观。

生活中有很多坚强的人，即使遭受挫折，承受着来自生活的各种各样的折磨，他们在精神上也会岿然不动。充满着欢乐与战斗精神的人们，永远不会为困难所打倒，在他们的心中始终承载着欢乐，不管是雷霆与阳光，他们会给予同样的欢迎和珍视。

乐观是克服困难或挫折的重要因素，帮助我们摆脱悲观的情绪。那么我们应该如何从内心寻找有乐观，培养自己的豁达性格？

保持开朗的性格

开朗的性格不仅可以使自己经常保持心情的愉快，而且可以感染你周围的人们，使他们也觉得人生充满和谐与光明。尽可能选择具有积极氛围的环境，会让你避免受到不良情绪的感染。

体悟自己的幸福

有些人在烦恼来袭时，总觉得自己是天底下最不幸的人，谁都比自己强。其实，事情并不完全是这样，也许你在某方面是不幸的，在其他方面依然是很幸运的。

甩掉心理包袱

工作过多而感到不胜负荷可能是心情郁闷的根源。这个时候，最好的解决办法就是尽量减少工作表上的内容，到环境幽雅的地方进行放松，比如到环境优美的餐厅吃一顿晚餐。

同时，为了彻底减少工作表上的内容，我们每天工作之前可以给自己列一个清单，看看哪些工作内容根本不需要做，哪些内容必须做，这样既可避免你把时间浪费在不必要的工作上，也可以让一切都掌控在自己手中，这样自然能甩掉自己的心理包袱。

大成功来自高层次的需要

一个人能取得多大的成功，不是取决于才能的高低，而是取决于他有多高层次的需要。

差不多的生活环境，一些人成就大业，一些人取得小成功，一些人一蹶不振。不少人为了一个远大的目标，能经受长年累月的奋斗考验，作长期的努力，也有不少人虽向往成功，却经受不起几次挫折便向困难投降。

为什么会这样？最主要的是一个人内心的需要是不同的。进一步讲就是一个人如果对成功的渴望大，那么他内心产生的驱动力就大；如果一个人把成功看成是无所谓的事情，那么他内在的驱动力就小。

举个例子来说，小马达内在的驱动力是有限的，也许它可以带动一辆小拖车，但绝对带动不了一列火车。同样，一个人想成就大业就必须了解带动火车飞速前进的动力机车与一般小马达的区别。确切地说，他必须了解自己内心世界能推动自己前进的动力是什么，有多大。

一般情况下，人们必须先生存后发展，所以，人的生理需要、安全需要比高层次的爱的需要和尊重的需要更加强烈，而自我实现的需要一般要在前面四个层次的需要得到基本满足之后才会产生。

有些人由于长期没有得到低层次需要的满足，可能会永久地失去对高层次需要的追求。然而，从成功的大小来说，只有高层次的需要才能推动大成功，低层次的需要推动小成功。

1921年8月，一位39岁的美国人突然患了小儿麻痹症，双腿僵直，肌肉萎缩，臀部以下全麻痹了。这个沉重的打击发生在他作为民主党副总统候选人参加竞选而败北以后，他的亲属、挚友都陷入极度失望之中，医生也预言他能保住性命就是万幸。他不屈服于命运的坚强意志，使他无论如何也不相信"这种娃娃病能整倒一个堂堂男子汉"。

为了活动四肢，他经常练习爬行；为了激励意志，他把家里的人都叫来看他与刚学会走路的儿子进行比赛，一次次他都爬得气喘吁吁，汗如雨下……目睹那催人泪下的场面时谁也没想到：十余年以后，他奇迹般当选为美国第37届总统，坐着轮椅进入了白宫。他，就是美国历史上唯一一位连任四届的总统罗斯福。

成功欲的力量是惊人的，只要用强大的成功欲望去推动你前进的车轮，你就可以攀上成功之岭，改变生活的一切。

第四章

我们需要"爱"，但不依赖"爱"

过分依赖爱情，也是一种病态

在舒婷的《致橡树》里，诗人在以橡树为对象表达了爱情的热烈、诚挚和坚贞，也传达出了诗人的爱情理想和信念：诗人不愿像趋炎附势的凌霄花一样要附庸的爱情，也不愿像为绿荫鸣唱的小鸟要奉献施舍的爱情，诗人想要的是以人格平等、个性独立、互相尊重倾慕、彼此情投意合为基础的平等的爱情。如站在橡树旁边的木棉，两棵树的根和叶紧紧相连，有风吹过，摆动一下枝叶，相互致意，便心意相通了。

爱情是伟大而平等的，不可过分依赖，否则只能导致病态。在爱情里还有，一个著名的刺猬法则：相爱的两个人，有时候就像是冰天雪地里的两只刺猬，因为天气太冷，想靠近取暖，但一方的刺扎到另一方的身体时，大家都感到疼痛难耐。但是天气越来越冷，为了取暖，两只刺猬不止一次地尝试靠近又分开，如此反复多次，终于找出不会刺到对方，又能取暖的恰当距离。

这个法则告诉我们，两个相爱的人之间，只有保持适当的距离，才能使彼此不受伤害：过分依赖容易伤害对方，过分的疏远又感受不到对方的关怀，最恰当的是有点距离又不太远。然而，现实中，这个距离并不是那么容易把握的，稍不留意就会有所偏差。

　　王静，身材匀称，外貌漂亮，性格也温柔可人，是每个人眼中的贤妻良母，她的丈夫王博也堪称仪表堂堂，而且对王静也是一往情深。随着时间的增加，王静心里不知什么时候增添了一个奇怪的想法：为什么王博总是对自己这么好，是不是做了什么对不起我的事情？于是，她便开始注意起来，不让王博离开她的控制范围。王博是一家外资公司的业务人员，业务上的应酬比较多，王静开始怀疑起来，他真的会有那么多应酬吗？她便开始了查岗，跟踪过几次之后，看到王博与男男女女出入酒楼、保龄球馆、娱乐场所，便更加不放心。她想出了一个对策，每当王博说有应酬时，她都不动声色，但是只要王博出门以后，她便会打电话。今天是自己突然得了急病；明天是儿子失踪了；后天又是自己的钥匙锁在家里，而自己只穿了一套睡衣站在楼梯间……更离奇的还有父母出了车祸、家里遭了窃贼、自己被几个男人非礼……

　　王博爱妻心切，每次都上当回家，每次都无奈地苦笑，再以后是发火、愤怒、大吵。可是，王静铁下心来，坚持自己的做法。王博屡次与客户失约，或半途退场，生意也丢了一单又一单，在失去一笔大生意后，被老板炒了鱿鱼，无可奈何的王博最终选择了跳下高高的铁桥。悲痛欲绝的王静怎么也想不到，这场悲剧的总导演就是自己，她想把丈夫完完全全地据为己有，却没有料到永远地失去了他。

　　周国平在《爱情的容量》一书中直陈了智慧女性应有的爱情观："由男人的眼光看，一个太依赖的女人是可怜的，一个太独立的女人是可怕的，和她们在一起生活都累。最好是既独立，又依赖，人格上独立，情感上依赖，这样的女人才是最可爱的，和她一起生活既轻松又富有情趣。"

　　"人格独立，情感依赖"，对现代人来说是一种理性的爱情观。希腊名言"感情必须温暖理智，但理智必须诱导爱情"说的也是这个道理，当深陷情网的时候，恋爱中的人都往往有一种盲目献身的精神，他们会认为为爱人所做的一切付出都是理所当然的，结果盲目地投入，过分依赖，亲手毁灭了自己的爱情，所以我们应该学会用理智合理的态度对待自己的爱情。

当爱已成往事，不要在旋涡中挣扎

爱情就像做菜，适时地添加作料才有美感。如果这份爱走到尽头，没有挽回的余地，那就放手吧，不要让爱成为我们幸福人生的牵绊。

爱情不是盛开在天堂里的花朵，在这个纷繁复杂的物质社会里，爱情也常常会受到各类"病毒"的侵袭，遭遇一些或大或小的冲突。当爱情的伊甸园危机四伏时，是坚守还是突围呢？突围后又是否能有个灿烂的未来呢？越来越多的人为此举棋不定，日夜嗟叹。

"爱到尽头，覆水难收"，勉强维持没有爱情的关系是没有意义的。有时候，放手也是一种明智。可是，正是因为占有欲太强，人们也会做出各种不理智的事情。

其实，当爱情已经走到了尽头，无论我们如何费尽心力去维持它，都于事无补。爱是一种自自然然的感觉，爱散了、淡了、完了，就随它去吧，何必死缠烂打、寻死觅活呢？对于一个已经不爱我们的人，坚持又有什么意义呢？曾经以为是天长地久，到头才发现只是萍水相逢，他只是我们生命中的过客，并非那个注定要为我们驻留的人，又何必太在意他的离去呢？倒不如放手，给他也是给自己一片广阔的蓝天，这样我们的生活才能过得更好。

芊芊曾经听过妈妈和爸爸的爱情故事，很美、很浪漫。她为此感到骄傲：自己的父母是因为爱而结婚的！甚至在一年之前，她仍然认为他们会一直相爱到白头。可理想和现实终究是有距离的。

那是一个飘雪的冬日。清晨，她被爸妈的争吵声惊醒。她走出房门，见爸爸正在穿大衣。"这么早，你要去哪儿？"她想拦下爸爸。

"这个家已经没有我的容身之地了！"爸爸大吼着冲了出去。

妈妈倒在沙发上，无声地哭泣着。自那以后，爸妈天天吵，时时吵，刻刻吵。她不得不充当和事佬的角色，不停地去平息他们的战火。如此持续了几个月，大家都已经筋疲力尽了。突然有一段日子，他们不再吵了，而是变得相敬如"冰"，谁都懒得多看对方一眼。爸爸日日晚归，有时整夜都不回家。妈妈还是原来的样子，照常做饭洗衣，只是都郁郁寡欢，难得一笑。

一天，芊芊实在忍不住了。"你们离婚吧。你们早就想这样了不是吗？

只不过碍于我而迟迟不下决定。实际上我没有你们想的那么脆弱。既然不再相爱，何苦硬是凑在一起？即使你们离婚，也仍是我的爸爸妈妈，我也仍然是你们的女儿。"

妈妈哭了，这芊芊早就料到了，但她不曾想到的是，爸爸竟然也流下了眼泪！

半个月之后，爸爸搬出了他们曾经共有的家。芊芊现在生活得很自在，她的爸爸妈妈也过得很快乐。

爱情没有尺度来衡量，婚姻没有标准来量化。如果爱就要学会宽容，学会等待。而当爱没有挽回的余地时，我们就学会放手吧。要知道，爱是为了让彼此更幸福而不是要成为幸福人生的牵绊。

爱你，但可以没有你

在面对分手的时候，脆弱的女人常常乞求对方："我爱你，真的不能没有你。"

其实并不一定是不能没有对方，而是考虑到一旦失去对方以后，自己曾经付出的感情没有了，自己的苦心经营也都白费了。所以，面对分手，更多的痛苦不是来自对方，而是在于自己。

小尚说自己一直都是痴情种子，跟佳宁在一起相处了6年，从来都没有想到过放弃。大学的时候，两个人不在一个城市，有时半年都见不到一次。周围的姐妹都忙着打扮约会，自己只能孤零零地躲在被窝里看小说。即使是这样，小尚也从来没有抱怨过，每次接到佳宁的电话，她都觉得自己很幸福。

转眼毕业了，两个人都在期望能够分到一个城市，可是造化弄人，佳宁南下，而小尚成了北漂一族，两个人的爱情再次受到了考验。虽说距离产生美，但是对于爱情来说，距离未必就是美，有时候两个人说着"再见"，这就有可能是"再也见不到了"。一年后，佳宁向小尚提出分手，两个人的爱情就此终结。

小尚说，跟佳宁分手的日子，是她有生以来最难过的日子。她每时每刻都能回忆起两人在一起的点滴，就好像拿着一把显微镜一样，以前那一点点的甜蜜也能成为回忆里最大的幸福，可是幸福过后，就会是一阵难忍的疼痛。她始终不肯相信分开的事实，即使是自欺欺人，她也希望能够维持一种幸福的假象。可是，现实太过残忍，即使自己再怎么伪装，都无法改变既定的事实。

后来，小尚逐渐接受了现实，习惯了一个人吃饭、一个人逛街、一个人散步，生活好像又回到了和佳宁认识以前的日子，有一种久违的亲切。她在日记里写道：两个人的甜蜜固然值得回味，一个人的生活也别有一番趣味。任何时候，都不能保证总有人来爱你，所以，我要学着一个人快乐地生活。

两个人在一起的时间越长，就越觉得分手以后对自己是一种亏欠，心里也就越痛苦。一个人一旦动了真情，即使以后会遇到更好的选择，也往往会守住现在。因为人们不是在割舍对方，而是在割舍自己，割舍自己投入的岁月和真情。

其实，生活就是这样，总有人来人去，我们人生中的每个阶段都会有很重要的一个人，他们陪伴你的时间或长或短，但每个人都是来滋养你的生命的，他并不是唯一，只是许多许多里的其中一个而已。

痛苦如浮云，时间总会将所有的忧伤带走。即便面对失恋，我们也完全可以对那个人说：我爱你，但我可以没有你。

依赖自我，摆脱被动的命运

在每个人的成长道路上，想要获得心智的成熟，必须勇于突破自我界限，很多人的一生都未实现这种突破。

心理成长的过程极为缓慢，有时又极其隐蔽，除了大步跳跃以外，还包括进入未知天地的无数次小规模跨越——例如，八岁的孩子第一次独自骑车到遥远的郊区商店购物；十七八岁的孩子第一次与异性约会等。如果认为这些经历算不上冒险，那你显然是忘记了当初有类似经历时，心中强烈的紧张感和焦虑感。即使是心理最健康的孩子，他们初次步入成人世界，除了兴奋和激动，想必也不乏迟疑而胆怯。他们不时想回到熟悉、安全的环境中，想做回当初那个凡事依赖别人的幼儿。成年人也会经历类似的矛盾心理，年龄越大，越难以摆脱久已熟悉的事物。

美国励志心理医生斯科特·派克在其心理励志著作《少有人走的路》中曾这样介绍他自我突破的一次体验：

13岁时，我在离家很远的菲利普斯·艾斯特中学就读，这是一所很有名气的男生预科中学（我的哥哥也在这所学校里上学），也是公认的明星中学。学校毕业生大多都会考入常春藤名校，毕业后如愿步入社会精英阶层。拥有这所明星中学的教育背景，人生之路可谓光明。我的家境还算富裕，父母有财力让我接受最好的私立教育，这使我充满了安全感。奇怪的是，我刚刚进入中学，就觉得与那里格格不入。那里的老师、同学、课程、校园、社交乃至整个环境，都让我难以适应。似乎除了努力学习，以便开拓美好的未来，我没有任何选择。经过两年半的努力，我愈发觉得生活失去了意义，情绪也更加消沉。最后一年，我几乎整天睡觉，仿佛只有睡觉，才会感觉舒适和自由。现在回想起来，我当时整天昏睡，可能恰恰是我在潜意识中，为即将到来的跨越做出准备。

在三年级春假，我一回到家，就郑重地向父母宣布："我不打算再回那所学校了。"父亲说："你不能半途而废。我为你花了那么多钱，让你接受那么好的教育，你不明白放弃的是什么吗？"

"我也知道，那是一所好学校。"我回答说，"可是，我不打算回去了。"

"你为什么不想法去适应它呢？为什么不再试一次呢？"我的父母问。

"我不知道，"我沮丧地说，"我也不知道为什么讨厌它。我只知道，我再也无法忍受下去了。"

"既然这样，那你告诉我们，你到底打算怎么办？你好像没把将来当一回事。你有什么样的个人计划呢？"

我依旧沮丧地说："我不知道，反正我再也不想去上学了。"

父母大为惊慌，只好带我去看心理医生。医生说我患了轻度忧郁症，建议我住院治疗一个月。他们给了我一天时间，让我自行做出决定。那天晚上，我痛苦不堪，第一次有了轻生的念头。既然医生说我患有轻度忧郁症，那么住进精神病院似乎就是合情合理的事。我哥哥在那所学校很适应，为什么我却不行呢？我清楚自己无法适应学校，完全是我自己的责任，我顿时觉得自己是低能儿。更糟糕的是，我觉得自己和疯子没有两样。父亲也说过，只有疯子才会放弃这么好的教育机会。回到艾斯特中学，就是回到安全、正常的环境，回到被社会认可、对个人前途有益无害的王国。可是，我的内心告诉我，那不是适合我的道路。就当时看来，我的未来非常迷茫，充满了不确定的因素。放弃上学，势必给我带来意想不到的压力，我该怎么办呢？我执意离开理想的教育环境，是不是果真精神失常了呢？我感到害怕。就在沮丧的时刻，仿佛神谕一般，我听到一种声音，一种来自潜意识深处的声音："人生唯一的安全感，来自充分体验人生的不安全感。"这声音给了我莫大的启示。尽管我的想法和行为与社会公认的规范不相吻合，甚至使我看上去像个疯子，但我应该选择自己的路，于是，我终于安然睡去。第二天一早，我就去见心理医生，告诉他我决定不再回艾斯特中学，我愿意住进精神病院。就这样，我纵身一跃，进入了未知的天地，开始了我的独立人生，自行掌握我的命运。

其实，在生活中，每天都要经历不同的变化：不同的人、不同的事件、不同的感觉，对于心灵而言，这都是极好的滋养。心智的成熟不可能一蹴而就，需要经历过各种小步跳跃，偶尔也会出现意想不到的大步跳跃。派克离开艾斯特中学，无疑是告别传统模式的价值观。很多人从未有过大规模跳跃，也就无法实现真正意义的成长。尽管他们看上去像个成年人，心理上却仍依赖着父母。他们没有自己的标准，没有自己的主见，做任何事都要得到父母的批准，即使父母已离开人世，他们心理上仍旧难以摆脱依赖的情结。也就是说他们从来不能真正主宰自己的命运，生活对于他们来说完全是被动的。

心智的成熟，除了突破自我界限，还需要自尊自爱。因为只有尊重自己，才不愿得过且过，只有尊重自我的个性和愿望，才敢于冒险进入未知领域，才能够活得自由自在，且使心智不断成熟，体验到爱的至高境界。

学会遗忘，才会真正解脱

少男少女踏进青春的门槛时，自然会对异性产生好奇与爱慕。最初的爱情是这样的美好而单纯，然而就是因为它单纯，所以也脆弱。它往往是迫不及待、无比强烈地开始，经过短暂的激情很快就会搁浅。所以，如果你的爱在无望中结束时，请不要悲伤。

一个清秀的女孩失恋了。她来到当初与男友约会的公园里，伤心地哭了起来。很多人看她伤心的样子，都耐心地劝导她，可是，别人越是劝她，她越是觉得自己很委屈，她不明白为什么男孩不再爱她了。她逐渐由伤心变成了不甘心，又由不甘心变成了怨恨，她不甘心自己的爱为什么不能换来同样的回报，她怨恨他太狠心，太无情。她越哭越悲伤，难以遏止，陷于强烈的失落、自卑和悔怨中不能自拔。

一个长者知道她为什么而哭之后，并没有安慰，而是笑道："你不过是损失了一个不爱你的人，而他损失的是一个爱他的人。他的损失比你大，你恨他做什么？不甘心的人应该是他呀。再说，他已经不爱你了，你还要伤心、怨恨，来让这份失败的感情阻碍你今后的生活吗？"

姑娘听了这话，忽然一愣，转而恍然大悟。她慢慢擦干泪，决心重新振作，投入新的生活。

人生在世，爱情全仗缘分，缘来缘去，不一定需要追究谁对谁错。爱与不爱又有谁可以说得清？当爱着的时候只管尽情地去爱，当爱失去的时候，就潇洒地挥一挥手吧，人生短短几十年而已，自己的命运把握在自己手中，选择遗忘，恰是对这段感情最好的纪念，没必要在乎得与失、拥有与放弃、热恋与分离。

有这样一对性格不合的夫妇，丈夫 8 次提出离婚要求，而妻子就是死活不离。在法院判决中，女方总是胜诉，就这样一直拖了 29 年。29 年的岁月过去了，妻子的青春年华在拖延中消失了，乌黑的头发已成白发，红润的脸颊变黄了，刻上了一道道岁月的伤痕，身体也被折磨得满身病痛。

由于妻子的坚持，婚姻仍然存在，然而爱情早已荡然无存。她失去了幸福的家庭，失去了自己的青春，失去了健康的身体，也失去了再婚的机会，孩子也没有因此追回父爱。最终，法院还是判离了。离婚后不到两年，这位不幸的女人就因病情加重而离开了人世。

这位女人的一生都是悲惨和不幸的，然而她的不幸多是因为自己不肯放手。

当爱情离我们远去的时候，我们要尽力挽留；当我们无法挽留的时候，最好的处理方式，就是遗忘，忘掉以前的愉快和不愉快。只有这样，才能真正解脱，才能开始新的生活。

只要心在，就能战胜可怕的"爱无力"

德国精神病学家弗洛姆曾经说过：爱是一种能力，也是一种艺术。但是，现在却有越来越多的人失去了这种能力，他们都不同程度地患上了"爱无力"。

所谓的"爱无力"是指一种对于恋爱行为表现出相当萎靡，缺乏起码主动的心理。患有"爱无力"的人不仅不能对情感生活投入必要的热情，而且在异性面前，他们也会表现出冷漠。因为"爱无力"是一种严重的情绪抑郁，所以会给人们的生活带来很多危害，如减弱学习动力，妨碍工作效率，甚至会破坏人们的创新思维等。

小吕，江苏人，大学毕业之后一直在中关村工作，做的是 IT 行业。工作 4 年了，一直是做程序员工作，他很快就习惯了独来独往的生活。与女朋友分手之后，除了偶尔与大学的同学一起吃饭之外，他也上网聊天，见网友也成为他生活中的一个重要部分。但是他每次见网友都会失望，于是，他对感情失望了，到最后，他便对感情的事情没有了任何想法。周围的同事和朋友经常拿他开玩笑，小吕也感觉到自己已经失去了与异性交往的兴趣，他也感觉到了痛苦，但是他却没有办法改变。

小吕的这种状况就是一种爱无力的表现，这种表现基本上体现了都市男女对爱情的冷漠，他们共同的特征就是觉得自己没有能力去爱别人。

探究爱无力的来源，我们可以做出这样的归因：个人在情感上失败的经历；个人对爱情和感情生活悲观的看法；不爱交际，即人格心理学所说的内向性人格；年龄偏大，往往在事业发展上处于困难或停滞阶段。

人生需要爱，需要激情，这些最本质的东西不能因为一些外在的原因就被搁置在一边，让自己成为"爱无力"是可怕的。爱是一种能力，是可以培养和训练的。

1.学会表达爱。一个人心中有了爱，在理智分析之后，应敢于表达，善于表达。

2.学会拒绝爱。拒绝爱非常重要，包括敢于理智地拒绝不希望得到的感情。学会说"不"，但是要选择恰当方式，尊重他人的感情。

3.学会接受爱。当别人向你表达爱时，能及时准确地对爱的信息做出判断，通过对求爱者客观的观察分析，勇敢地接受爱，以免错过机会。

4.学会发展爱。恋爱关系的发展需要双方共同努力，即使在以后的婚姻中，爱情仍需不断更新、不断发展，方能永葆魅力。

5.承受失去爱。恋爱过程中，影响因素很多，恋爱发生变异是很正常的事情。人要有调节能力，能坦然面对恋爱挫折，做一个真正的强者。

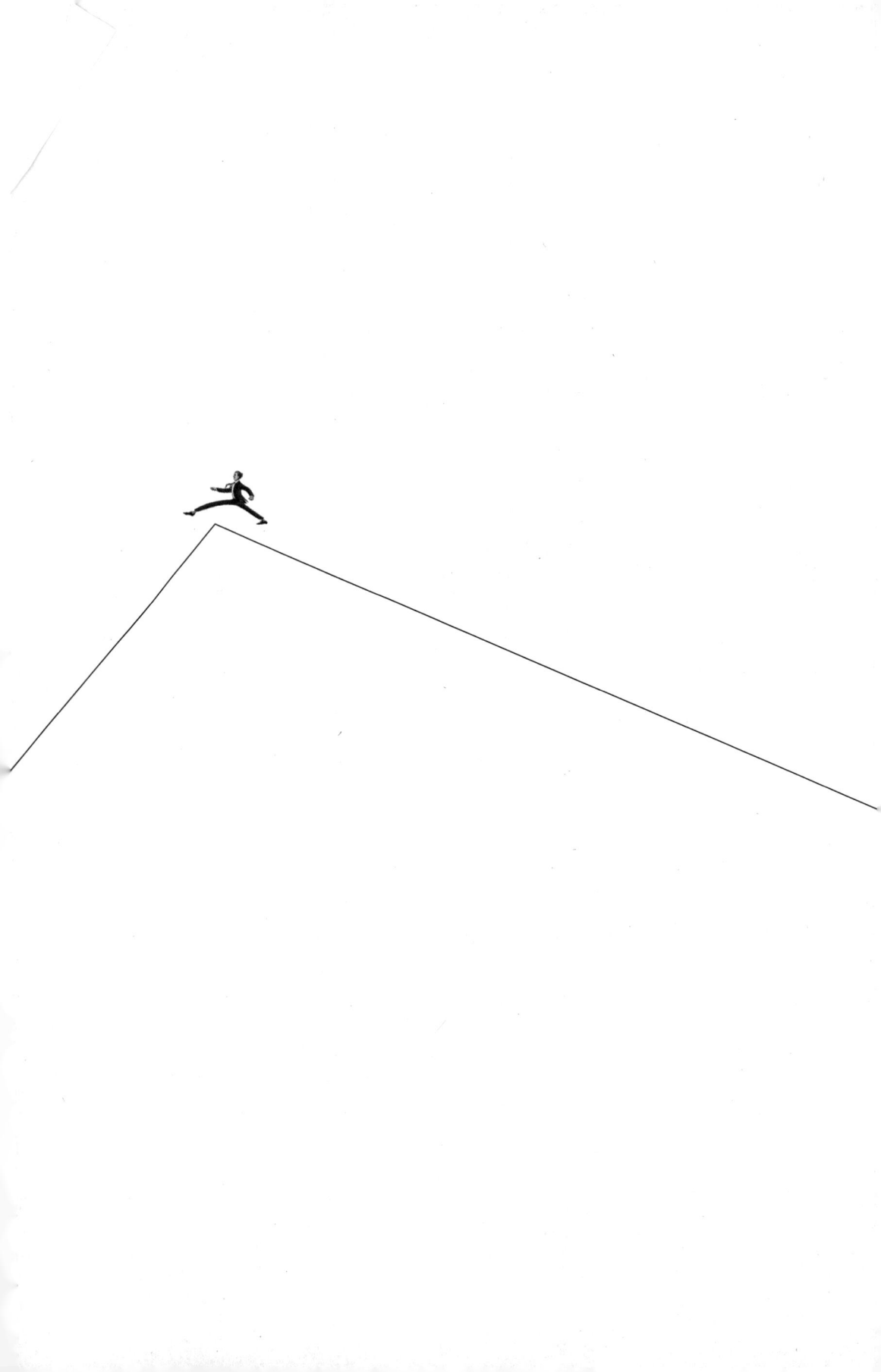